1+X 职业技术·职业资格培训教材

BAOYUSHI JIANBIEGONG

宝玉石鉴别工

（四级）

主　　编　　汤红云

副 主 编　　唐元骏　谢启耀

编　　者　　（按姓氏笔画排序）

　　　　　　汤红云　张书韵　陆晓颖　倪俊琳　涂　彩

　　　　　　唐元骏　谢启耀

主　　审　　戴玉龙　秦书乐

中国劳动社会保障出版社

图书在版编目（CIP）数据

宝玉石鉴别工：四级/人力资源和社会保障部教材办公室等组织编写. —北京：中国劳动社会保障出版社，2016

1＋X 职业技术·职业资格培训教材

ISBN 978 - 7 - 5167 - 2243 - 5

Ⅰ.①宝…　Ⅱ.①人…　Ⅲ.①宝石-鉴别-职业培训-教材②玉石-鉴别-职业培训-教材　Ⅳ.①TS933

中国版本图书馆 CIP 数据核字（2016）第 035694 号

中国劳动社会保障出版社出版发行

（北京市惠新东街 1 号　邮政编码：100029）

*

北京北苑印刷有限责任公司印刷装订　　新华书店经销

787 毫米×1092 毫米　16 开本　25.75 印张　466 千字
2016 年 4 月第 1 版　　2016 年 4 月第 1 次印刷
定价：88.00 元

读者服务部电话：（010）64929211/64921644/84626437
营销部电话：（010）64961894
出版社网址：http://www.class.com.cn

内容简介

NEIRONG JIANJIE

本教材由人力资源和社会保障部教材办公室、中国就业培训技术指导中心上海分中心、上海市职业技能鉴定中心依据上海1+X宝玉石鉴别工（四级）职业技能鉴定细目组织编写。教材从强化培养操作技能，掌握实用技术的角度出发，较好地体现了当前最新的实用知识与操作技术，对于提高从业人员基本素质，掌握宝玉石鉴别工的核心知识与技能有直接的帮助和指导作用。

本教材在编写中根据本职业的工作特点，以能力培养为根本出发点，采用模块化的编写方式。全书共分为11章，内容包括：绪论、宝玉石地质基础、宝石学基础、宝玉石鉴定仪器及检测方法、常见宝石、常见玉石、有机宝石、宝玉石加工、宝玉石饰品的制作工艺及镶嵌方法、宝玉石饰品外观质量检验、宝玉石饰品相关计量知识与鉴定证书。

本教材可作为宝玉石鉴别工（四级）职业技能培训与鉴定考核教材，也可供全国中、高等职业院校相关专业师生参考使用，以及本职业从业人员培训使用。

前言

QIANYAN

职业培训制度的积极推进，尤其是职业资格证书制度的推行，为广大劳动者系统地学习相关职业的知识和技能，提高就业能力、工作能力和职业转换能力提供了可能，同时也为企业选择适应生产需要的合格劳动者提供了依据。

随着我国科学技术的飞速发展和产业结构的不断调整，各种新兴职业应运而生，传统职业中也愈来愈多、愈来愈快地融进了各种新知识、新技术和新工艺。因此，加快培养合格的、适应现代化建设要求的高技能人才就显得尤为迫切。近年来，上海市在加快高技能人才建设方面进行了有益的探索，积累了丰富而宝贵的经验。为优化人力资源结构，加快高技能人才队伍建设，上海市人力资源和社会保障局在提升职业标准、完善技能鉴定方面做了积极的探索和尝试，推出了1＋X培训与鉴定模式。1＋X中的1代表国家职业标准，X是为适应经济发展的需要，对职业的部分知识和技能要求进行的扩充和更新。随着经济发展和技术进步，X将不断被赋予新的内涵，不断得到深化和提升。

上海市1＋X培训与鉴定模式，得到了国家人力资源和社会保障部的支持和肯定。为配合1＋X培训与鉴定的需要，人力资源和社会保障部教材办公室、中国就业培训技术指导中心上海分中心、上海市职业技能鉴定中心联合组织有关方面的专家、技术人员共同

QIANYAN

编写了职业技术·职业资格培训系列教材。

职业技术·职业资格培训教材严格按照1＋X鉴定考核细目进行编写，教材内容充分反映了当前从事职业活动所需要的核心知识与技能，较好地体现了适用性、先进性与前瞻性。聘请编写1＋X鉴定考核细目的专家，以及相关行业的专家参与教材的编审工作，保证了教材内容的科学性及与鉴定考核细目以及题库的紧密衔接。

职业技术·职业资格培训教材突出了适应职业技能培训的特色，使读者通过学习与培训，不仅有助于通过鉴定考核，而且能够有针对性地进行系统学习，真正掌握本职业的核心技术与操作技能，从而实现从懂得了什么到会做什么的飞跃。

职业技术·职业资格培训教材立足于国家职业标准，也可为全国其他省市开展新职业、新技术职业培训和鉴定考核，以及高技能人才培养提供借鉴或参考。

新教材的编写是一项探索性工作，由于时间紧迫，不足之处在所难免，欢迎各使用单位及个人对教材提出宝贵意见和建议，以便教材修订时补充更正。

人力资源和社会保障部教材办公室
中国就业培训技术指导中心上海分中心
上海市职业技能鉴定中心

目录

MULU

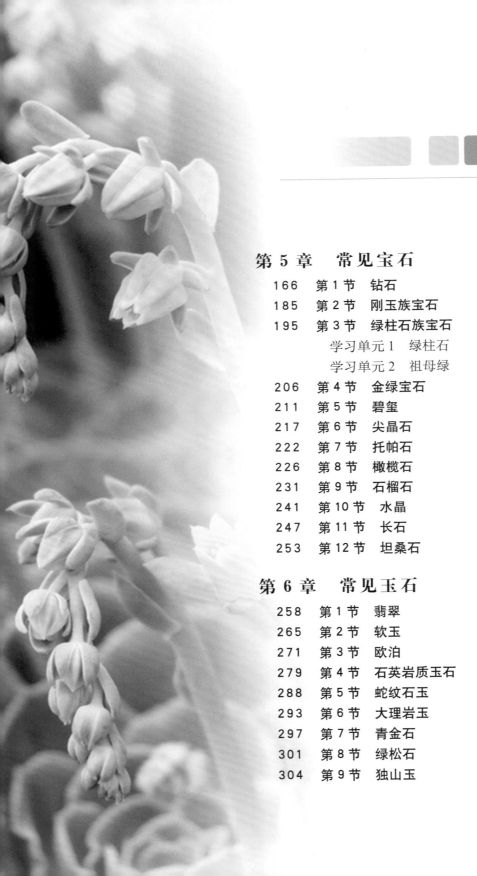

第1章

绪 论

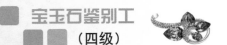
第1节 宝玉石的基本概念和应用

◢【学习目标】

掌握珠宝玉石的基本概念

◢【知识要求】

一、宝玉石的定义

对宝玉石定义的认识有个发展过程，随着科技进步、生产力的发展及市场贸易的需要，宝玉石的定义也在不断地充实和完善。

1．宝石

宝石的概念依研究的范围可划分为两个内涵：

（1）广义概念。泛指所有经过琢磨、雕刻后，可以成为首饰或工艺品的材料，包括天然的优质矿物单晶体、矿物集合体（地质学中称玉石）、人造及合成材料，以及珍珠等有机骨、甲及生物分泌、沉淀固结物四大类，如图1—1所示。

宝石的广义概念泛指了宝玉石的内涵。

图1—1 广义的宝石

（2）狭义概念。指自然界产出的，美观、耐久、稀少，且可琢磨、雕刻成首饰或工艺品的矿物单晶体（见图1—2）。

图1—2　狭义的宝石

狭义的宝石概念归纳为四个属性：

1）自然界产出的。

2）矿物单晶体。

3）美观、耐久、稀少。

4）可琢磨、雕刻的。

例如，同为金刚石矿物，用于首饰的称为宝石（俗称为钻石）；用于石油钻井钻具、切削车床刀具的不能称为宝石，工业上俗称为工业钻。

2．玉石

玉石（见图1—3）指自然界产出的，美观、耐久、稀少，具有工艺价值的单矿物或多矿物集合体。

同样，玉石的概念也可归纳为四个属性：

（1）自然界产出的。

（2）单矿物或多矿物集合体。

（3）美观、耐久、稀少。

（4）具有工艺价值。

3．商贸中常使用的两个概念

在商业贸易及流通领域，人们日常交谈及影视作品、小说中经常用到珠宝、玉的名称。

（1）珠宝。目前，学术界对"珠宝"并未明确定义。"珠宝"仅是一个商业用语，按中文字面解释为"珍珠宝贝"。当前人们理解的意义为：有价值的宝石的总称，不镶有任何金属或不依托其他材料的宝石。

图1—3 玉石

注意：珠宝不是首饰。

（2）玉。当今商贸活动中，部分行业内人士将硬玉、软玉称为玉，其他的矿物集合体称为玉石，而不称为玉。

在珠宝市场交易中，名称标识需执行国家标准《珠宝玉石　名称》（GB/T 16552—2010）。

宝玉石的应用

随着社会形态的变化、科学技术的发展，宝玉石的应用领域逐渐扩展。当今社会，宝玉石的应用领域有如下方面：

1．日常佩戴

日常佩戴是宝玉石应用最大的一个领域，充分展现了宝玉石美丽的特征。通常人们佩戴的是宝玉石镶嵌饰品，由于金属及其他支持材料的相辅，宝玉石饰品扩展了宝玉石特色，适宜人们的日常佩戴。

2．馈赠礼品

人们为了满足社交生活的需要，常互赠礼品以示友好。宝石、玉石及其饰品作为礼品馈赠，更显示友谊珍贵及持久。

通常宝石饰品、玉器摆件是礼品的首选。

3．结婚纪念

婚姻是人生中一件大事，夫妻间常互赠礼品以示纪念。通常使用钻石戒指、黄金首饰等饰品。结婚礼仪中，有一项互赠戒指程序，新郎将一枚钻石戒指戴到新娘左手无名指上，祝福婚姻永恒、持久。

4．诞生日纪念

诞生石，也称生辰石（见图1—4），常作为幸运石，供人们在纪念出生日时佩戴，以唤起美好的回忆，祝福未来。

| 1月 | 2月 | 3月 | 4月 | 5月 | 6月 |
| 石榴石 | 紫晶 | 海蓝宝石 | 钻石 | 祖母绿 | 珍珠 |

| 7月 | 8月 | 9月 | 10月 | 11月 | 12月 |
| 红宝石 | 橄榄石 | 蓝宝石 | 欧泊 | 托帕石 | 绿松石 |

图1—4　常见十二月生辰石

生辰石的挑选与宗教、民族及习俗密切相关。由于不同国家和民族对宝石的爱好不同，各国规定的十二个月的生辰石品种也不同（见表1—1）。

表1—1　　　　　　　　　　　　　　诞生石

	常用	美国	英国	澳大利亚	日本	象征
一月	石榴石	石榴石	石榴石	石榴石	石榴石	忠诚、友爱、真实
二月	紫晶	紫晶	紫晶	紫晶	紫晶	诚实、平和
三月	海蓝宝石鸡血石	血玉髓	血玉髓	血玉髓	血玉髓	沉着勇敢、聪明
四月	钻石	钻石	钻石	钻石	钻石	纯洁无瑕

续表

	常用	美国	英国	澳大利亚	日本	象征
五月	祖母绿	祖母绿	祖母绿 绿玛瑙	祖母绿 绿电气石	祖母绿 翡翠	幸福、幸运
六月	珍珠 月光石	珍珠 月光石	珍珠 月光石	珍珠 月光石	珍珠 月光石	健康长寿、富贵
七月	红宝石 变石	红宝石 变石	红宝石	红宝石	红宝石	热情、仁爱、尊严
八月	橄榄石 缠丝玛瑙	橄榄石 缠丝玛瑙	橄榄石 缠丝玛瑙	橄榄石 缠丝玛瑙	橄榄石 缠丝玛瑙	夫妻恩爱、幸福
九月	蓝宝石	蓝宝石	蓝宝石 青金石	蓝宝石 青金石	蓝宝石	慈爱、诚实
十月	欧泊 粉色电气石	欧泊 粉色电气石	欧泊	欧泊	欧泊 粉色电气石	安乐
十一月	黄玉 黄水晶	黄玉 黄水晶	黄玉	黄玉	黄玉 黄水晶	友爱、友情 希望、洁白
十二月	绿松石 锆石 青金石	绿松石 锆石	锆石	锆石	锆石 青金石	成功的保证

5.投资收藏

随着商业市场发展，宝石、玉石及其饰品的保值功能得到体现，天然宝石和玉石作为不可再生产的物质，其数量只会越来越少，尤其是品质上优的名贵宝石，其价值只会上涨。有些个人或商家，视其为投资产品、理财工具。

第2节　宝玉石的分类及命名

【学习目标】

掌握宝玉石的分类方法
掌握宝玉石相关定义及命名规则

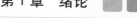
【知识要求】

一、宝玉石的分类

根据不同的要求，宝玉石有不同的分类方法，通常有如下四种分类方法。

1. 按化学成分分类

根据不同的化学成分，可将宝玉石分为四类。

（1）自然元素类，如金刚石（钻石）、自然金等，如图1—5所示。

a）

b）

c）
d）

e）

图1—5 自然元素类宝石

a）钻石 b）自然金 c）自然硫 d）自然铂 e）自然银

（2）硫化物类，如辰砂、黄铁矿等，如图1—6所示。

（3）氧化物类，如红宝石、尖晶石、水晶等，如图1—7所示。

（4）含氧盐类，进一步可细分为：

1）硅酸盐类，如橄榄石、石榴石、托帕石等。

2）硼酸盐类，如硼铝镁石、硼铝石等。

3）磷酸盐类，如磷灰石、磷铝钠石等。

4）碳酸盐类，如方解石、菱锰矿等。

5）硫酸盐类，如石膏、重晶石等。

6）其他盐类，如臭葱石、白钨矿等。

图 1—6　硫化物类宝石

a）黄铁矿　b）辰砂　c）方铅矿　d）闪锌矿　e）雌黄　f）雄黄

图 1—7　氧化物类宝石

a）红宝石　b）蓝宝石　c）尖晶石　d）水晶（紫晶、芙蓉石、发晶、烟晶、黄晶）

2．按产出多少分类

根据产出量多少，宝玉石可分为三类。

（1）常见宝玉石。产出量多，市场上常规的宝玉石品种，如常见宝石有红宝石、蓝宝石、祖母绿、碧玺等，如图1—8所示；常见玉石有翡翠、和田玉、玛瑙、蛇纹石玉等，如图1—9所示。

a）

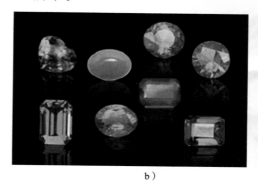
b）

c）

图1—8 常见宝石

a）红、蓝宝石 b）祖母绿 c）碧玺

a）

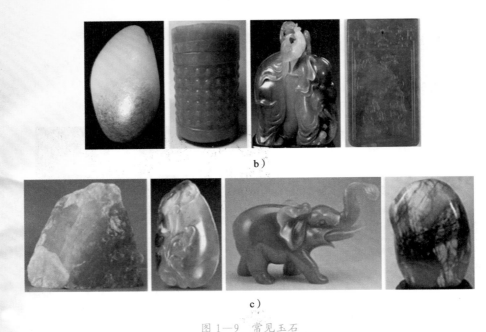

b）

c）

图1—9 常见玉石

a）翡翠 b）和田玉 c）蛇纹石玉

（2）少见宝玉石。产出量少，市场上不常见的宝玉石品种，如少见宝石有符山石、蓝锥矿等，如图1—10所示；少见玉石有苏纪石、滑石等，如图1—11所示。

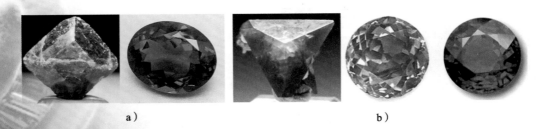

a） b）

图1—10 少见宝石

a）符山石 b）蓝锥矿

（3）罕见宝玉石。产出量极少，市场上难得见到的宝玉石品种，如罕见宝石有塔菲石、鱼眼石、磷铝钠石（俗称巴西石）等，如图1—12所示；罕见玉石有异极矿、蓝纹石等，如图1—13所示。

图 1—11 少见玉石

a）苏纪石 b）滑石

图 1—12 罕见宝石

a）磷铝钠石 b）塔菲石 c）鱼眼石

a）

b）

图1—13 罕见玉石
a）异极矿 b）蓝纹石

此种分类方法并不严谨，并且随着新矿山的发现、市场上贸易的活跃，有些少见宝石可转变为常见宝石。如葡萄石在多年前属少见宝石，当前，珠宝市场上频频出现，将其列为常见宝石。

3．按商品价值分类

按商品价值高低，可将宝玉石分为3类，详见表1—2。

表1—2　　　　　　　　　　宝玉石按商品价值分类

分　类		说　　明
高档宝玉石	高档宝石	如钻石、金绿宝石、红宝石等
	高档玉石	如翡翠、白玉、田黄石等
中档宝玉石	中档宝石	如碧玺、坦桑石等
	中档玉石	如绿松石、查罗石等
低档宝玉石	低档宝石	如水晶、托帕石等
	低档玉石	如玛瑙、方解石等

对于此种分类方法，高档、中档、低档之间没有明确的界限。尤其是中低档宝玉石，常相互交叉。

通常，一件宝玉石，其优级品，可定为高档级次，而其中级品定为中档级次，低级品定为低档级次。

如碧玺，通常的碧玺为中档宝石，而巴西产的帕拉伊巴蓝绿色碧玺，其价位攀入高档宝石范围。

4.按成因和组成分类

根据成因的不同，宝玉石可分为天然珠宝玉石和人工宝石两大类，根据组成和成因的不同，又能进行细分，如图1—14所示。

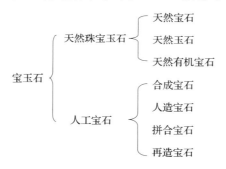

图1—14 按照成因和组成分类

二、宝玉石的命名原则

1.传统的命名方法

宝玉石种类繁多，名称相当复杂，由于历史原因、地域差异的影响，长期以来宝玉石的命名处于混乱状态，在商贸活动中使消费者上当受骗的例子屡见不鲜。国际珠宝界对宝玉石的命名没有一个统一的原则和标准，命名的方法多种多样。归纳起来，人们对宝玉石的命名方法大致如下：

（1）采用历史沿袭名称。多为古代的一些传统名称，往往与古代的一些传说有关，如翡翠、琥珀、玛瑙、珍珠、珊瑚等。

（2）以产地命名。以产地直接命名，使其带有地方特色，便于销售，久而久之，这些产地名演变成宝玉石品种的名称。以蛇纹石玉为例，产于辽宁岫岩的蛇纹石玉称为岫岩玉；产于广东信宜则称为南方玉或信宜玉；产于广西陆川又称为陆川玉等。

（3）以颜色直接命名。如红宝石、蓝宝石、海蓝宝石、绿水晶、黄晶等。由于认识水平的限制，早期人们无法准确鉴别相似宝石，只能以直观感

觉来命名宝石，造成了同一名称包含多个品种的含义。如在红宝石这一名称下就包含了红色尖晶石、红色石榴石、红色碧玺、红色托帕石，甚至红色玻璃等众多品种。

（4）以特殊的光学效应命名。如用猫眼、星光效应直接命名，便产生了星光宝石、猫眼石、金星石等不确切的宝石名称。然而同为猫眼石名称下的金绿宝石和海蓝宝石价格却差异很大，因此，这种命名十分不合理。

（5）采用矿物和岩石名称直接命名。例如尖晶石、绿柱石、石榴石、电气石、堇青石、锂辉石等。这是宝石界普遍采用的一种命名方式，特别是一些新发现的宝石品种的命名。优点是准确性好。

（6）以外来语的译音命名。如祖母绿、欧泊、托帕石等。与上述命名方法具同样性质，亦是普遍采用的命名方法。

（7）以生产厂家、生产方法、式样等直接命名宝石。如查塔姆祖母绿、林德祖母绿等，又如水热法红宝石、助熔剂法红宝石等。由于厂家、方法不断增多，故名称过多，且易使消费者产生混淆。

2．本书采用的命名原则

以上如此众多的命名方法，造成了宝玉石名称的不准确性和模糊性，且造成了一些名称上的混乱。本书采用了国家标准《珠宝玉石　名称》（GB/T 16552—2010）的命名原则对宝玉石进行命名。该标准以矿物、岩石名称作为天然宝玉石材料的基本名称，同时也采用已被国际珠宝界普遍接受的传统名称，并考虑到我国珠宝业的习惯来对宝玉石进行命名。

（1）天然宝石。直接采用天然宝石的基本名称或其矿物名称，无须加"天然"二字，如钻石、蓝宝石。产地不参与定名，禁止使用由两种或两种以上天然宝石组合名称定名某一种宝石，禁止使用含混不清的商业名称。

（2）天然玉石。直接使用天然玉石的基本名称或其矿物（岩石）名称，在天然矿物或岩石名称后可加"玉"字，无须加"天然"二字，天然玻璃除外，如欧泊、翡翠等。不允许单独使用"玉"或"玉石"代替具体的天然玉石名称，不用雕琢形状定名天然玉石。

（3）天然有机宝石。直接使用天然有机宝石的基本名称，无须加"天然"二字，如珊瑚、琥珀，天然珍珠、天然海水珍珠与天然淡水珍珠除外。产地不参与天然有机宝石定名。

（4）合成宝石的命名必须在其所对应的天然珠宝玉石基本名称前加"合成"二字，如合成水晶。禁止使用生产厂、制造商的名称直接定名，禁止使用易混淆或含混不清的名称定名。

（5）人造宝石的命名需要在材料名称前加"人造"二字，如人造钇铝

榴石，玻璃与塑料除外。禁止使用生产厂、制造商的名称和生产方式直接定名，禁止使用易混淆或含混不清的名称定名。

（6）拼合宝石必须在组成材料名称之后加"拼合石"三字或在其前加"拼合"二字。可逐层写出组合材料名称，如"蓝宝石、合成蓝宝石拼合石"；可只写出主要材料名称，如蓝宝石拼命石、拼合蓝宝石。

（7）再造宝石则在所组成的天然组宝玉石基本名称前加"再造"二字，如再造琥珀、再造绿松石。

（8）仿宝石则在所仿的天然宝玉石基本名称前加"仿"字；应尽量确定具体珠宝玉石名称，且采用如下表示方式，如"仿水晶（玻璃）"；确定具体珠宝玉石名称时应遵循标准规定的所有定名规则；"仿宝石"一词不应单独作为珠宝玉石名称。

（9）具特殊效应光学效应的珠宝玉石

1）猫眼效应。在珠宝玉石基本名称前加"猫眼"二字。只有"金绿宝石猫眼"可直接称为"猫眼"。

2）星光效应。在珠宝玉石基本名称前加"星光"二字。具有星光效应的合成宝石，在所对应天然珠宝玉石基本名称前加"合成星光"四字。

3）变色效应。在珠宝玉石基本名称前加"变色"二字。具有变色效应的合成宝石，在所对应天然珠宝玉石基本名称前加"合成变色"四字。"变石""变石猫眼""合成变石"除外。

4）其他特殊光学效应。除星光效应、猫眼效应和变色效应外，其他特殊光学效应（如砂金效应、晕彩效应、变彩效应等）不参与定名。

第2章

宝玉石
地质基础

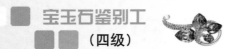
第1节　宝玉石结晶学基础

学习单元1　晶体与非晶体

【学习目标】

掌握晶体与非晶体的基本概念、基本性质
掌握晶体与非晶体之间的区别

【知识要求】

一、晶体与非晶体的概念与区别

1．晶体的概念

晶体是内部质点在三维空间呈周期性重复排列而形成格子状构造的固体。或者概括地说：晶体是具有格子状构造的固体。自然界中很多具有规则多面体外形的天然矿物，如水晶、石盐、方解石、磁铁矿、金刚石等均为晶体，如图2—1至图2—3所示。

研究表明，数以千计的不同种类晶体虽然结构各不相同，但都具有格子状构造，这是一切晶体的共同属性。

2．非晶体的概念

与晶体结构相反，内部质点（离子、原子或分子）不做有规律排列（即不具格子状构造）的固体即称为非晶（质）体，如火山玻璃、琥珀、蛋白石等。从内部结构看，非晶体中质点的分布类似于液体，严格地说，它们不是固体，是一种呈凝固态的过冷却液体。

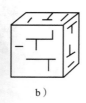
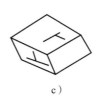

a)　　　　　　b)　　　　　　c)　　　　　　d)

图2—1　晶体

a）水晶　b）石盐　c）方解石　d）磁铁矿

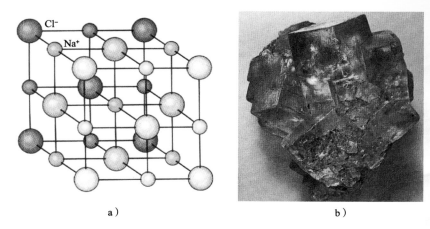

a）　　　　　　　　　　　b）

图 2—2　石盐（NaCl）的晶体结构及晶体形态

a）晶体结构　b）晶体形态

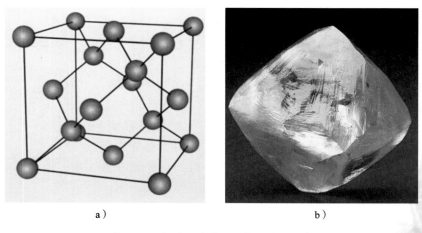

a）　　　　　　　　　　　b）

图 2—3　金刚石的晶体结构及晶体形态

a）晶体结构　b）晶体形态

3．晶体与非晶体的区别

（1）晶体的本质特点是内部具格子状构造，这是它与非晶体的根本区别。

（2）从内部结构角度来看，非晶体中质点的分布与液体相似，所以，严格地讲非晶体只能称为过冷却的液体，或者叫硬化了的液体，不能称为固体。只有晶体才是真正的固体。

（3）由于非晶体中质点不呈有规律排列，因而不能自发地形成多面体外形，又称它是无定形体。而晶体则具有规则多面体外形。

二、晶体的基本性质

晶体内部结构的周期性决定了晶体具有 5 个共有的基本性质。

1．自限性

晶体具有在自由生长状态下能自发地形成封闭的凸几何多面体外形的特性。晶体通常被平的晶面所包围，晶面相交形成平直的晶棱，晶棱汇聚形成尖的角顶。

2．均一性

晶体的格子状构造决定了同一晶体不同部分的原子排列、原子密度、结合能力等相同，某些性质相对均一，如密度、热导性、折射率值等，无论其块体大小都毫无例外地保持着它们各自的一致性。

3．异向性（各向异性）

在同一晶体的不同方向上常常具有不同的性质和特征。表现出晶体的解理、颜色和光学性质都有随方位而变化的特点，如钻石在平行八面体晶面方向容易破裂；碧玺在平行长轴和垂直长轴方向上颜色不一样；蓝宝石当垂直柱面（光轴）切割时，无二色性，平行光轴切割时，则二色性明显；蓝晶石在不同方向具不同的硬度（见图 2—4）。

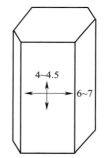

图 2—4 蓝晶石晶体的
硬度异向性

4．对称性

对称性指晶体中的相同部分（如外形上的相同晶面、晶棱、角顶）或性质重复出现的特性。这是由于晶体内部质点有规律地重复造成的，是晶体内部结构的对称性在外部形态上的反映，是晶体非常重要的性质。

5．最小内能

晶体质点的规则排列，使其相互间引力和斥力达到平衡。在相同的热力学条件下，与同种物质的非晶体、液体、气体相比较，其内能最小，所处的状态最为稳定。

学习单元 2 晶体的对称与分类

▰▰▰【学习目标】

了解确定晶体对称型的方法
了解晶体对称的含义和对称要素之间的相互关系

掌握晶体形态与晶族、晶系的关系
能够进行晶体的对称分类

【知识要求】

一、晶体的对称

　　所谓对称就是指物体相同部分做有规律的重复。对称现象在自然界和人类的生活中也较为常见，如植物、动物形体、建筑物等（见图2—5）。晶体外形的对称表现为相同的晶面、晶棱和角顶做有规律的重复，这是晶体的宏观对称。一切晶体都具格子状构造，而格子状构造本身就是内部质点在三维空间周期性重复排列的体现（微观对称）。因此，晶体对称不仅表现在外形上，同时也表现在光学、力学、热学、电学性质等物理性质上。晶体的对称性是晶体的基本性质之一。

a）　　　　　　　　　　　　　　b）

图2—5　雪花与蝴蝶的对称性

a）雪花　b）蝴蝶

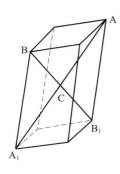

图2—6　对称中心图解

　　为使晶体上的相同部分（晶面、晶棱和角顶）做有规律的重复所进行的操作称为对称操作。在操作中所凭借的几何要素，称为晶体的对称要素。研究晶体外形对称性的对称要素有以下几种：

1. 对称中心（C）

　　对称中心（C）是晶体内部的一个假想点，通过该点做任意直线，则在此直线上距对称中心等距离的两端，必定可以找到对应点。对称中心以字母C表示。相应对称操作就是对此点的反伸。

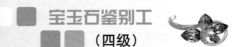
图 2—6 是一个具有对称中心的图形，C 点为对称中心，在通过 C 点所做的直线上，距 C 点等距离的两端可以找到对应点 A 和 A_1、B 和 B_1。即若取图形中任意一点 A 或 B 与 C 点连线，再由 C 点向相反方向延伸等距离，必然能找到对应点 A_1 或 B_1。

2．对称轴（L^n）

对称轴是通过晶体中心的一条假想直线，晶体围绕此直线旋转一定角度后，相同的晶面、晶棱、角顶能重复出现，旋转一周，晶体中相同部分重复的次数称为轴次（见图 2—7）。

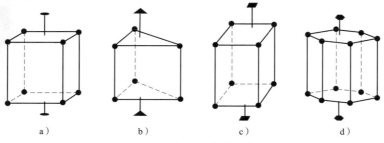

图 2—7　晶体上对称轴举例

a）2 次对称轴（L^2）　b）3 次对称轴（L^3）　c）4 次对称轴（L^4）　d）6 次对称轴（L^6）

对称轴以 L 表示，轴次 n 写在 L 的右上角，写作 L^n。有多个 L^n 存在时，数字写在前面，如 $3L^4$。轴次高于 2 的对称轴（L^3、L^4、L^6）称高次轴。晶体中可没有对称轴，也可有一种或几种对称轴同时存在，而每一种对称轴也可有一个或多个。实际晶体中可以存在的对称轴仅有 L^2、L^3、L^4、L^6。

3．对称面（P）

对称面是把晶体平分为互为镜像的两个相同部分的假想平面，相应对称操作是对一个平面的反应。

对称面在晶体中可能存在的位置：垂直并平分晶面；垂直晶棱并通过它的中心；包含晶棱并平分晶面夹角（见图 2—8）。

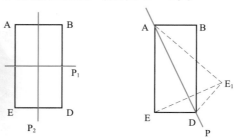

图 2—8　对称面在晶体中的位置

4．对称型

晶体中全部对称要素的组合，称为该晶体的对称型。

例如，钻石晶体有 3 个 L^4、4 个 L^3、6 个 L^2、9 个 P 和对称中心 C。上述对称要素的组合即为一种对称型，记作 $3L^4 4L^3 6L^2 9PC$。根据晶体中可能存在的对称要素及其组合规律，推导出自然界的晶体中可能出现的对称型共有 32 种。

二、晶体的分类

晶体是根据其对称特点进行分类的。

1．晶族

根据对称型中有无高次轴及高次轴的多少，把 32 个对称型划分为低、中、高级三个晶族。

（1）低级晶族。无高次轴。

（2）中级晶族。有且只有一个高次轴。

（3）高级晶族。有多个高次轴。

2．晶系

根据晶体对称性的特点，可以把晶体划分为七大晶系，低级晶族包括三斜晶系、单斜晶系和斜方晶系；中级晶族包括三方晶系、四方晶系和六方晶系；高级晶族只有一个晶系，即等轴晶系。

（1）三斜晶系。无对称轴和对称面。

（2）单斜晶系。二次轴和对称面均不多于一个。

（3）斜方晶系。二次轴或对称面多于一个，无高次轴。

（4）三方晶系。有一个三次轴。

（5）四方晶系。有一个四次轴。

（6）六方晶系。有一个六次轴。

（7）等轴晶系。有数个高次轴（如有四个三次轴）。

各晶系常见的宝石矿物品种见表 2—1。

表 2—1　　　　　　　　　　　各晶系常见的宝石矿物品种

晶系	常见的宝石品种
三斜晶系	天河石、斜长石、绿松石、蔷薇辉石、蓝晶石
单斜晶系	硬玉、透辉石、孔雀石、正长石、锂辉石、榍石、绿帘石
斜方晶系	橄榄石、托帕石（黄玉）、黝帘石、堇青石、金绿宝石、矽线石、红柱石、柱晶石、赛黄晶、顽火辉石、异极矿

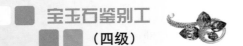

续表

晶系	常见的宝石品种
三方晶系	红宝石、蓝宝石、碧玺（电气石）、方解石、硅铍石、石英（水晶、紫晶、烟晶等）、菱锰矿
四方晶系	锆石、金红石、锡石、方柱石、符山石
六方晶系	磷灰石、绿柱石（祖母绿和海蓝宝石）、蓝锥矿、塔菲石
等轴晶系	钻石、石榴石、尖晶石、萤石、方钠石

学习单元 3　晶体形态及表面特征

【学习目标】

了解晶体的单形与聚形
熟悉单形与对称型或晶系的关系
了解晶体的规则连生
掌握晶体的平行连生、双晶、浮生的特点
了解晶体的结晶习性及其基本类型
掌握晶体的实际形态、晶面特征、矿物集合体的类型及特点

【知识要求】

一、晶体的理想形态

属于同一对称型的晶体，可以具有完全不同的形态。如图 2—9 所示的立方体、八面体和菱形十二面体，同属于 $3L^4L^36L^29PC$ 对称型，但是它们的形态各异。

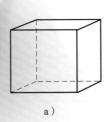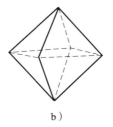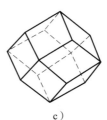

a）　　　　　　　b）　　　　　　　c）

图 2—9　不同形态的晶形

a）立方体　b）八面体　c）菱形十二面体

晶体形态可以分为单形和聚形两种类型。

1．单形

单形是由对称要素联系起来的一组晶面的总和。同一单形的所有晶面彼此相等，即具有相同的性质，在理想情况下各晶面同形等大。

从结晶学意义上可推导出 146 种不同单形。但是，如果只考虑组成单形的晶面数目、各晶面间的几何关系及单形单独存在时的形态等几何性质，那么 146 种结晶单形可以归并为几何性质不同的 47 种几何单形。三大晶族可能出现的单形见表 2—2、表 2—3、表 2—4。

表 2—2　　　　　　　　　　低级晶族的单形

图　　示	说　　明
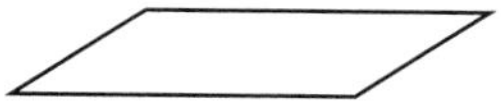 单面	单面：由一个晶面组成
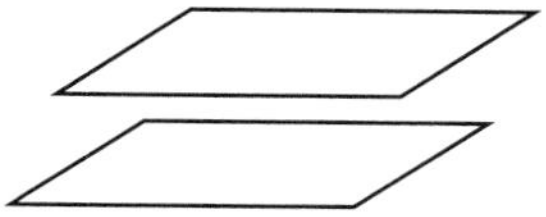 平行双面	平行双面：由一对相互平行的晶面组成
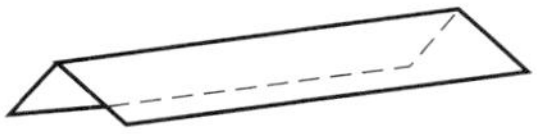 双面	双面：由两个相交的晶面组成，若此二晶面由二次轴 L^2 相联系时称轴双面，若由对称面 P 相联系时称反映双面
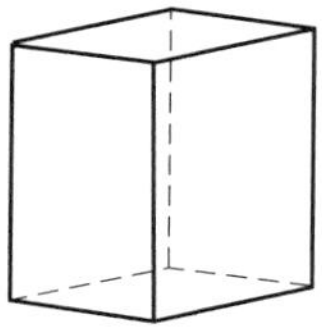 斜方柱	斜方柱：由 4 个两两平行的晶面组成。它们相交的晶棱互相平行而形成柱体，横切面为菱形
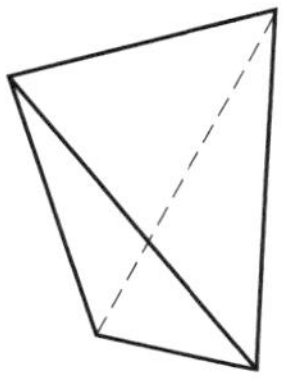 斜方四面体	斜方四面体：由 4 个不等边的三角形晶面组成。晶面互不平行，通过晶体中心的横切面为菱形

续表

图　示	说　明
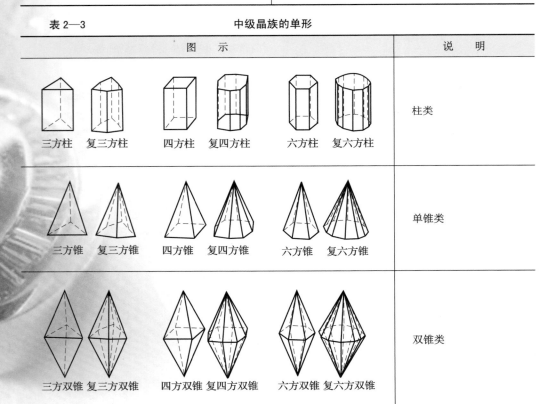斜方单锥	斜方单锥：由 4 个不等边三角形的晶面相交于一点形成单锥体，锥顶出露 L^2，横切面为菱形，仅见于斜方晶系 $L^2 2P$ 对称型中
斜方双锥	斜方双锥：由 8 个不等边三角形晶面组成的双锥体。犹如两个斜方单锥以底面相连接而成。每 4 个晶面汇聚于一点，横切面为菱形。仅见于斜方晶系 $3L^2 3PC$ 对称型中

表 2—3　　　　　　　　　　　　　中级晶族的单形

图　示	说　明
三方柱　复三方柱　　四方柱　复四方柱　　六方柱　复六方柱	柱类
三方锥　复三方锥　　四方锥　复四方锥　　六方锥　复六方锥	单锥类
三方双锥 复三方双锥　　四方双锥 复四方双锥　　六方双锥 复六方双锥	双锥类

续表

图　示	说　明
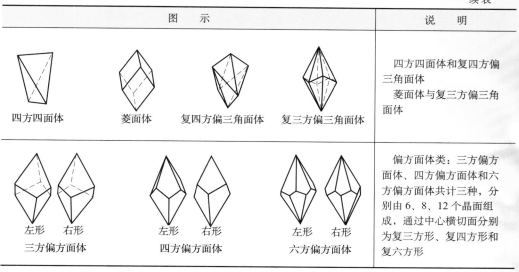 四方四面体　　菱面体　　复四方偏三角面体　　复三方偏三角面体	四方四面体和复四方偏三角面体 　菱面体与复三方偏三角面体
左形　右形 三方偏方面体　　　　左形　右形 四方偏方面体　　　　左形　右形 六方偏方面体	偏方面体类：三方偏方面体、四方偏方面体和六方偏方面体共计三种，分别由 6、8、12 个晶面组成，通过中心横切面分别为复三方形、复四方形和复六方形

表 2—4　　　　　　　　　高级晶族的单形

分类	图　示	说　明
四面体组	四面体	四面体：由 4 个等边三角形晶面组成，晶面与 L^3 垂直，晶棱的中点出露 L^4
	三角三四面体	三角三四面体：犹如四面体的每一个晶面凸起分为 3 个等腰三角形晶面
	四角三四面体	四角三四面体：犹如四面体的每一个晶面凸起分为 3 个四边形晶面，四边形的 4 条边两两相等

续表

分类	图　示	说　明
四面体组	左形　右形 五角三四面体	五角三四面体：犹如四面体的每一晶面凸起分为 3 个偏五角形晶面
	六四面体	六四面体：犹如四面体的每一个晶面凸起分为 6 个不等边三角形
	八面体	八面体：由 8 个等边三角形晶面所组成。晶面垂直 L^3
八面体组	三角三八面体　四角三八面体 左形　右形 五角三八面体	与四面体组的情况类似，设想八面体的每一个晶面凸起平分为 3 个晶面，根据晶面的形状分别形成三角三八面体、四角三八面体、五角三八面体
	六八面体	六八面体：设想八面体的每一个晶面凸起平分为 6 个不等边三角形

续表

分类	图　示	说　明
立方体组	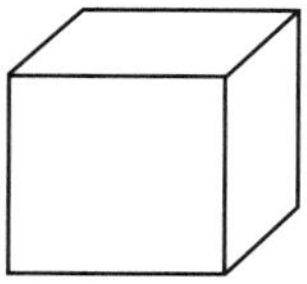 立方体	立方体：由两两平行的 6 个四方形晶面组成，相邻晶面间均以直角相交
	 四六面体	四六面体：设想立方体的每个晶面凸起平分为 4 个等腰三角形晶面
十二面体组	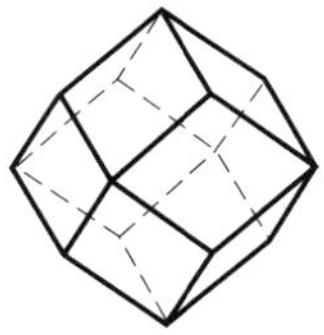 菱形十二面体	菱形十二面体：由 12 个菱形晶面所组成，晶面两两平行
	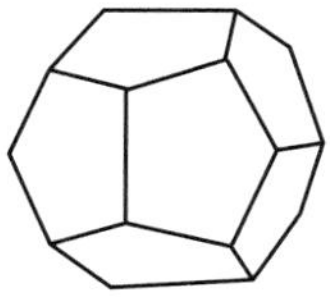 五角十二面体	五角十二面体：12 个晶面分别为四边相等的五边形
	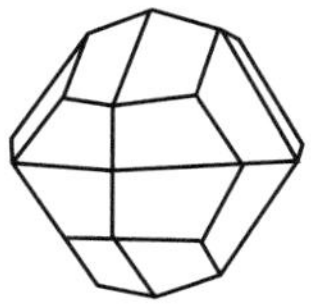 偏方复十二面体	偏方复十二面体：设想五角十二面体的每个晶面凸起平分为两个具两个等长邻边的偏四方形晶面

2．聚形

由两个或两个以上单形按照一定对称规律组合起来构成的晶体的几何多面体称为聚形（见图 2—10 和图 2—11）。

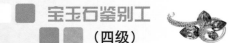
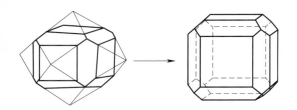

图 2—10　立方体与菱形十二面体的聚形

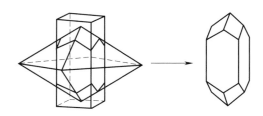

图 2—11　四方柱与四方双锥的聚形

二、晶体的规则连生

　　无论是自然界中的天然晶体，还是实验室中的人工合成晶体，都可见多个晶体生长在一起，形成连生体。同种晶体的规则连生可分为平行连生和双晶两种类型。不同种类晶体的规则连生或同种晶体不同单形的规则连生为浮生。

1．平行连生

　　平行连生是指由若干同种单晶体彼此平行地连生在一起。外形上表现为各晶体的所有几何要素相互平行，其连生部位出现凹入角，但内部结构呈连续贯通的格子状构造。因此从结构特点上来看，平行连生与单晶没有什么区别。图 2—12、图 2—13 显示了自然铜立方体晶体、明矾八面体晶体的平行连生。

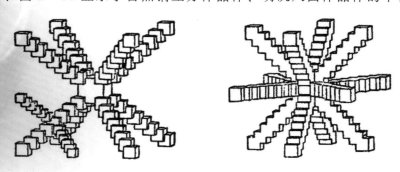

图 2—12　自然铜立方体晶体的树枝状平行连生

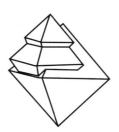

图 2—13　明矾八面体晶体的平行连生

2．双晶

双晶是指两个或两个以上的同种晶体，彼此间按一定的对称规律形成的规则连生。按照双晶各单体间接合方式的不同，一般把双晶分为两大类，即接触双晶和穿插双晶。

（1）接触双晶。指两个单体间只以一个简单的平面相接触构成的双晶。接触双晶又可进一步划分为简单接触双晶、聚片双晶、环状双晶和复合双晶等类型。

1）简单接触双晶。由两个单体以一个平面接合在一起而成的双晶，如石膏的燕尾双晶、锡石的膝状双晶、尖晶石的接触双晶（见图 2—14a、b）等。

2）聚片双晶。由若干个单体按同一种双晶律连生，接合面彼此平行，表现为一系列薄板状，相邻的晶体呈相反方向排列，如钠长石的聚片双晶（见图 2—14c）。

3）环状双晶。两个以上的单体连生呈环状（可封闭，可开口），双晶中相邻单体的接合面为平面，接合面互不平行，依次以等角度相交呈放射状排列。按单体的个数可分为三连晶（见图 2—14d）、四连晶、五连晶、六连晶、八连晶等。

4）复合双晶。由两个以上的单体彼此间按不同的双晶律所组成的双晶，如斜长石的卡—钠复合双晶。

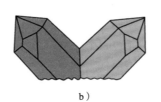

　a）　　　　　　　　b）　　　　　　　　c）　　　　　d）

图 2—14　接触双晶示意图

a）尖晶石的接触双晶　b）水晶的膝状双晶

c）斜长石的聚片双晶　d）金绿宝石的环状双晶（三连晶）

（2）穿插双晶（贯穿双晶）。由两个单体相互穿插，接合面常曲折而复杂，如图 2—15 所示。

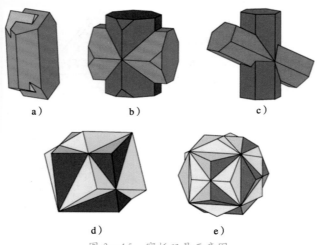

图2—15 穿插双晶示意图

a）正长石的卡式双晶 b）、c）十字石的穿插双晶

d）萤石的穿插双晶 e）黄铁矿的穿插双晶

判断和确定双晶存在对于鉴定宝石，特别对于宝石加工有十分重要的意义。

3．浮生

是指一种晶体以一定的面网和确定的取向关系附着生长于另一种晶体表面，或者同种晶体以不同单形相似面网的晶面附生在一起的规则连生。

例如，斜方晶系十字石的（010）面网与三斜晶系蓝晶石的（100）面网的结构和成分均相似，十字石晶体的（010）面常依蓝晶石的（100）面生长（见图2—16a）、赤铁矿以（001）面浮生于磁铁矿（111）面上（见图2—16b）。

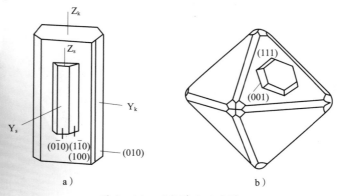

图2—16 矿物浮生示意图

a）十字石以（010）面浮生于蓝晶石（100）面上

b）赤铁矿以（001）面浮生于磁铁矿（111）面上

三、结晶习性

1. 概念

在一定的条件下，矿物晶体趋向于按照自己内部结构的特点自发形成某些特定的形态，这种性质称为矿物的结晶习性。它包括两方面：一是同种晶体所常见的单形；二是晶体在三维空间延伸的比例。

2. 晶体结晶习性的基本类型

根据晶体的总的形态特征，即晶体在空间 3 个互相垂直的方向上发育的程度，其结晶习性可划分为 3 种基本类型，如图 2—17 所示。几种矿物的晶体形态如图 2—18 所示。

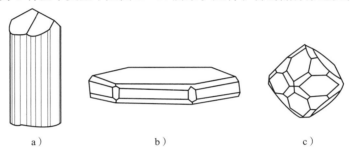

a）　　　　　　　　　b）　　　　　　　　　c）

图 2—17　矿物晶体结晶习性

a）一向延长型　b）二向延展型　c）三向等长型

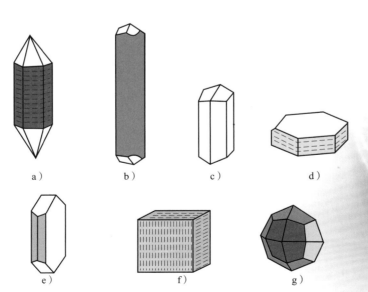

a）　　　　b）　　　　c）　　　　d）

e）　　　　f）　　　　g）

图 2—18　几种矿物的晶体形态

a）水晶　b）电气石　c）角闪石　d）云母　e）长石　f）黄铁矿　g）石榴矿

（1）一向延长型。单体沿某一个方向特别发育，成为柱状、针状或纤维状形态。电气石、绿柱石、水晶、角闪石、硅灰石、金红石和辉锑矿等矿物就常呈柱状或针状产出。

（2）二向延展型。晶体沿两个方向上相对更为发育，形成板状、片状、鳞片状、叶片状等形态。石墨、辉铜矿、云母、高岭石和绿泥石等矿物常呈片状或鳞片状，长石族矿物常呈板状。

（3）三向等长型。单体在三维空间的发育程度基本相同，呈粒状或等轴状，如磁铁矿、黄铁矿、石榴石等。

四、实际晶体的形态

宝石矿物在自然界中的形成环境十分复杂，并且任何一个晶体在其生长过程中总会不同程度地受到外界因素的干扰。因此，晶体并非严格地按照空间格子规律所形成的均匀整体，以致晶体不能按理想状态发育，有时会出现歪晶、凸晶和弯晶等非理想晶体形态。

1．歪晶

歪晶为最常见的一种形态，是由于晶体生长时各个方向的发育未能按照一定的比例所致。通常表现为同一单形的各晶面发育不等（即不能同形等大），部分晶面甚至可能缺失，但它们的晶面夹角与理想晶体的相应晶面夹角保持相同，这种偏离其自身理想晶形的晶体称为歪晶。自然界产出的实际晶体绝大多数都是歪晶，相应的晶形称为歪形。图2—19为 α—石英晶体的理想晶形，图2—20则是它的几种歪形，它们同样都是由某些相同的单形所组成，但表现的形状却很不相同。

2．凸晶

各晶面中心均相对凸起而呈曲面、晶棱弯曲而呈弧线的晶体称为凸晶。所有凸晶都是由几何多面体趋向于球面体的过渡形态。凸晶是由于晶体形成后又遭溶解而形成的，因为位于角顶和晶棱上的质点的自由能较位于晶面上的大，角顶及晶棱部位与溶剂的接触概率也大，因而，它们的溶解速度也较晶面中心快，从而产生凸晶。图2—21所示为金刚石的菱形十二面体理想晶体形态和凸晶实际形态。

3．弯晶

晶体在生长过程中，受到外部机械应力的作用，使晶体在生长时伴随着发生断裂，结果生长出呈弯曲形状的晶体，称为弯晶。弯晶与凸晶的差别在于：凸晶的所有晶面都是向外凸出的，而弯晶当其一侧晶面向外凸出时，相反一侧的晶面就向内凹进。如自然界存在的马鞍形白云石晶体，如图2—22所示。

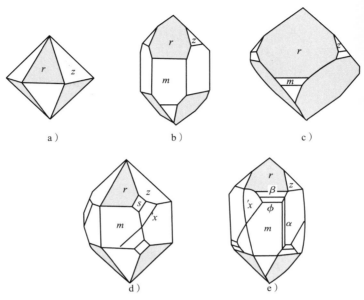

图 2—19　α—石英晶体的理想晶形

（图中凡以相同字符标记及灰度相同的晶面均属性质相同的晶面）

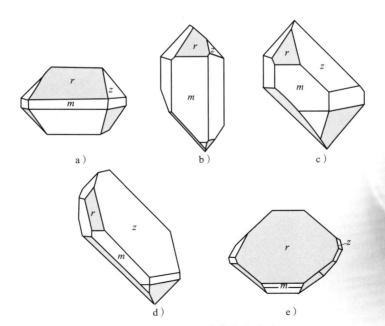

图 2—20　α—石英晶体的歪形

（图中凡以相同字符标记及灰度相同的晶面均属性质相同的晶面）

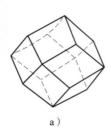
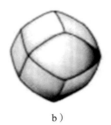

图 2—21　凸晶

a）金刚石的菱形十二面体理想晶体形态　b）金刚石的凸晶实际形态

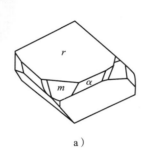
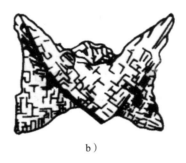

图 2—22　弯晶

a）白云石的理想晶形　b）白云石的马鞍形弯晶

五、晶面特征

实际矿物晶体的晶面都不是理想的平面，晶面常见各种条纹、台阶、凸起（生长丘）或凹坑（蚀像）。矿物晶体表面的这些微观形态是矿物在形成过程中介质条件交替变化而使不同单形交替生长，或由于地应力变化而使之发生错位，或形成后溶解的产物而造成的，其形态和分布既受晶体本身固有的结晶规律所制约，又受不同阶段环境变化的影响。因此，矿物表面的微形貌特征，既是矿物鉴定的标志，也是识别单形或其规则连生和真实对称的标志，还是研究矿物发生史中介质和环境条件变化的标志。

1．晶面条纹

晶面条纹是指由于不同单形的细窄晶面反复相聚、交替生长而在晶面上出现的一系列直线状平行条纹，也称聚形条纹。显然，这是晶体的一种阶梯状生长现象，只见于晶面上，故又称为生长条纹。

例如，黄铁矿的立方体及五角十二面体的晶面上常可出现三组相互垂直的条纹，它是由上述两种单形的晶面交替生长所致，如图 2—23 所示。

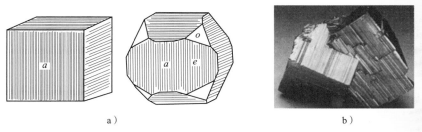

a）　　　　　　　　　　　b）

图 2—23　黄铁矿的晶面条纹

a）黄铁矿的晶面条纹示意图　b）黄铁矿实际晶体晶面上三组相互垂直的聚形条纹

石英晶体的六方柱晶面上常见有六方柱与菱面体的细窄晶面交替发育而成的柱面横纹，如图 2—24 所示。

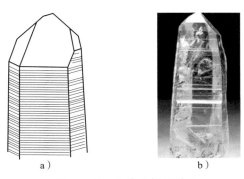

a）　　　　　　　　　b）

图 2—24　石英的柱面横纹

a）石英的柱面横纹示意图　b）石英实际晶体柱面横纹

电气石晶体具有由三方柱和六方柱反复相聚而形成的柱面纵纹（见图 2—25）。

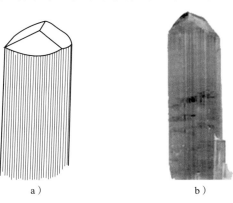

a）　　　　　　　　　b）

图 2—25　电气石的柱面纵纹

a）电气石的柱面纵纹示意图　b）电气石实际晶体的柱面纵纹

在一个晶体上同一单形的各晶面，只要有条纹出现，它的样式和分布状况总是相同的。因此，利用晶面条纹的特征，不仅可以鉴定矿物，而且还有助于做单形分析和对称分析。

2．晶面台阶

晶面是由层生长或螺旋生长机制形成的，这些生长机制必定要在晶面上留下层状台阶或螺旋状台阶。晶面台阶是最常见的晶面花纹，肉眼较难看到，但借助显微镜就能看到很漂亮的花纹。

3．生长丘

生长丘（见图 2—26）是指晶体生长过程中形成的、略凸出于晶面之上的丘状体。石英的菱面体晶面上的生长丘最发育。生长丘的坡面实际上也是由晶面台阶组成的。

4．蚀像

晶体形成后，晶面因受溶蚀而留下的一定形状的凹坑即蚀像。蚀像受面网内质点的排列方式控制，因而，不同矿物的晶体及同一晶体不同单形的晶面上，蚀像的形状和取向各不相同，只有同一晶体上同一单形的晶面上的蚀像才相同，故常可利用蚀像来鉴定矿物、判识晶面是否属于同一单形，确定晶体的真实对称，以及区分晶体的左、右形，如图 2—27 所示。

图 2—26　α—石英晶面
上的生长丘

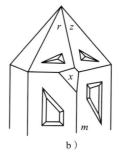

a）　　　　　　　　b）

图 2—27　石英的晶面蚀像
a）左形晶　b）右形晶

六、集合体形态

同种矿物多个单体聚集在一起的整体叫作矿物集合体。矿物集合体形态取决于单体的形态和它们的集合方式。根据集合体中矿物颗粒大小（或可辨度）可分为以下三种：

1．显晶集合体形态

用肉眼或放大镜可以辨认矿物单体的为显晶集合体。按矿物单体的结晶习性及集合方式的不同可分为粒状、片状、鳞片状、板状及放射状、束状、纤维状、晶簇状等集合体。主要的显晶集合体形态如图 2—28 所示。

图 2—28 矿物的显晶集合体形态

a）粒状（白云石） b）片状（白云母） c）毛发状（孔雀石）

d）纤维状（石棉） e）针状、束状（辉锑矿） f）放射状（滑石）

（1）粒状集合体：由许多粒状矿物单体任意集合而成，按单体颗粒大小，又可分为粗粒状（直径 > 5 mm）、中粒状（直径在 1 ～ 5 mm 之间）和细粒状（直径 < 1 mm）集合体。

（2）片状、鳞片状、板状集合体：由结晶习性为二向延展的矿物单体任意集合而成。

（3）纤维状、束状、放射状集合体：由一向延长的单体集合而成。如果细长毛发状、针状矿物规则地平行紧密排列称纤维状集合体，如果呈束状排列则称束状集合体，如果单体围绕某些中心呈放射状排列称为放射状集合体。

（4）晶簇状集合体：在岩石的孔洞和裂隙中，在共同基底上生长的多个矿物单体的集合体。它们大多垂直基底，大致平行地生长发育成完好的晶体，多数为柱状，大小、长短不等，单体形状大多相同。宝石矿物晶簇如图 2—29 所示。

2．隐晶集合体和胶态集合体形态

在显微镜下才能辨认单体的为隐晶集合体，在显微镜下也不能辨认单体的为胶态集合体。

图 2—29 宝石矿物晶簇

a）碧玺 b）海蓝宝石 c）水晶 d）蓝铜矿 e）透石膏 f）祖母绿 g）雌黄

（1）分泌体。分泌体是在球状或不规则状的岩石孔洞中，由胶体或晶质物质自洞壁逐层地向中心沉淀（从外向里层层沉淀充填）形成的矿物集合体。层与层之间由于在颜色或物质成分上的差异，常具有同心层状构造或不同颜色环带，如环带状玛瑙。分泌作用不完全者中心常留有空腔，有时沿空腔壁还可见晶簇。分泌体外形常呈卵形，平均直径大于 1 cm 者称为晶腺，如玛瑙晶腺（见图 2—30a）；平均直径小于 1 cm 者，则称为杏仁体，如充填火山岩气孔的次生矿物，常见的有方解石、沸石、蛋白石等矿物构成的杏仁状矿物集合体（见图 2—30b）。

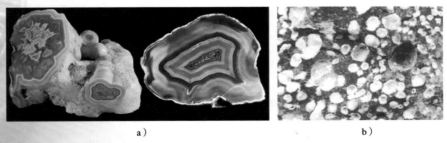

图 2—30 分泌体

a）玛瑙晶腺 b）充填在火山岩气孔中的方解石和沸石的杏仁体

（2）结核体。结核体是由隐晶或胶凝物质围绕某种其他物质颗粒（如砂粒、生物或岩石碎片等）为核心，自内向外逐渐生长而形成的球状、凸镜状、瘤状或不规则状的矿物集合体，直径一般在 1 cm 以上。内部常具同心层状、放射纤维状等构造，例如赤铁矿、黄铁矿、萤石等的结核体（见图 2—31c、d、e、f）。结核体形状多样，大小不一，如同鱼子大小的圆球群所组成的矿物集合体，称为鲕状集合体，如鲕状赤铁矿（见图 2—31a）；若是像豌豆大小则称为豆状集合体，如豆状赤铁矿（见图 2—31b）。

图 2—31　结核体

a）鲕状赤铁矿　b）豆状赤铁矿　c）肾状赤铁矿　d）球状赤铁矿　e）球状黄铁矿　f）球状萤石

（3）钟乳状集合体（见图 2—32）。通常是由胶体凝聚或真溶液蒸发逐层沉积而

图 2—32　矿物钟乳状集合体

a）绿松石葡萄状集合体　b）孔雀石葡萄状集合体　c）石英钟乳状集合体

d）硅孔雀石钟乳状集合体　e）绿松石钟乳状集合体　f）葡萄石葡萄状集合体

成。内部常具同心层状构造、放射状构造、致密块状构造等，这是凝胶再结晶的结果。有时中心是空心的，孔壁上见有晶粒构造。将其外部形状与常见物体类比而给予不同名称，如葡萄状、肾状；附着于洞穴顶部下垂者称石钟乳，溶液下滴至洞穴底部而凝固，逐渐向上生长者称石笋，石钟乳与石笋上下相连即成为石柱，这些形态在石灰岩溶洞中构成奇观。钟乳状体如表面圆滑、带漆光或玻璃光泽、横切面呈放射状或同心层状者称为玻璃头，如褐铁矿的褐色玻璃头、赤铁矿的红色玻璃头、硬锰矿的黑色玻璃头等。

（4）粉末状集合体。矿物呈粉末状分散附在其他矿物或岩石的表面。

（5）土状集合体。矿物呈细粉末状较疏松地聚集成块，如图2—33所示。

（6）被膜状集合体。矿物呈薄层覆盖于其他矿物或岩石的表面，如图2—34所示。

a)　　　　　　　　　　　b)

图2—33　矿物土状集合体

a）高岭土土状集合体　　b）铝土矿土状集合体

图2—34　蓝铜矿被膜状集合体

第 2 节　宝玉石晶体光学基础

【学习目标】

掌握光的本质、自然光与偏振光在宝石中的传播特点

掌握光性均质体、光性非均质体的特点，代表性晶系及主要矿物

【知识要求】

一、光的本质

（1）光是一种电磁波。光既有粒子性，又有波动性。

（2）电磁波是横波，所以光波也是横波，即光波的振动方向与传播方向互相垂直。

（3）波长的单位用纳米表示：

$$1 \text{ nm （纳米）} = 10^{-6} \text{ mm （毫米）}$$

（4）光波是具有一定频率和波长的电磁波，是电磁波谱中很窄的一小部分。可见光是电磁波谱中频率较高、波长范围较短（390 ～ 770 nm）的一个区段，由波长不同的七色光组成，波长由长至短（或频率由小至大）依次表现为红、橙、黄、绿、蓝、靛、紫（见图 2—35）。

（5）"白光"是各种单色光波按一定的比例组成的混合光。

二、自然光与偏振光

光分为自然光和偏振光。

1. 自然光

在垂直光波传播方向的断面内，光波做任意方向的振动，且振幅相等，如图 2—36 所示，如太阳光、灯光等。自然界的可见光均为自然光。

2. 偏振光

自然光经过反射、折射、双折射及吸收等作用，变成只在一定方向振动的光波（见图 2—37），这种光波称为偏振光，简称偏光。偏振光振动方向与传播方向所构成的平面称为振动面。自然光转化为偏振光的过程称为偏振化。偏振光是由特殊装置产生的。

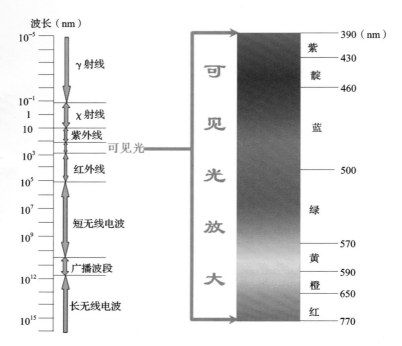

图 2—35　电磁波谱

图 2—36　自然光的传播和振动方向关系示意图（光的传播方向垂直纸面）

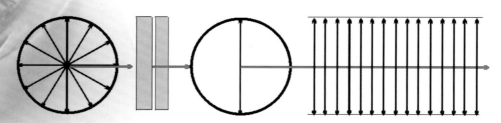

图 2—37　偏振光的传播和振动方向关系示意图（侧视图，长箭头代表光传播方向）

3．自然光与偏振光在矿物中的传播特点

（1）光性均质体（又称为均质体）。光性均质体是具各向同性的介质，其光学性质不随方向发生变化，包括等轴晶系矿物和非晶质物质。等轴晶系矿物如钻石、尖晶石、石榴石、萤石等；非晶质体如蛋白石、琥珀等，如图2—38所示。

图2—38　等轴晶系矿物和非晶质体

a）石榴石　b）金刚石　c）萤石　d）黄铁矿　e）琥珀　f）欧泊

（2）光性非均质体（又称非均质体）。光性非均质体是具各向异性的介质，其光学性质随方向不同而变化，代表性晶系及矿物包括：中级晶族的矿物有三方晶系的冰洲石、水晶、刚玉、电气石等，四方晶系的锆石、金红石、方柱石等，六方晶系的磷灰石、绿柱石等；低级晶族的矿物有斜方晶系的橄榄石、金绿宝石、堇青石等，单斜晶系的普通辉石、透闪石、蛇纹石等，三斜晶系的斜长石、蔷薇辉石、硅灰石等，如图2—39和图2—40所示。

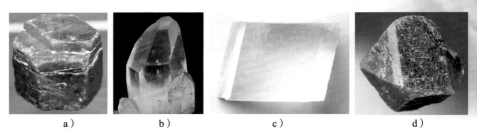

a）　　　　b）　　　　c）　　　　d）

图 2—39　中级晶族的非均质性矿物

a）刚玉　b）黄晶　c）冰洲石　d）锆石　e）磷灰石

f）电气石　g）方柱石　h）金红石　i）绿柱石

图 2—40　低级晶族的非均质性矿物

a）金绿宝石　b）橄榄石　c）堇青石　d）蛇纹石　e）斜长石

f）透闪石　g）硅灰石　h）普通辉石　i）蔷薇辉石

第 3 节　矿物、岩石学基础

【学习目标】

了解矿物、岩石的基本概念

掌握矿物与宝石的关系、岩石的成因分类，以及不同类型岩石产出的主要宝玉石

【知识要求】

一、矿物

1. 矿物的基本概念

矿物是自然作用中形成的天然固态单质和化合物，它具有一定的化学成分和内部结构，因而具有一定的化学性质和物理性质，在一定的物理化学条件下稳定。矿物是固体地球和地外天体中岩石和矿石的基本组成单位，也是生物体中骨骼部分的主要组成。具有一定化学成分的天然固态非晶质体称为准矿物。矿物和准矿物都是矿物学研究的基本对象。

2. 矿物与宝石的关系

宝石中大多数为矿物晶体，少数为非晶质体。宝石矿物生长成一定的几何形态晶体，具有结晶均一性、各向异性、对称性、稳定性、最小内能性和自限性等，如钻石、祖母绿、红宝石；而非晶质体宝石是一种凝固物质，其内部的物理性质具各向同性，如欧泊。自然界中绝大多数矿物是结晶质的。非晶质随着时间增长可自发转变为结晶质。

目前世界上已发现 4 000 种左右的矿物，可用作宝石的矿物仅有 200 余种。常见的有钻石、红宝石、蓝宝石、祖母绿、电气石、黄玉、橄榄石、尖晶石、长石、石英等。

二、岩石

1. 岩石的基本概念

岩石是天然产出的，由一种或多种矿物（部分为火山玻璃物质、胶体物质、生物遗体）组成的固态集合体，是地球内力和外力地质作用的产物。

2．岩石的成因类型

根据成因，岩石划分为火成岩、沉积岩、变质岩三大类。三类岩石因成因不同，特征也不同。它们之间是相互联系、相互演变的（见图2—41），有的在成因上呈逐渐过渡关系，难以区分开来。

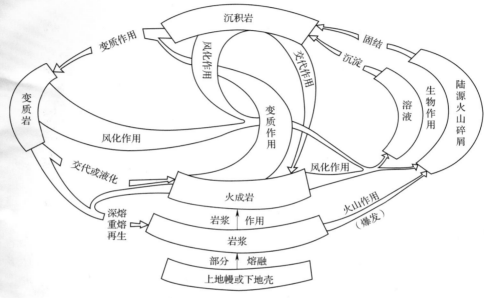

图2—41　三大岩类关系示意图

3．宝玉石产出与岩石的关系

宝玉石的形成皆源于地球内部特定的物理化学环境，是各类地质作用下的产物。因此宝玉石的形成均与火成岩、变质岩、沉积岩这三大类岩石有着密切的关系。

（1）与火成岩有关的宝玉石。岩浆通常是一种硅酸盐熔融体，它有一定的黏性，又可流动。如果这种熔融体处于地壳的很深处，形成由颗粒较粗大的矿物组成的侵入岩。岩浆顺着地壳的裂隙喷出或流溢到地表形成矿物颗粒很细小的火山岩。当结晶速度快得没有时间形成晶体时，只能形成一种非晶态的岩石，即火山玻璃。黑曜岩（见图2—42）是一种可作为宝石材料的火山玻璃。

岩浆喷出地表时，由于压力骤降，岩浆中所含的气体会发生膨胀，因而在岩石中留下许多空洞。而后，又有溶液在空洞中运动，其结果是在这些空洞中形成矿物。被矿物充填的这种空洞称为晶腺。玉髓和玛瑙是晶腺中最常见的物质，从图2—43中可以看到玛瑙的同心层状结构。有时晶腺中央未被填满，就会生长向心排列的水晶晶体。

岩浆由地幔至地表演化过程中，大致要经过岩浆作用阶段、伟晶作用阶段和热液作用阶段。在岩浆演化的不同阶段，各种宝石矿物会在特定的条件下分别结晶出来。

图 2—42　火山玻璃——黑曜岩

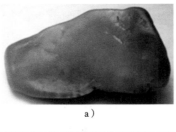

a）

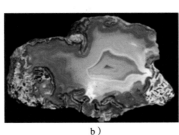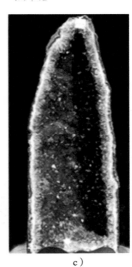

b）　　　　　　　　　　c）

图 2—43　晶腺

a）玉髓　b）玛瑙　c）紫晶洞

图 2—44　产于金伯利岩中的金刚石（山东）

在岩浆作用阶段，各种岩浆经过分异作用和结晶作用形成岩浆岩岩体，一些与岩浆作用有关的宝石晶体及矿床也在此过程形成，如金刚石（见图 2—44）、橄榄石、透辉石、斜长石、水晶、蓝宝石、锆石、石榴石、玛瑙等宝石。岩浆岩中的副矿物一般结晶得十分完好，且颗粒粗大，可以作为宝石材料。在岩浆岩风化时，它们往往从母岩中散落出来，堆积在沙砾中，例如锆石、蓝宝石和石榴石就可以由这种方式生成，如图 2—45 所示。

图2—45　风化的侵入岩中的宝石

a）蓝宝石　b）锆石　c）石榴石

在伟晶作用阶段可形成一些晶形好、透明度好的宝石。伟晶岩是许多宝石矿物的宿主，特别是花岗伟晶岩，其含有一系列稀有元素矿物，所以是绿柱石、电气石、金绿宝石、紫晶、锂辉石、磷灰石等宝石矿床的重要开采对象（见图2—46）。

图2—46　伟晶岩中产出的宝石

a）金绿宝石　b）紫晶　c）天河石　d）黄晶　e）绿柱石　f）碧玺

在热液作用阶段，主要是岩浆作用与伟晶作用后，残余热液与围岩交代产生的宝玉石矿产。在此阶段形成的宝玉石主要有翡翠、软玉、紫晶、玛瑙、欧泊、岫玉、祖母绿、红宝石、蓝宝石等。

（2）与沉积岩有关的宝玉石。沉积岩是在常温、常压下，经外力地质作用及成岩作用形成的岩石，故在沉积岩中形成的宝石很少，主要是一些在沉积岩形成过程中，由古动植物残体、木质和树脂分解而成的宝石，如煤精、琥珀、硅化木及其他宝石等。除此以外，沉积岩中也可有多种优质宝玉石，如钻石、红宝石、蓝宝石、玛瑙、欧泊、翡翠等，但这些宝玉石不是在沉积岩形成过程中形成的，是风化、剥蚀及搬运作用将原岩中的这些宝玉石成分富集于沉积物中，并呈砂矿出现。

（3）与变质岩有关的宝玉石。变质作用是原岩在新的特定环境下发生物理化学变化形成新的岩石的过程，当然在这种变化过程中也可形成一定种类的宝玉石矿床。变质岩中产出的宝玉石主要有祖母绿（见图 2—47）、红宝石、蓝宝石（见图 2—48）、石榴石、堇青石、矽线石、蓝晶石、十字石、翡翠、蛇纹石玉、汉白玉等。

图 2—47　产于变质岩中的祖母绿

图 2—48　赋存于大理岩中的蓝宝石

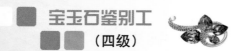
第4节　宝玉石矿床及资源分布

学习单元1　宝玉石矿床

【学习目标】

掌握与宝玉石矿床相关的基本概念
掌握重要宝玉石品种的典型矿床成因类型及其特征

【知识要求】

一、与宝玉石矿床相关的基本概念

1．宝玉石矿床

宝玉石矿床是指在各种地质作用下，在地壳表层和内部形成的，在现有技术和经济技术条件下，其质和量符合开采要求的宝玉石质矿物的集合体。可以是不同类型、不同规模的矿物晶体或岩石，如钻石矿床、水晶矿床和翡翠矿床等。

宝玉石矿床是一种特殊的矿床类型，在整个矿床学中只占较小一部分。

2．围岩

围岩是指矿体周围的岩石。由于矿床成因的复杂性，因而矿体与围岩的关系也有多种变化。

3．成矿母岩

成矿母岩是指在矿床形成过程中，为成矿提供主要成矿物质的岩石，与矿体在空间上、时间上、主要在成因上存在密切的联系。

4．矿石

矿石是指从矿床中开采出来的，能从中提出有用组分（元素、化合物或矿物）的矿物或矿物集合体。矿体一般由矿石矿物和脉石矿物两部分组成。矿石矿物是指可被利用的金属矿物和非金属矿物，也称有用矿物，如红宝石矿床中的刚玉；脉石矿物是指不能被利用的矿物，也称无用矿物，如红宝石矿床中的石英、云母等。

5．脉石

脉石一般泛指矿体中的无用物质，包括围岩的碎块、夹石的脉石矿物。

它们通常在矿床开采过程中被废弃掉。

6．矿石品位

矿石中有用组分的含量称为品位。例如，泰国蓝宝石矿床 4 t（吨）土中所含蓝宝石大约为 4 g（克），则说泰国蓝宝石矿床的品位为 4 g/t。品位越高，矿体的价值越高。

在具体勘探过程中，还经常使用边界品位和工业品位两个名词。边界品位是用来划分矿体与非矿体的最低品位，即超过这个品位是矿体，达不到这个品位则不是矿体。边界品位值是随着科学技术的发展及人类对矿产品不断的追求而不断变化的。工业品位是指在当前科学技术及经济条件下能供开采和利用矿段或矿体的最低平均品位。只有矿段或矿体达到工业品位才能作为工业储量被设计和开采。

7．矿石品级

矿石品级是指矿石的质量，宝玉石矿床的矿石质量多用此表示。

二、宝玉石矿床的成因分类

1．内生矿床

主要由地球内部的能量作用导致形成的各种矿床称为内生矿床。地球内部能量的来源有多种方式，如放射性元素蜕变能、岩浆热能、在地球重力场中物质调整过程中释放出的能量等。内生矿床按其形成的物理化学条件不同，可分为：

（1）岩浆岩型。主要形成金刚石（钻石）矿床（见图 2—49）、石榴石矿床、蓝（红）宝石矿床、锆石矿床、橄榄石矿床、月光石矿床、饰用拉长石（具变彩效应）矿床、饰用火山岩（黑曜岩等）矿床。

（2）伟晶岩型。产于伟晶岩中的宝玉石品种很多，伟晶岩是许多宝玉石的唯一来源或重要来源。主要宝石品种有海蓝宝石和红色、金黄色等多种颜色的绿柱石宝石、碧玺（电气石）、托帕石（黄玉）、金绿宝石、石榴石（锰铝榴石和铁铝榴石）、水晶（如紫晶、烟晶、芙蓉石）、锂辉石、天河石、虹彩拉长石、红（蓝）宝石、锂云母及其他各种罕见的宝石。

（3）矽卡岩矿床。矽卡岩矿床又称接触交代矿床。矽卡岩矿床宝玉石有尖晶石、水晶、石榴石（主要是钙铝榴石）、蓝宝石、青金石、蔷薇辉石、软玉、查罗石。

（4）热液型。热液型宝玉石矿床种类繁多，是许多宝玉石的主要来源或重要来源，该类矿床主要类型有：

1）与蚀变基性—超基性岩有关的热液矿。包括红（蓝）宝石、祖母绿、变石、翠榴石、翡翠、软玉、蛇纹石玉、独山玉。

图 2—49　金刚石（钻石）晶体及戒面

2）与蚀变火山岩有关的热液矿床。主要与火山晚期或期后的热液活动有关，形成了多种宝玉石矿床，包括玛瑙、紫晶、欧泊、黄玉（托帕石）、鸡血石、印章石（寿山石、青田石等）。

3）其他热液型宝玉石矿床。包括哥伦比亚型祖母绿矿床；富镁碳酸盐型蛇纹石玉；富镁碳酸盐型软玉；云英岩化花岗岩型热液矿床宝石种类有祖母绿、绿柱石、海蓝宝石、黄玉（托帕石）、水晶、坦桑石；硅化石棉（木变石）和硅化木玉石；热液型水晶矿床。

2.外生矿床

在太阳能影响下，在岩石圈上部、水圈、气圈和生物圈的相互作用过程中，导致元素集中而形成的矿床称为外生矿床。外生矿床可分为：

（1）风化壳型。风化壳型矿床的物质组分是风化条件下比较稳定的元素和矿物，以氧化物、含水硫化物为主。常见的宝玉石品种有欧泊、绿玉髓、绿松石、孔雀石，如图 2—50 所示。

（2）砂矿型。砂矿型矿床是各类宝玉石的主要来源，主要宝玉石有金刚石、红宝石、蓝宝石、黄玉（托帕石）、橄榄石、金绿宝石、尖晶石、翡翠、软玉、锆石、石榴石、玛瑙等。

（3）生物成因型。由沉积作用堆积起来的生物遗体或经过生物有机体的分解而导致宝石矿物沉积。常见宝玉石有珊瑚、琥珀、硅化木和煤精等，如图 2—51 所示。

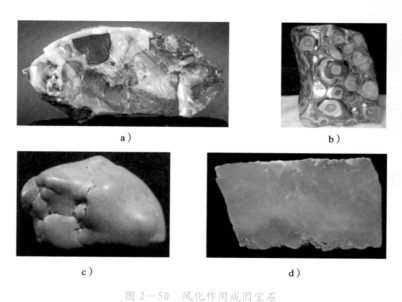

图 2—50　风化作用成因宝石

a）欧泊　b）孔雀石　c）绿松石　d）绿玉髓

图 2—51　生物成因宝石

a）珊瑚　b）煤精　c）琥珀　d）硅化木

3．变质矿床

地壳中已经形成的岩石和矿石，由于地壳构造运动和岩浆、热液活动的影响，温度和压力发生改变，使其在矿物组分、结构构造上发生改变，这种作用是在固体状态下发生的，包括接触变质作用、接触交代变质作用和区域变质作用，这类矿床统称变质矿床。变质成因的宝玉石矿床岩石结构复杂，有益组分分散，但可作为次生富集砂矿的源岩。

（1）接触变质型。常见有石榴石、尖晶石、紫晶、青金石、软玉、蔷薇辉石、堇青石、矽线石、长石、红柱石等宝玉石矿床。

（2）接触交代变质型。常形成石榴石、尖晶石、水晶、紫晶、青金石、蓝宝石、软玉、蔷薇辉石等宝玉石矿床。

（3）区域变质型。常形成岫玉、软玉等玉石矿床，以及石榴石、红宝石、蓝宝石、透辉石、坦桑石等单晶体宝石矿床。

学习单元2　宝玉石资源

【学习目标】

了解国内外重要的宝玉石资源分布情况
掌握常见宝玉石的主要来源地

【知识要求】

一、世界宝玉石资源分布概况

宝玉石矿产资源几乎遍布全球，各大洲均有产出。但大型优质宝玉石矿床主要分布在斯里兰卡、缅甸、泰国、柬埔寨、印度、澳大利亚、巴基斯坦、阿富汗、南部非洲、马达加斯加、巴西、哥伦比亚、俄罗斯、加拿大等国，占世界宝玉石资源分布总量的95%以上。

1．亚洲

亚洲是世界上优质宝玉石的重要产地。主要宝玉石产出国有斯里兰卡、缅甸、泰国、柬埔寨、越南、印度、阿富汗、伊朗及巴基斯坦等。宝玉石种类极为丰富，东自我国沿海诸岛起，西经印度、巴基斯坦北部，到尼泊尔和我国云南、西藏、新疆，以及阿富汗至伊朗东北部，呈带状分布。与阿尔卑斯的喜马拉雅构造带一起成为世界上一个重要宝玉石聚集带。斯里兰卡产出红宝石（星光红宝石）、蓝宝石（星光蓝宝石）、金绿宝石（猫眼）、变石、祖母绿、海蓝宝石、碧玺、锆石、尖晶石、水晶、磷灰石、堇青石、透辉石猫眼、黄玉（托帕石）、橄榄石、月光石等 60 多个宝石品种，如图 2—52 所示。缅甸产出红宝石、翡翠、蓝宝石、尖晶石、橄榄石、锆石、月光石、水晶。缅甸在抹谷地区产有世界上最好的鸽血红红宝石（见图 2—53）；北部乌龙江流域产有占世界 90% 以上的翡翠。泰国、柬埔寨和越南盛产红宝石、蓝宝石（见图 2—54）、锆石、石榴石等。印度是世界上最早出产钻石的国家（砂矿）。印度克什米尔的苏姆扎姆是世界上一流蓝宝石的产地；拉贾斯坦邦出产祖母绿；石榴石、鱼眼石也是印度著名的宝石品种。阿富汗出产红宝石、海蓝宝石、碧玺、尖晶石、青金石等。阿富汗哲格达列克地区出产红宝石；萨雷散格出产青金石，其产量占世界之首；库希拉尔出产尖晶石。伊朗出产绿松石，尼沙普尔有世界著名的大型优质绿松石砂矿产出。巴基斯坦出产红宝石、祖母绿、海蓝宝石、石榴石、尖晶石、托帕石等，白沙瓦东北附近的斯瓦特出产祖母绿，红宝石的颗粒虽然较小，但质量较好，如图 2—55 所示。

a）　　　　　　　　　　　　　b）

c）　　　　　　　　　　　　　d）

图 2—52　斯里兰卡宝石

a）月光石矿石　b）优质月光石　c）优质蓝宝石　d）优质金绿宝石（猫眼）

图2—53　缅甸的鸽血红红宝石

图2—54　泰国产出的蓝宝石晶体

a）

b）

图2—55　巴基斯坦宝石

a）托帕石晶体　b）有色宝石

2. 非洲

非洲被誉为地球上最丰富的宝玉石仓库，主要宝玉石出产国有南非、津巴布韦、博茨瓦纳、坦桑尼亚、肯尼亚、赞比亚、马达加斯加、埃及等。非洲产出的主要宝玉石品种包括钻石、红宝石、祖母绿、钙铝榴石、橄榄石等，其中以钻石居世界领先地位。津巴布韦桑达瓦纳地区以盛产祖母绿和紫晶而闻名于世；博茨瓦纳主要产钻石、玛瑙等；坦桑尼亚与肯尼亚的交界地区产有蓝宝石、红宝石和坦桑石（见图2—56）；赞比亚主要产出祖母绿、孔雀石、紫晶等；马达加斯加是许多中高档宝玉石的产出国，包括碧玺、红宝石、蓝宝石等；埃及是优质绿松石和橄榄石重要产地。非洲宝玉石矿床主要分布在东部地区。南起南非，经津巴布韦、马达加斯加、赞比亚、坦桑尼亚、肯尼亚，北至埃及，大多处于南非—东非地区和东非大裂谷地区，主要为区域变质岩和花岗伟晶岩。

3. 美洲

美洲有世界上很多重要的大型宝玉石矿山，宝玉石矿床主要集中在科迪勒拉构造带—安第斯山脉一带，主要产出国家有加拿大、美国、墨西哥、哥伦比亚、巴西。加拿大主要产有紫晶、玛瑙、石榴石、软玉、拉长石、钻石等，美国西部的加利福尼亚州主要产出软玉、翡翠、碧玺。新墨西哥州有世界最大的绿松石矿。墨西哥是世界上火欧泊的著名产地（见图 2—57a）。哥伦比亚的木佐（Muzo）和契沃尔（Chivor）是世界上著名的优质祖母绿（见图 2—57b）产出地，又是世界上罕见的热液祖母绿矿床的产地。巴西也被誉为宝石王国，其米拉斯吉拉斯是世界著名的宝石伟晶岩，集中了世界上 70% 的海蓝宝石（见图 2—57c）、95% 的托帕石（玫瑰色和蓝色托帕石）（见图 2—57d）、50% ~ 70% 的彩色碧玺（见图 2—57e）、80% 的水晶（见图 2—57f），同时又是绿柱石和金绿宝石的主要产地，巴西也是继印度之后的著名钻石砂矿出产国。

图 2—56　坦桑尼亚宝石

a）坦桑石晶体　b）优质坦桑石

图 2—57　美洲宝石

a）产自墨西哥的火欧泊原矿　b）产自伟晶岩矿床的祖母绿晶体　c）产自伟晶岩中的海蓝宝石

d）产自巴西的托帕石晶体　e）产自巴西的彩色碧玺　f）产自巴西的紫晶晶体

4．欧洲

欧洲的宝玉石资源主要集中在西伯利亚和乌拉尔山一带。有 3 个宝玉石成矿区，其中著名的有东西伯利亚和帕米尔的青金岩、东西伯利亚的软玉、哈萨克斯坦的翡翠、中亚的绿松石，以及俄罗斯乌拉尔的祖母绿（见图 2—58a）、翠榴石、变石等，在雅库特和西西伯利亚地区产有钻石。波罗的海沿岸（挪威、芬兰、波兰）、罗马尼亚盛产琥珀（见图 2—58b）。贝加尔湖地区是世界紫硅碱钙石的唯一产地。

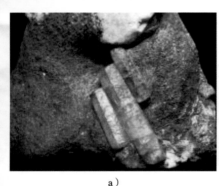
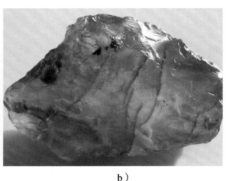

a）   b）

图 2—58 欧洲宝石

a）俄罗斯乌拉尔的祖母绿 b）波兰的琥珀

5．大洋洲

大洋洲的主要宝玉石产出国是澳大利亚，盛产欧泊（见图 2—59）、蓝宝石、钻石、祖母绿、珍珠、绿玉髓、软玉等。澳大利亚是欧泊的王国，世界上 95% 的欧泊产自澳大利亚，主要产地有南澳安达姆卡、库泊皮迪和明塔比至新南威尔士的白崖、闪电岭一带；昆士兰州的安纳基及新南威尔士的因弗雷尔—格冷伊尼斯地区产蓝宝

a）   b）

图 2—59 欧泊

a）产自澳大利亚的优质欧泊矿石 b）产自澳大利亚的优质欧泊

石，其产量占世界总产量的60%，中部的阿利斯泼林（Harts Range）发现了大型红宝石矿床，是世界主要红宝石矿床之一；澳大利亚的绿玉髓（也称澳玉）的质量之优举世闻名，主要产地是昆士兰的马力波罗和西澳的卡尔古尔莱；南澳的考韦尔有大型软玉矿床；西澳大利亚阿盖尔的大型钻石矿床，其钻石产量居世界首位，并产出少见的粉红色金刚石，但宝石级金刚石仅占5%。

二、我国宝石资源分布概况

我国目前共发现宝玉石矿床200多处，宝玉石品种50余种。总体来看，我国宝玉石资源的品种、数量和质量尚不尽如人意，尤其是宝玉石品种少、质量不高，与全球宝玉石资源分布特点相似，我国的宝玉石亦不均匀地集中分布在部分地区。

1．东部沿海地区

东部沿海地区包括北起黑龙江省，南至海南省的沿海地区，属太平洋成矿域外侧的一部分，是我国宝玉石集中分布的地区。吉林蛟河与河北张家口地区，均是国内最大型的宝石级橄榄石产地。主要出产宝玉石：辽宁的钻石、岫玉、煤精、琥珀；山东的蓝宝石、钻石，著名的"常林钻石"（158.786 ct）就产于山东；浙江的鸡血石、青田石；江苏的水晶；福建的蓝宝石、寿山石；湖南的钻石；海南的蓝宝石、锆石，如图2—60所示。

a）　　　　　　　b）　　　　　　　c）

d）　　　　　　　e）　　　　　　　f）

图2—60　东部沿海地区出产的宝玉石

a）辽宁抚顺的琥珀　b）辽宁抚顺的煤精　c）河北张家口的橄榄石

d）山东常林的钻石　e）山东昌乐的蓝宝石　f）浙江昌化的鸡血石

2．西北地区

西北地区主要指新疆维吾尔自治区、青海省及甘肃省。新疆的宝玉石分布广，北面的阿尔泰山是宝玉石的主要产地，中部的天山盛产各种宝石和玉石，如海蓝宝石、绿柱石、彩色碧玺、托帕石、水晶等，还发现了金绿宝石和各色锂辉石、石榴石等（见图2—61）；青海产蛇纹石玉、软玉（见图2—62）及一种与翡翠相似的石榴石；甘肃产蛇纹石玉。

a)   b)

c)   d)

图2—61　新疆产出的宝玉石

a）海蓝宝石　b）碧玺　c）碧玉（子料）　d）软玉（青花玉）

3．北部地区

北部地区主要是指分布在内蒙古自治区的宝玉石资源。产出的宝玉石品种有海蓝宝石、石榴石、碧玺、鸡血石（见图2—63）等。

4．西南地区

西南地区主要是指分布在云南省的宝玉石资源。产出的宝玉石品种有绿柱石、海蓝宝石、红宝石（见图2—64）、玉髓（黄龙玉）（见图2—65）等。

5．中原地区

中原地区主要指分布在河南省，部分产在湖北省的宝玉石资源。河南南阳的独山玉（见图2—66）、密玉，特别是湖北郧阳地区的绿松石（见图2—67a、b）等，是世界著名的玉石品种。湖北铜绿山的孔雀石（见图2—67c、d）在我国也颇负盛名。

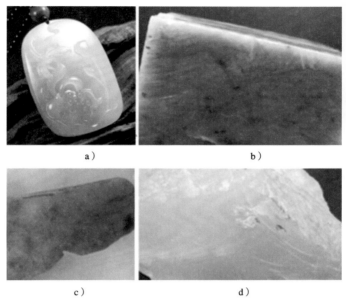

图 2—62　青海产出的玉石

a）软玉（翠青玉）　b）碧玉　c）水钙铝榴石　d）软玉（白玉）

图 2—63　内蒙古巴林产鸡血石

图 2—64　云南沅江产红宝石

图 2—65　云南龙陵产黄龙玉

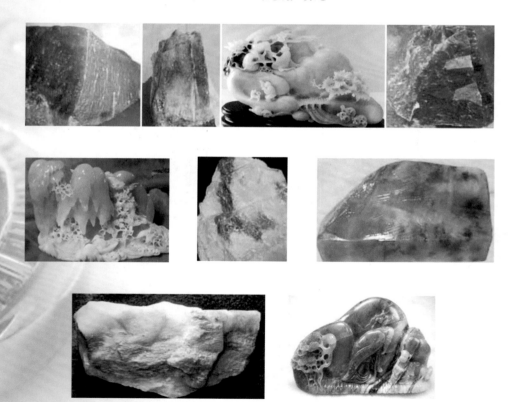

图 2—66　河南南阳独山玉

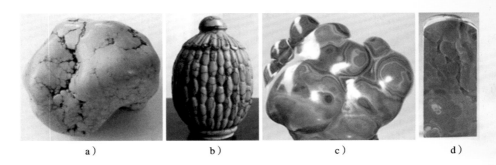

图 2—67　湖北产出的玉石

a）、b）绿松石　c）、d）孔雀石

第3章
宝石学基础

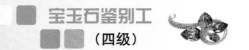
第1节　宝石矿物的化学成分

【学习目标】

了解宝石矿物的化学成分

掌握宝石矿物内部结构、物理化学性质的产生原因及其变化

了解宝石矿物的用途、成因与成分之间的关系

【知识要求】

一、地壳中化学元素的丰度与矿物形成的关系

地壳中存在 92 种天然产出的元素，其中构成地壳质量主体的元素有 8 种，分别是 O、Si、Al、Fe、Ca、Na、K 和 Mg。除此之外，还有 C、F、Cr、Mn、Ni、Co、Cu、B、N 和 Be 等元素，它们或者作为矿物的主要化学成分，或者作为次要或微量化学成分存在于各种矿物中。微量成分虽然含量少，但在宝玉石学中意义却极大，它们是宝玉石产生各种颜色的关键。

矿物是由各种化学元素组成的单质或化合物。单质由同种元素的原子自相结合而形成，如钻石（C）、自然金（Au）等。化合物由多种元素按照一定的结合规律所组成，可分为由一种阳离子和一种阴离子组成的简单化合物，如石盐（NaCl）、黄铁矿（FeS_2）等，以及由两种以上的阳离子和同种阴离子或络阴离子组成的复杂化合物，如白云石 $[CaMg(CO_3)_2]$、透辉石 $[CaMg(Si_2O_6)]$ 等。

二、矿物的晶体化学分类

按照晶体化学原则，矿物可划分为自然元素类、硫化物及其类似化合物类、氧化物和氢氧化物类、含氧盐类、卤化物类等。宝石矿物多属于含氧盐类、氧化物类和自然元素类。

1. 自然元素类矿物

在自然界已知有 20 种左右金属元素和半金属元素可呈单质形式出现而形成自然元素矿物，而非金属元素则只有碳和硫。属于此类的宝石矿物有自然金、自然银、自然铜，以及钻石、石墨、自然硫等，如图 3—1 所示。

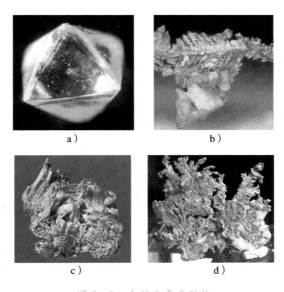

图3—1　自然元素类矿物

a）钻石　b）自然金　c）自然银　d）自然铜

2．硫化物及其类似化合物类矿物

硫化物及其类似化合物的矿物种数有350种左右，其中硫化物就占2/3以上。属于此类的宝石矿物有黄铁矿、辰砂、方铅矿、辉锑矿、斑铜矿、闪锌矿、雄黄、雌黄、淡红银矿，如图3—2所示。

图3—2　硫化物类矿物

a）黄铁矿　b）辰砂　c）方铅矿　d）雌黄　e）闪锌矿　f）淡红银矿　g）斑铜矿　h）辉锑矿

3. 氧化物和氢氧化物类矿物

氧化物是一系列金属和非金属元素与氧化合而成的化合物，其中包括含水氧化物。一些硬度大、耐久性很强的宝石属于此类，主要有刚玉矿物的红宝石、蓝宝石，石英矿物的紫晶、黄晶、烟晶、芙蓉石、玉髓、欧泊，以及尖晶石、金绿宝石等，如图3—3所示。

图 3—3　氧化物类矿物

a）红宝石　b）蓝宝石　c）紫晶　d）金红石　e）芙蓉石　f）玉髓　g）欧泊　h）尖晶石

氢氧化物大多数为表生作用的产物。属于此类的宝石矿物有水镁石、硬水铝石等。

4. 含氧盐类矿物

大部分宝石矿物属于含氧盐类。含氧盐类宝石矿物根据络阴离子种类的不同，进一步划分为硅酸盐、硼酸盐、磷酸盐、碳酸盐、硫酸盐、其他盐类，其中又以硅酸盐类矿物最多，约占宝石的一半。

（1）硅酸盐类矿物。属于此类的宝石矿物有橄榄石、铁铝榴石、托帕石、锆石、绿柱石、碧玺、蔷薇辉石、软玉、天河石、拉长石、葡萄石、蛇纹石等，如图3—4所示。

（2）硼酸盐类矿物。属于此类的宝石矿物较为罕见，有方硼石、硼砂等，如图3—5所示。

（3）磷酸盐类矿物。属于此类的宝石矿物有磷灰石和绿松石等，如图3—6所示。

（4）碳酸盐类矿物。属于此类的宝石矿物有菱锰矿、孔雀石、方解石（珊瑚等的主要晶质部分）、文石（珍珠的主要晶质组成）、白云石、蓝铜矿等，如图3—7所示。

图 3—4 硅酸盐类矿物

a）橄榄石 b）铁铝榴石 c）托帕石 d）锆石 e）绿柱石 f）蛇纹石

g）碧玺 h）天河石 i）蔷薇辉石 j）葡萄石 k）拉长石

图 3—5 硼酸盐类矿物

a）方硼石 b）硼砂

（5）硫酸盐类矿物。属于此类的宝石矿物有石膏、硬石膏、重晶石、天青石等，如图 3—8 所示。

（6）其他盐类矿物。包括钨酸盐类矿物白钨矿、黑钨矿，砷酸盐类矿物臭葱石，钒酸盐类矿物钒铅矿等，如图 3—9 所示。

图 3—6　磷酸盐类矿物

a）、b）、c）、d）磷灰石　e）、f）、g）绿松石

图 3—7　碳酸盐类矿物

a）方解石　b）菱锰矿　c）白云石　d）文石　e）蓝铜矿　f）孔雀石

图 3—8　硫酸盐类矿物

a）、b）石膏　c）、d）、e）硬石膏　f）、g）、h）重晶石　i）、j）天青石

图 3—9　其他盐类矿物

a）、b）白钨矿　c）、d）黑钨矿　e）、f）臭葱石　g）钒铅矿

5．卤化物类矿物

本类所属矿物为氟（F）、氯（Cl）、溴（Br）、碘（I）的化合物，属于此类的宝石矿物有萤石（见图 3—10a、b、c、d）、冰晶石（见图 3—10e）等。在自然界与氯组成化合物的元素约有 16 种，其中以钠、钾和镁为最主要，其次为铜、银和铅等。所形成的矿物种类却远比氯化物多，约 60 种，主要矿物为石盐（见图 3—10f、g、h）和钾石盐（见图 3—10i、j）。

三、类质同象

1．概念

晶体结构中某种质点（原子、离子、络阴离子或分子）的位置被性质相似的质点所占据，随着这些质点间相对量的改变只引起晶格参数及物理、化学性质的规律变化，但不引起晶格类型（键性及晶体结构形式）发生质变的现象，叫作类质同象。

质点间的类质同象关系习惯上称为"代替"或"置换"。例如，闪锌矿（见图 3—11）随 FeS 含量的增加，颜色逐渐变深，但其晶格构造不变，只是晶胞常数发生微小的变化。

2．研究类质同象的意义

（1）矿物晶体成分变化的主要原因。

图 3—10　卤化物类矿物

a）、b）、c）、d）萤石　e）冰晶石　f）、g）、h）石盐　i）、j）钾石盐

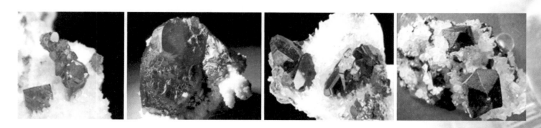

图 3—11　类质同象所致不同颜色的闪锌矿

（2）了解稀有元素的赋存状态。

（3）反映矿物的形成条件。

四、同质多象

1．概念

同种化学成分的物质，在不同的物化条件（温度、压力、介质）下，形

成不同结构的晶体的现象称为同质多象。

物质成分相同而结构有本质不同的晶体，称为该物质的同质多象变体，它们各自在特定的温、压范围内稳定。例如，金刚石与石墨就是典型的同质多象变体，如图3—12和图3—13所示。

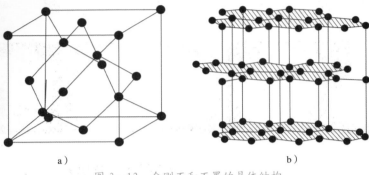

图3—12　金刚石和石墨的晶体结构

a）金刚石的晶体结构　b）石墨的晶体结构

图3—13　石墨和金刚石实体

a）石墨（鳞片状集合体）　b）金刚石八面体

2．研究同质多象的意义

同质多象现象在矿物中是较为常见的。由于它们的出现与形成时的外界条件有密切关系，因此，借助于它们在某些宝石矿物中的存在，可以帮助人们推测有关该宝石矿物形成时的物理化学条件。另外，在工业上还可利用同质多象变体的转变规律，改造矿物的晶体结构，以获得所需要的矿物材料，如利用石墨制造合成金刚石等。

五、矿物中的水

水是矿物中的重要组成部分，矿物的许多性质都与水有关。它是矿物中的一种特殊的化学成分。根据矿物中水的存在形式及它们在晶体结构中的作用，可分为 3 种基本类型及 2 种过渡类型。

1．基本类型

（1）吸附水。吸附水是指被吸附在矿物微粒（胶粒）表面、裂隙中或渗入矿物集合体中的中性水分子（H_2O）。其不参加晶格，不属于矿物的化学组成，含量不固定，易脱水（100 ~ 125℃），如蛋白石（$SiO_2 \cdot nH_2O$）。吸附水可以呈气态、液态或固态。

（2）结晶水。结晶水以中性水分子存在于矿物中，在晶格中具有固定的位置，起着构造单位的作用，是矿物成分的一部分。水分子数量与矿物的其他成分之间常成简单比例。

不同矿物中，结晶水与晶格联系的牢固程度是不同的，因此，其逸出温度也有所不同，通常在 100 ~ 200℃，一般不超过 600℃。当失去结晶水时，晶体的结构遭到破坏和重建，形成新的结构。结晶水出现于大半径络阴离子的含氧盐矿物中，如石膏（$CaSO_4 \cdot 2H_2O$）。

（3）结构水。结构水又称化合水，是以（OH）$^-$、H^+ 或（H_3O）$^+$ 离子形式参加矿物晶格的水。结构水在晶格中占有一定位置，在组成上具有确定的含量比。由于与其他质点有较强的键力联系，需要较高的温度（600 ~ 1 000℃）才能逸出。当其逸出后，结构完全破坏，晶体结构重新改组。尤以（OH）$^-$ 最常见，主要存在于氢氧化物和层状硅酸盐等矿物中，如水镁石 [$Mg(OH)_2$]、高岭石 [$Al_4(Si_4O_{10})(OH)_8$]。

2．过渡类型

（1）层间水。层间水是存在于某些层状结构硅酸盐的结构层之间的中性水分子。水分子也连接成层，加热至 110℃时，层间水大量逸出，结构层间距相应缩小，晶胞轴长 C 值减小，在潮湿环境中又可重新吸水。稳定性介于吸附水与结晶水之间，如蒙脱石 {$(Na，Ca)_{0.33}(Al，Mg)_2[(Si，Al)_4O_{10}](OH)_2 \cdot nH_2O$} 具明显的吸水膨胀特性。

（2）沸石水。沸石水是存在于沸石族矿物中的中性水分子。沸石的结构中有大的空洞及孔道，水就在这些空洞和孔道中，位置十分不固定，水的含量随温度和湿度而变化。在 80 ~ 400℃范围内，水即大量逸出，但不引起晶格的破坏，只引起物理性质的变化。稳定性介于吸附水与结晶水之间。

沸石水易失去也易复得，其得失不会破坏晶格，只是矿物的晶格常数和某些物理性质稍有变化。失水后的沸石可重新吸水，并恢复到原来的含水限度，再现其原来的物理性质，如钠沸石（$Na_2Al_2Si_3O_{10} \cdot 2H_2O$）。

六、矿物的化学性质

1．矿物的可溶性

固体矿物与某种溶液相互作用时，矿物表面的质点，由于本身的振动和受溶剂分子的吸引，离开矿物表面进入或扩散到溶液中去的过程称为矿物的溶解。

2．矿物的可溶氧化性

含有变价元素的矿物，暴露地表或处于地表条件下，受空气中的氧和溶有氧、二氧化碳的水的作用，使处于还原态的离子变成氧化态，导致原矿物的破坏，并形成在氧化环境中稳定的矿物。

3．矿物与酸碱的反应

大部分自然元素矿物易溶于硝酸，金（Au）、铂（Pt）溶于王水。硝酸易溶解硫化物矿物，并有游离硫析出。大部分氧化物矿物可在盐酸中溶解，所有的碳酸盐矿物都溶于酸，盐酸的效果最好，剧烈起泡，放出二氧化碳。硅酸盐矿物大部分易溶于氢氟酸。

七、宝石矿物中的包裹体

1．概念

（1）广义包裹体。广义包裹体是指宝石矿物中放大可见的各种内部特征，除包括宝石矿物中所含的固相、液相、气相物质外，还包括各种生长现象，如生长带、色带、双晶纹等，以及裂隙、解理、断口乃至与内部结构有关的表面特征。

（2）狭义包裹体。狭义包裹体是指包含在宝石材料内部的固相、液相和气相物质，常简称包体。

2．分类

通常按成因和物理状态进行分类，具体分类如下。

（1）按成因（包体与宝石矿物形成的相对时间）分类

1）原生包裹体（见图3—14）。原生包裹体是指比主矿物先形成，后被主矿物生长时所包裹的包裹体，均为固态矿物包裹体（如阳起石、透闪石、云母、磷灰石、锆石、金红石、橄榄石等）。主要见于岩浆作用和变质作用成因的宝石矿物中，如金刚石中的小八面体金刚石包体、红宝石中的磷灰石包体。包体晶棱常因溶蚀而变得圆滑。

2）同生包裹体。同生包裹体是指在主矿物生长过程中同时形成的包裹体。二者形成的物化条件相同，包裹体常沿宝石晶体的缺陷部分有规律地定向分布。

主要是气—液包体（气—液包体的形态复杂多样），但也可形成一些固态的子晶矿物包体（同生固态矿物包体一般具有棱角分明的晶形特征），如红蓝宝石中的针状

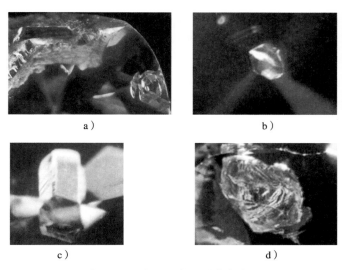

图 3—14　宝石矿物的原生包裹体

a）钻石中的石榴石包体　b）缅甸抹谷蓝宝石中的方解石包体

c）缅甸红宝石中的磷灰石包体　d）斯里兰卡蓝宝石中的白云母包体

金红石包裹体、锆石包裹体；尖晶石中的细小尖晶石包裹体；黄玉（托帕石）中二相不混溶液相包体；祖母绿中的三相包裹体；某些宝石中的气—液包裹体，负晶包裹体；合成红宝石中的助溶剂残留物（助溶剂法），气泡、弧形生长纹（焰熔法）等（见图 3—15）。

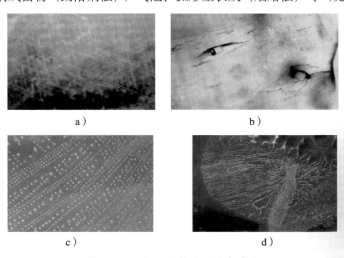

图 3—15　宝石矿物的同生包裹体

a）红宝石中三向排列的金红石针状包体　b）哥伦比亚祖母绿的气、液、固三相包体

c）尖晶石中串珠状的八面体负晶　d）蓝宝石中的指纹状包体

3）次生包裹体。次生包裹体是指在主矿物停止生长以后形成的包裹体。这类包裹体可以由化学蚀变作用与出溶作用（如刚玉和石榴石中的针状金红石包体是晶体中所含的钛杂质由于出溶作用而结晶析出形成的）（见图3—16a）、外来物质沿裂隙渗入沉淀（如一些宝石中的树枝状铁锰氧化物包体是沿裂隙渗入沉淀而成的）（见图3—16b）、放射性元素的破坏作用形成（如斯里兰卡红、蓝宝石常含锆石矿物包体，因锆石含放射性元素铀和钍，破坏了锆石晶格，体积增大，导致形成一些环绕裂隙，称为"锆石晕"包体）（见图3—16c），以及钻石生长过程中受到应力作用的影响，有微裂隙产生，且被后期物质充填（见图3—16d）。

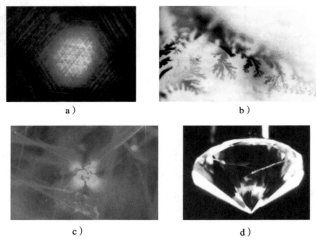

图3—16 宝石矿物的次生包裹体

a）刚玉、石榴石中的金红石针出溶体 b）玛瑙裂隙中的铁锰氧化物花纹

c）铁铝榴石中的锆石晕包体 d）钻石的裂隙充填

（2）以包裹体组成成分为依据分类

1）无机包裹体。如宝石中的晶体包裹体、气—液包裹体等。

2）有机包裹体。如琥珀中的昆虫等。

（3）以包裹体的相态为依据分类

1）固态包裹体。固态包裹体是宝石中包裹的一些固态物质，它是宝石中最常见的包裹体，如红宝石中的磷灰石、金红石等。

2）液态包裹体。液态包裹体由单一的液相组成，一般为水溶液。包裹体形状常呈椭圆形、管状及不规则状。单一的液相包裹体可出现在天然宝石和某些合成宝石中，但都不常见，如水胆水晶中的包裹体。

3）气态包裹体。气态包裹体指主要由气体组成的包裹体，如琥珀中的气泡、合成红蓝宝石和玻璃中的气泡等。

4）混合型包裹体。如气—液两相包裹体、气—液—固三相包裹体等。

5）结构缺陷包裹体。如红宝石内的空晶、钻石中的空晶等。

（4）根据包裹体本身的特征为依据分类

1）物质型包裹体。由与主体宝石相同或不同的物质（如晶体、流体、熔体等）组成的包裹体。

2）结构型包裹体。由晶体生长过程中形成的缺陷或者生长后期应力作用形成的内部缺陷（如空晶、双晶纹等）组成的包裹体。

3）颜色包裹体。由放射性蜕变、晶体成分变化或晶体缺陷所导致的与主体宝石颜色有明显差异的色带、色团、色晕等组成的包裹体。

3．研究意义

宝石的包裹体是宝玉石学研究的重要内容。随着宝石的人工合成技术和人工处理技术的不断发展，它的重要性日益突出，主要体现在如下几个方面：

（1）有助于鉴别宝石品种。

（2）区分天然和合成宝石。

（3）鉴别人工处理的宝石。

（4）评价宝石的重要依据。

（5）有助于推测宝石的产地。

第 2 节　宝石矿物的物理性质

【学习目标】

理解和掌握宝石矿物的颜色、条痕、硬度、解理、相对密度等各种物理性质的含义、特征、分类、形成原因等

【知识要求】

一、光学性质

1．颜色

（1）基本概念。颜色是宝石矿物对入射的白色可见光（390～770 nm）中不同波长的光波吸收后，透射和反射的各种波长可见光的混合色。

1）当宝石矿物对各色光同等程度地均匀吸收时，其所呈颜色取决于吸收程度。

①若均匀地全部吸收，宝石矿物呈黑色。

②若基本上均不吸收，宝石矿物呈无色或白色。

③若各色光皆被均匀地吸收了一部分，则视吸收量的多少，而呈现不同浓度的灰色。

2）当宝石矿物选择性地吸收某种波长的色光时，矿物呈现被吸收的色光的补色（见图3—17）。

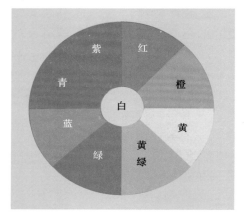

图3—17 颜色互补关系示意图

（2）宝石矿物颜色的分类。根据颜色产生的原因及颜色的稳定程度，宝石矿物的颜色通常分为自色、他色和假色。

1）自色。由于宝石矿物固有的化学成分和结构等内部因素而使矿物具有的颜色，是宝石矿物的固有属性及最基本的特征和鉴别标志。例如，孔雀石的翠绿色（见图3—18a），赤铁矿的红色（见图3—18b），黄铜矿的铜黄色（见图3—18c）。

a） b） c）

图3—18 自色宝石矿物的颜色

a）孔雀石的翠绿色 b）赤铁矿的红色 c）黄铜矿的铜黄色

2）他色。由于宝石矿物中带色的机械混入物（固相、气相和液相包裹体等杂质）引起的颜色。其很不稳定，常因产地、形成条件的不同而异，一般不能作为鉴定矿物的依据，但有时可作为某些矿物的辅助识别标志。例如，刚玉（Al_2O_3）纯净时无色，当含微量元素铬（Cr）时，形成红色（红宝石），当含微量元素铁（Fe）、钛（Ti）时形成蓝色（蓝宝石），如图 3—19 所示。

图 3—19　不同颜色的刚玉族宝石

a）、b）、c）、d）蓝宝石　e）、f）、g）红宝石

3）假色。由于某种物理原因（如光的内反射、内散射、干涉、衍射等）及氧化作用而引起的颜色（见图 3—20）。假色不是宝石矿物的固有特征，一般不具有鉴别的意义。

①晕色。白云母、方解石等具有完全解理或裂隙的矿物，由于一系列的解理面或裂隙面之间光的反射、干涉引起的颜色。

②乳光。由蛋白石的 SiO_2 胶体微粒使光发生漫反射引起。

③锖色。由某些不透明金属矿物表面氧化膜引起反射光的干涉产生的颜色。

④变彩。由于矿物内部有微细叶片状包裹物引起光的干涉作用（月光石），或由于本身内部结构的特征（蛋白石）引起的颜色。

（3）宝石矿物颜色的表征。宝石矿物的颜色繁多，描述时采用的原则是力求确切、简明、通俗。其颜色可按以下方法命名与描述：

1）标准色谱法

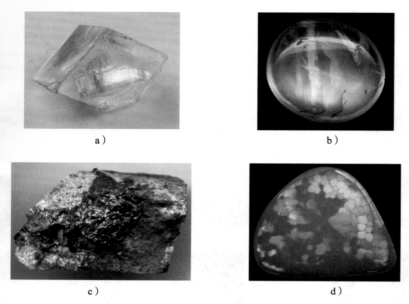

图 3—20　宝石矿物的假色
a）晕色　b）乳光　c）锖色　d）变彩

①利用标准色谱中的颜色来描述宝石矿物的颜色，如斜长石的颜色为白色。

②当宝石矿物颜色与标准色谱颜色有深浅等差别时，可在标准色谱前加上适当的形容词，如浅灰色、淡红色。

2）类比法。以生活中常见实物的颜色来描述宝石矿物的颜色，如赤铁矿的猪肝色、橄榄石的橄榄绿色、雄黄的橘红色。表 3—1 中是几种标准的颜色及其代表矿物，可作为描述矿物颜色的基础。

表 3—1　　　　　　　　　　标准的颜色及其代表矿物

紫色——紫水晶	褐色——多孔状褐铁矿	铅灰色——方铅矿
蓝色——蓝铜矿	灰色——铝土矿	黄褐色——粉末状褐铁矿
鲜绿色——孔雀石	靛蓝色——铜蓝	铜黄色——黄铜矿
黄色——雌黄	铁黑色——磁铁矿	金黄色——自然金
橘红色——雄黄	钢灰色——镜铁矿	锡白色——毒砂
红色——辰砂（粉末）	铜红色——自然铜	古铜色——斑铜矿

3）二名法。当宝石矿物颜色介于两种标准色谱色之间时，可将次要颜色作为主要颜色的形容词定在主要颜色名称之前，如黄绿色。

在观察与描述矿物颜色时，应注意：

1）对于晶质矿物，以矿物单晶体新鲜断面颜色为准。

2）对于隐晶质和非晶质，应以纯净集合体新鲜断面的颜色为准。

3）注意观察矿物颜色的细微差别。

2．多色性

（1）概念。非均质体宝石矿物晶体在透射光照射下，不同方向呈现不同颜色的现象，称为宝石的多色性。

（2）二色性和三色性。一轴晶宝石有两个方向性颜色称为二色性；二轴晶宝石有三个方向性颜色称为三色性。例如，三方晶系的蓝宝石具二色性，在垂直 C 轴方向呈蓝色，而在平行 C 轴方向呈蓝绿色；斜方晶系的坦桑石（黝帘石）具三色性，即蓝色、紫色和黄绿色。

无色的宝石不显示多色性，只有彩色的非均质体宝石才能显示多色性。宝石具多色性的程度有强有弱，而有些宝石的多色性很难观察出来。二色镜是专门为观察宝石多色性而设计的一种仪器。

3．折射率（N）

N 为一常数，称为第二介质（折射介质）对第一介质（入射介质）的相对折射率。

如果入射介质为真空（或空气），则 N 值称为折射介质的绝对折射率，简称折射率。

4．双折射率

由于非均质体宝石在晶体的不同方向物理性质有差异，当自然光进入非均质宝石后，入射光将分解为两条彼此完全独立的、传播方向不同的、振动方向相互垂直的单向光线（见图 3—21 和图 3—22），这每一组单向光线称为平面偏振光。不同平面偏振光的传播速度不同，即有不同的折射率值。最大折射率值和最小折射率值间的差值，称为双折射率值。双折射及双折射率值是识别宝石的主要特征之一。

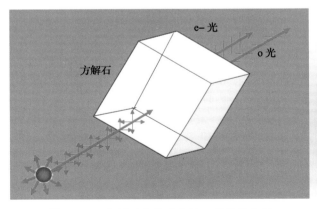

图 3—21　方解石晶体对光的双折射示意图

5．反射率

反射率是指光垂直入射矿物表面时的强度与反射光强度的比值。矿物反射率的大小，主要取决于折射率和吸收系数。

6．光泽

（1）基本概念。光泽是指矿物表面对光的反射能力。光泽的强弱用反射率 R 来表示。矿物反光的强弱主要取决于矿物对光的折射和吸收的程度。

（2）分类。根据矿物新鲜平滑的晶面、解理面或磨光面上反光的强弱，配合矿物的条痕和透明度，矿物的光泽分为金属光泽、半金属光泽、金刚光泽、玻璃光泽四个等级。另外，由于反射光受到矿物的颜色、表面光滑程度及集合方式的影响，常呈现出特殊的变异光泽。

图 3—22　冰洲石的双折射

1）金属光泽。像金属磨光面一样的光泽，称为金属光泽。金属光泽矿物表面反光极强，如同平滑的金属表面所呈现的光泽。某些不透明矿物，如自然金、黄铁矿、方铅矿等，均具有金属光泽，如图 3—23 所示。

a）　　　　　　　　　b）　　　　　　　　　c）

图 3—23　矿物的金属光泽

a）自然金　b）黄铁矿　c）方铅矿

2）半金属光泽。像未经磨光的金属表面那样的光泽，称为半金属光泽。半金属光泽较金属光泽稍弱，暗淡而不刺目，如黑钨矿、磁铁矿、褐铁矿等就具有这种光泽，如图 3—24 所示。

金属光泽和半金属光泽，两者没有确切的界限，主要根据条痕和反光的强弱进行综合判断。如磁铁矿和黑钨矿，前者条痕黑色，但反光明显较金属光泽弱；后者虽反光较强，但条痕深彩色，所以这两个矿物的光泽都只能定为半金属光泽。

3）金刚光泽。反光较强，如同金刚石那样反光，称为金刚光泽。如金刚石、浅色闪锌矿、辰砂等，如图 3—25 所示。

图3—24 矿物的半金属光泽

a）磁铁矿 b）褐铁矿 c）黑钨矿

图3—25 矿物的金刚光泽

a）金刚石 b）辰砂 c）闪锌矿

4）玻璃光泽。像普通玻璃一样的光泽，称为玻璃光泽。大约占矿物总数70%的矿物，如水晶、萤石、方解石等具此光泽，如图3—26所示。

图3—26 矿物的玻璃光泽

a）方解石 b）水晶 c）萤石

玻璃光泽和金刚光泽的共同特点是反光不像金属，但两者的划分也没有确切的界限，一般通过表面的反光特点和条痕色加以区别。

5）特殊光泽。当矿物表面不平整、带有极细小孔隙，或不是单晶体而是隐晶质或非晶质集合体时，会表现一些特殊的光泽。

①油脂光泽。解理不发育的透明矿物，在不平坦的断口上表现的如同固态油脂一样的光泽，称为油脂光泽，如玉髓、石英、石榴石的断口光泽，如图 3—27 所示。

a）　　　　　　　　　　b）　　　　　　　　　　c）

图 3—27　矿物的油脂光泽

a）玉髓　b）石榴石　c）石英

②丝绢光泽。在呈纤维状集合体的浅色透明矿物中，由于各个纤维的反射光相互影响的结果，而呈现出如一束蚕丝所表现的那种光泽，称为丝绢光泽，如纤维状石膏、石棉、木变石等的光泽，如图 3—28 所示。

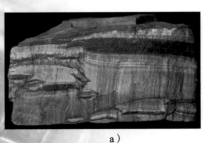  

a）　　　　　　　　　　b）　　　　　　　　　　c）

图 3—28　矿物的丝绢光泽

a）木变石　b）石棉　c）石膏

③珍珠光泽。部分透明、解理完全或极完全的矿物，由于内层解理面反射光相互干涉形成类似珍珠或贝壳珍珠层表面的柔和又多彩的光泽，称为珍珠光泽，如白云母、方解石的解理面及珍珠表面的光泽，如图 3—29 所示。

④土状光泽。粉末状或土状隐晶质矿物集合体表面呈现的类似黏土样的暗淡光泽，称为土状光泽，如隐晶质高岭石的表面光泽、透明矿物和不透明矿物的微粒集合体均可呈现土状光泽，如图 3—30 所示。

图 3—29　矿物的珍珠光泽

a）方解石　b）白云母　c）珍珠

图 3—30　矿物的土状光泽

a）高岭土　b）铝土矿　c）褐铁矿

⑤树脂光泽（松脂光泽）。颜色较深的，特别是黄棕色的透明矿物表面像树脂那样的光泽称为树脂光泽（松脂光泽），如琥珀表面、浅色闪锌矿断口的光泽（见图 3—31a）。

⑥蜡状光泽。在透明矿物的隐晶质或非晶质致密块状体表面上，呈现像蜡烛表面那样的光泽，称为蜡状光泽，如块状叶蜡石的光泽（见图 3—31b）。

⑦沥青光泽。半透明或不透明的黑色矿物，解理不发育，在不平坦的断口上具沥青状光亮，称为沥青光泽，如锡石、燧石、沥青铀矿等的光泽（见图 3—31c）。

图 3—31　矿物的特殊光泽

a）闪锌矿的树脂光泽　b）叶蜡石的蜡状光泽　c）锡石的沥青光泽

7．透明度

（1）基本概念。矿物允许可见光透过的程度称为透明度。矿物的透明度取决于矿物的化学成分和内部结构。在观察时要以一定的厚度（厚度为0.03 mm）作为标准。通常以矿物碎片边缘能否透见他物为标准。

（2）宝玉石透明度的划分。根据矿物碎片边缘的透光程度，配合矿物的条痕，将矿物的透明度划分为透明、亚透明、半透明、微透明、不透明五级。同一种材料因产出状态不同，透明度不同，如图3—32所示。

图3—32　同种宝玉石（翡翠）的透明度

1）透明。能透过绝大部分光，透过碎片边缘能清晰地看到他物的轮廓及细节，如水晶、海蓝宝石、托帕石等，如图3—33所示。

图3—33　透明的矿物

a）、b）托帕石　c）、d）海蓝宝石　e）水晶

2）亚透明。能允许较多的光透过，透过碎片边缘虽能看到他物的轮廓，但无法看清其细节，如祖母绿、电气石、蓝柱石、萤石、锂辉石等，如图3—34所示。

图 3—34 亚透明的矿物

a）祖母绿 b）电气石 c）蓝柱石 d）萤石 e）锂辉石

3）半透明。可允许部分光透过，透过碎片边缘不能清楚地看到他物的轮廓，而只能模糊地看到他物的存在，如辰砂、雄黄、黑钨矿、锡石、闪锌矿、绿帘石等，如图 3—35 所示。

图 3—35 半透明的矿物

a）雄黄 b）黑钨矿 c）闪锌矿 d）绿帘石 e）辰砂

4）微透明。仅有少量光在碎片边缘棱角处轻微通过，但无法看到物体，如黑曜岩、天河石、菱锰矿、滑石、白云石、长石、芙蓉石等，如图3—36所示。

图3—36 微透明的矿物

a）菱锰矿 b）滑石 c）白云石 d）长石 e）芙蓉石 f）天河石

5）不透明。基本不允许光透过，透过碎片边缘不能见到任何物体的存在，如自然金、黄铁矿、黄铜矿、方铅矿、辉锑矿等，如图3—37所示。

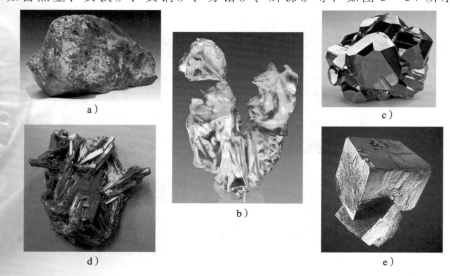

图3—37 不透明的矿物

a）黄铜矿 b）自然金 c）黄铁矿 d）辉锑矿 e）方铅矿

（3）影响宝玉石矿物透明度的因素

1）主要与其对可见光的吸收程度有关，即取决于矿物的晶格类型和阳离子类型。

2）矿物中的裂隙、包裹体，以及矿物的集合方式、颜色深浅和表面风化程度。

8．色散

白光分解成组成它的光谱色（波长）称为色散（见图 3—38），通常以相当于太阳光谱中 B 线（红光中的 686.7 nm）和 G 线（紫光中的 430.8 nm）的光所测得的折射率差值来表示。

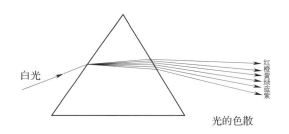
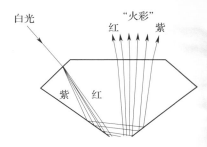

图 3—38　光的色散示意图

色散在行业中也称"火"。对于有色宝石，这种"火"常被体色所掩盖。宝石的色散大小取决于宝石本身的性质，也与刻面宝石的加工角度有关。在天然宝石中，钻石、翠榴石和锆石以高色散、强火彩著称（见图 3—39 和图 3—40）。宝石色散的肉眼观察是鉴定宝石的一种简便而有效的方法。肉眼能看到明显色散的宝石有钻石、锆石、翠榴石、蓝锥矿、铁铝榴石、人造榴石、合成立方氧化锆、人造钛酸锶、金红石等。表 3—2 列出了常见宝石的色散值。

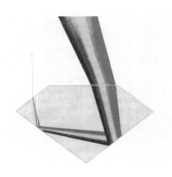

图 3—39　钻石的色散（火彩）示意图　　　图 3—40　钻石的"火彩"

表 3—2   常见宝石的色散值

宝石名称	色散值	宝石名称	色散值	宝石名称	色散值
水晶	0.013	橄榄石	0.020	钻石	0.044
绿柱石	0.014	尖晶石	0.020	人造钇镓榴石	0.045
黄玉	0.014	镁铝榴石	0.022	榍石	0.051
锂辉石	0.017	锰铝榴石	0.027	钙铁榴石	0.057
电气石	0.017	人造钇铝榴石	0.028	合成立方氧化锆	0.060
蓝宝石	0.018	锆石	0.038	人造钛酸锶	0.190

9．特殊光学效应

由于宝石内部具有包裹体、双晶、微细球状结构等特殊内在因素，导致光的干涉、散射、衍射等现象，使宝石显现出特殊的光学效应，常见的有猫眼效应、星光效应、变色效应、变彩效应、月光效应、砂金效应等。

（1）猫眼效应

1）概念。弧面型宝石在光照下出现一条可移动光亮带的现象称为猫眼效应。

2）产生猫眼效应的条件

①宝石内含有丰富的呈密集平行定向排列的针状、管状、纤维状包裹体。

②宝石应琢磨成弧面型。

③猫眼亮带方向与包裹体取向垂直（见图3—41）。

④宝石越透明，眼线越不明显。

3）具猫眼效应宝石的命名

①金绿宝石。命名为猫眼。

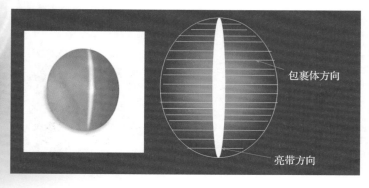

图 3—41 宝石的猫眼效应示意图

② 其他宝石。命名为宝石名称＋猫眼。

常见具有猫眼效应的宝石有金绿宝石、碧玺、绿柱石、磷灰石、石英、方柱石、红柱石、矽线石、虎睛石、鹰睛石等，其中以金绿宝石猫眼效果最佳（见图 3—42）。

图 3—42　具猫眼效应的宝石

a）猫眼　b）方柱石猫眼　c）石英猫眼　d）日光石猫眼　e）摩根石猫眼　f）方解石猫眼

g）玻璃猫眼　h）矽线石猫眼　i）磷灰石猫眼　j）软玉猫眼　k）碧玺猫眼

4）猫眼效应的评价原则

① 眼线正、直、细、活，美感强。

② 眼线的颜色以蜂蜜状蜜黄色为佳。

③ 无缺陷，延伸性好。

④ 眼线与宝石反差大，清晰度高。

（2）星光效应

1）概念。定向琢磨的弧面型宝石的表面在光线照射下，出现横跨宝石并可随宝石转动而游动的两条以上的光带，这种现象称为星光效应。

2）产生星光效应的条件

① 宝石必须含有极丰富的至少呈两个方向定向排列的包裹体。

② 切磨宝石的底面平行于包裹体排列方向组成的平面。

③ 宝石必须切磨成弧面型。

3）根据星线数量分为四射星光和六射星光。个别情况下，同一宝石中可出现两套星光，其中心位置也可错开，因此可看到八射或十二射星光，但一般很少见。

① 四射星光效应（见图 3—43）。由两条星线构成，多出现于等轴晶系、四方晶系、斜方晶系的宝石中。常呈现四射星光的宝石为石榴石、尖晶石、辉石等，如图 3—44 所示。

②六射星光效应。三条星线互成60°夹角出现，一般情况下，三方、六方晶系的宝石可出现六射星光（三条光带相交）（见图3—45）。常呈现六射星光的宝石有红宝石、蓝宝石、芙蓉石（见图3—46）。

4）具星光效应宝石的命名

①天然宝石。命名为星光＋宝石名称。

②合成宝石。命名为合成星光＋所对应的天然宝石名称。

5）星光效应的评价原则

①各道星线交点居中为优质品，偏者则差。

图3—43 宝石的四射星光效应示意图

a） b） c）

图3—44 宝石的四射、八射星光效应

a）星光辉石 b）星光石榴石 c）星光烟晶

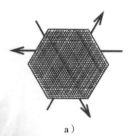 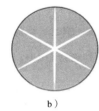 

a） b） c）

图3—45 宝石的六射星光效应示意图

a）晶体中包裹体方向 b）顶视图 c）侧视图

a） b） c） d） e）

图3—46 宝石的六射星光效应

a）星光红宝石 b）、c）星光蓝宝石 d）合成星光蓝宝石 e）星光芙蓉石

②各道星线清晰、灵活、完整者为优质品，若出现星线模糊、缺失、断线者为劣质品。

6）当星光是由宝石内部包裹体反射所致时，这种星光称为表星光，如刚玉。若星光是由光透过宝石并照亮包裹体所致时，这种星光称为透星光，如铁铝榴石、芙蓉石。

许多宝石具有定向排列的包裹体，但其数量不足以显示星光，这些宝石偶尔可见到从所含包裹体反射出的光，这种光称为丝光。

（3）变色效应

1）概念。宝石的颜色随入射光波长的不同而不同的现象称为变色效应。

2）产生变色效应的前提条件。宝石的可见光吸收光谱中存在着两个明显相间分布的色光透过带，而其余色光均被较强吸收。

3）变色效应最典型的例子是变石，它是金绿宝石的又一个亚种。变石在日光照射下呈绿色，而在白炽灯光照射下呈紫红色。其原因是变石有两个透光区，一个是绿色波段，另一个是红色波段，由于日光成分中绿光偏多，所以在日光照射下绿色加浓，宝石就呈现绿色，而白炽灯光中红色成分多，所以在白炽灯照射下红色加浓，宝石呈现红色，如图 3—47 所示。

a）　　　　　　　b）　　　　　　　c）

d）　　　　　　　e）　　　　　　　f）

图 3—47　宝石的变色效应（日光照射和白炽灯光照射）

a）变石　b）变石猫眼　c）变色榍石　d）变色蓝宝石　e）变色尖晶石　f）变色萤石

4）变色效应的评价原则

①强烈而明显，其颜色在日光下由好到坏为翠绿、绿、淡绿色，在灯光下由好到坏为红、紫红、粉红色，且纯度越高越好。

②亮度高，且越强越好，亮度中至弱时则差。

5）具变色效应宝石的命名

①天然宝石。命名为变色＋宝石名称，"变石""变石猫眼"除外。

②合成宝石。命名为合成变色＋所对应的天然宝石名称，"合成变石"除外。

6）具变色效应的宝石。包括变石（又称为亚历山大石）、蓝宝石、合成蓝宝石、尖晶石、石榴石、楣石、萤石。

（4）变彩效应

1）概念。在宝石表面同时出现不同颜色的斑块，并随宝石转动，色斑闪现或闪变的现象，称为变彩效应。

2）变彩效应的形成机理

①可因薄膜干涉作用导致。拉长石变彩就是薄膜干涉的结果。

②可因衍射作用导致。欧泊变彩即衍射作用的结果。欧泊的成分是 $SiO_2 \cdot nH_2O$，在欧泊的结构中等大的二氧化硅小球在空间做规则排列。球体之间是含水的二氧化硅胶体，球体之间的孔隙直径与球体直径近于等大。欧泊的这种结构构成了一个三维衍射光栅。当球体之间的孔隙大小与可见光波长相当时，就产生光的衍射和干涉，形成五颜六色的色斑，色斑的颜色随着光源和观察角度的变化而变化。

3）变彩效应的评价原则

①色彩全。同时出现七种色彩者为最佳品种。

②彩斑大。色斑越大越好，面状好于线状和点状。

③反差强。基底和色斑的反差大。

4）具变彩效应的宝石。常见的为欧泊、拉长石，如图3—48所示。

a）

b）

图3—48 宝石的变彩效应

a）欧泊的变彩效应 b）拉长石的变彩效应

（5）月光效应

1）概念。弧面型月光石表面所呈现的一种淡蓝—乳白色的波形浮光，如同朦胧月光的现象称为月光效应。

2）月光效应评价原则

①月光状浮光居中为上品，偏中则为下品。

②月光状浮光淡蓝色为优质，白色则次之。

3）常见可产生月光效应的宝石为月光石，如图 3—49 所示。

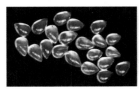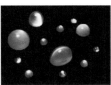

图 3—49　月光石的月光效应

（6）砂金效应

1）概念。宝石中的细小包体对光呈星点状反射，犹如水中的砂金一样的光学现象称为砂金效应，如图 3—50 所示。

图 3—50　日光石中分布的细小板状赤铁矿

2）具砂金效应的宝石（见图 3—51）。常见的有日光石、东陵石、金星石。日光石为含大量橙色赤铁矿小薄片的长石。东陵石为含大量云母片的石英岩，含铬云母者呈现绿色，称为绿色东陵石；含蓝线石者呈蓝色，称为蓝色东陵石；含锂云母者呈现紫色，称为紫色东陵石。金星石，也称"砂金石"，是玻璃和小铜片人工烧制而成，这种玻璃一般不透明，内部含有大量小铜片，砂金效应好于日光石，另外放大观察，内部所含的包体（小铜片）形状、大小一致，不同于日光石。

10．发光性

（1）基本概念。矿物受外在能量的激发，发出可见光的性质即为发光性。

（2）发光类型（见表 3—3）。

图 3—51　宝石的砂金效应

a）日光石　b）人造砂金石　c）东陵石

表 3—3　　　　　　　　　　　　　　　　矿物的发光类型

分类依据	类别	说　　明
根据激发源的划分	光致发光	紫外光或可见光引起的发光
	热发光	由升温导致的发光
	阴极发光	电子枪产生的高速电子流（阴极射线）激发所致
	X 射线发光	X 射线激发产生的发光
根据发光持续时间长短的划分	荧光	如果在激发因素作用于矿物时，矿物产生发光现象，而当激发因素停止作用时，发光现象便迅速消失，这种发光现象称为"荧光"
	磷光	发光体在外界能量撤除以后，还能继续发光，称为磷光

（3）研究矿物发光性的意义。自然界只有少数矿物的发光性比较稳定，如在紫外线照射下，白钨矿发浅蓝色荧光，金刚石发天蓝色、紫色、黄绿色荧光（见图 3—52），独居石呈鲜绿色荧光等。故可作为矿物鉴定及找矿、探矿、选矿、品位估计的

图 3—52　金刚石在紫外线下的发光性

重要依据。特别是对白钨矿、锆石及金刚石等矿物的找矿和选矿更为有效。紫外线辐照引起的发光效应，在宝玉石中应用得最为广泛，其常用紫外线的波长有253.7 nm 的短波紫外线（SWUV）及365.4 nm 的 长波紫外线（LWUV）。

二、力学性质

1．硬度

（1）基本概念。硬度是指矿物抵抗某种外来机械作用力（如刻划、压入或研磨）侵入的能力。它是鉴定矿物的重要特征之一。

（2）硬度的分类。矿物的硬度可分为绝对硬度和相对硬度。

1）绝对硬度。在对矿物做详细研究时，常需要测矿物的绝对硬度。通常采用的绝对硬度值是维克用压入法测定的，称为维氏硬度。绝对硬度的测定常用显微硬度计（见图3—53）。

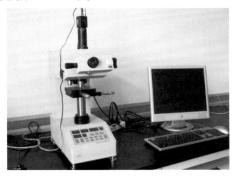

图 3—53　显微硬度计

2）相对硬度。相对硬度也叫摩氏硬度，是与规定的标准矿物刻划比对得出的。德国矿物学家 Friedrich Mosh 在 1822 年将 10 种高纯度的常见矿物按彼此间抵抗刻划能力的大小依次排列，即常用的摩氏硬度计（见图3—54）。

滑石1　石膏2　方解石3　萤石4　磷灰石5　正长石6　石英7　黄玉8　刚玉9　金刚石10

图 3—54　摩氏硬度计

以上 10 种标准矿物等级之间只表示硬度的相对大小，各级之间硬度的差异是不均等的。如金刚石的显微硬度比石英高 10 倍，但摩氏硬度计中只相差 3 级。除这 10 种标准矿物之外，人们还使用一些常见物质来补充摩氏硬度计，如指甲为 2.5、钢针为 3、玻璃为 5 ~ 5.5、小刀为 5.5 ~ 6、钢锉为 6.5 ~ 7。常见宝石摩氏硬度见表 3—4。

表 3—4　　　　　　　　　　　　常见宝石摩氏硬度

宝石名称	摩氏硬度	宝石名称	摩氏硬度	宝石名称	摩氏硬度
钻石	10	电气石	7 ~ 7.5	欧泊	5 ~ 6.5
刚玉	9	镁铝榴石	7 ~ 7.5	贝壳	3.5
金绿宝石	8.5	水晶	7	珊瑚	3.5
尖晶石	8	橄榄石	6.5 ~ 7	煤玉	3 ~ 4
黄玉（托帕石）	8	翡翠	6.5 ~ 7	珍珠	2.5 ~ 4
绿柱石	7.5 ~ 8	翠榴石	6.5	象牙	2.5
铁铝榴石	7.5	软玉	6	龟甲	2.5 ~ 3
锆石	7 ~ 7.5	月光石	6	琥珀	2 ~ 2.5

测定矿物摩氏硬度时应注意：

①应选择新鲜矿物的光滑面试验，才能获得可靠的结果。

②同时要注意刻痕和粉痕（以硬刻软，留下刻痕；以软刻硬，留下粉痕）不要混淆。

③对于粒状、纤维状矿物，不宜直接刻划，而应将矿物捣碎，在已知硬度的宝石矿物面上摩擦，视其是否有擦痕来比较硬度的大小。

④硬度是宝石的一种重要物理常数，可作为鉴定宝石的重要依据。但硬度测试属破坏性鉴定法，必须谨慎使用。

2．韧性和脆性

（1）基本概念。宝石矿物在外力作用下抵抗碎裂的性质称为韧性，相对韧性而言，宝石受外力作用易碎裂的性质称为脆性。

（2）韧性和脆性是一个问题的两个方面，它们是宝玉石抗碎裂程度的一种标志，与宝玉石的硬度之间没有必然的联系，硬度大的宝玉石不一定比硬度小的宝玉石耐破碎，例如钻石是硬度最大的物质，但钻石的韧性较小，脆性较大，受冲击易破碎。软玉硬度不如钻石高，但因具纤维交织结构而韧性极高；锆石硬度高，但极易被磨损。又如，玛瑙硬度较钻石低，但它的韧性较大，脆性较小，不易破碎，可用来研磨硬度较大的其他矿物，样品处理时常用的玛瑙研钵就利用了这一特点。一般玉的韧性较大，人们正是利用这一点，将其雕琢成各种玲珑剔透的玉器工艺品。

（3）常见宝石矿物的韧度。常见宝石矿物的韧度从高到低的排序为：黑金刚石、软玉、翡翠、刚玉、金刚石、水晶、绿柱石、橄榄石、祖母绿、黄玉、月光石、玛瑙、锂辉石、褐帘石，见表 3—5。

表 3—5　　　　　　　　　　　　常见宝石矿物韧度表

宝石名称	韧度	宝石名称	韧度	宝石名称	韧度
黑金刚石	10	水晶	7.5	月光石	5
软玉	8	绿柱石	7.5	玛瑙	3.5
翡翠	8	橄榄石	6	锂辉石	3
刚玉	8	祖母绿	5.5	褐帘石	2.5
金刚石	7.5	黄玉	5		

3．解理

（1）基本概念。矿物受外力（敲打、挤压等）作用后，严格沿着一定的结晶方向发生破裂，形成一系列光滑平面的性质称为解理。因解理而裂开的平面称为解理面。

（2）分类。根据解理产生的难易程度，可将宝石矿物的解理分成五个等级。

1）极完全解理。矿物在外力作用下极易获得解理，解理面大而平坦，极光滑，解理片极薄，如云母、石墨等的解理，如图 3—55 所示。

a）　　　　　　　　　　b）

图 3—55　宝石矿物的极完全解理

a）云母　b）石墨

2）完全解理。矿物在外力作用下，很容易沿解理方向裂成平面（但不成薄片）。解理面平滑，如方解石、方铅矿、萤石等，如图 3—56 所示。

a)　　　　　　　　　　b)

图 3—56　宝石矿物的完全解理

a）方解石　b）方铅矿

3）中等解理。矿物在外力作用下，产生明显的解理，但解理面不太连续和光滑，有断口，如长石、辉石、角闪石等，如图 3—57 所示。

a)　　　　　　　　　　b)

图 3—57　宝石矿物的中等解理

a）钾长石　b）普通辉石

4）不完全解理。矿物在外力作用下，不易裂出解理面，解理面小而不平整，易出现断口，如磷灰石、绿柱石等，如图 3—58 所示。

5）极不完全解理。矿物受外力作用后，极难出现解理，多形成断口，一般称为极不完全解理，如石英、黄铁矿，如图 3—59 所示。

（3）解理的意义。解理是晶体固有的属性，是鉴定矿物的重要依据。它对于宝玉石学的意义在于：

a)　　　　　　　　　　　b)

图 3—58　宝石矿物的不完全解理

a）磷灰石　b）绿柱石

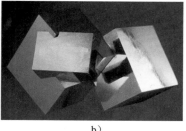

a)　　　　　　　　　　　b)

图 3—59　宝石矿物的极不完全解理

a）石英　b）黄铁矿

1）尽管一些宝石硬度很大，但由于解理发育，在受到外力作用时，极容易破裂，所以应避免碰撞和刻划。此外，在佩戴宝石时，要尽量使其免受外力打击而发生沿解理碎裂或产生裂缝。

2）解理是鉴定矿物的重要特征之一。如钻石腰棱处保留的解理痕迹有助于区别一些无解理的仿钻，翡翠解理面的闪光——翠性，为翡翠的鉴定依据之一。

3）在宝石加工中，利用解理面劈开宝石或去掉原石中质量较次的部分。特别是在钻石加工中常沿八面体方向劈开钻石（见图 3—60）。

4）在宝石切磨时，无法沿解理方向抛光宝石。所以在加工中，至少应使刻面和解理面保持 5°以上的夹角。

4．裂理（又称裂开）

（1）基本概念。矿物受外力作用，有时可沿着一定的结晶方向裂成平面的非固有性

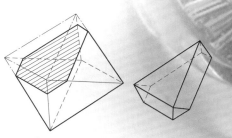

图 3—60　沿钻石八面体解理
方向劈开的示意图

质称为裂理，其平面称为裂理面。

（2）与解理的成因不同，裂理通常是沿着双晶接合面特别是聚片双晶的接合面发生，或因晶体中某一定方向的面网间存在他种物质的夹层而造成定向破裂。前者如刚玉的（1011）型裂理，后者如磁铁矿的（111）型裂理。

（3）裂理是由外因引起的，只出现在同种矿物的某些个体上，对鉴定矿物只有辅助意义。

5．断口

（1）基本概念。矿物受外力作用，在任意方向破裂成各种凹凸不平的断面，称为断口。

断口出现的程度是跟解理的完善程度互为消长的。具极不完全解理的矿物，尤其是没有解理的晶质和非晶质矿物，它们受外力打击后，都会形成断口。这些矿物的断口，常各自有着固定的形状，由此也能作为鉴定矿物的辅助依据。

（2）断口的类型。根据形状，断口可分为：

1）贝壳状断口。呈圆形的光滑曲面，面上常出现不规则的同心条纹，形似贝壳，如石英和一些非晶质体（如玻璃）的断口，如图 3—61 所示。

a)　　　　　　　　　　b)

图 3—61　宝玉石的贝壳状断口

a）石英　b）玻璃

2）锯齿状断口。呈尖锐锯齿状，延展性很强的矿物具有此种断口，如自然铜的断口，如图 3—62 所示。

3）参差状断口。断口面参差不齐、粗糙不平，大多数矿物具有此种断口，如电气石、橄榄石、碧玉，如图 3—63 所示。

4）土状断口。断口面比较平坦，无粗糙起伏。这是一些土状或致密块状的矿物所特有的断口，如块状高岭石的断口，如图 3—64 所示。

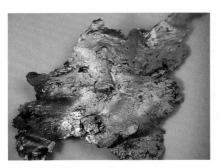

图 3—62　自然铜的锯齿状断口

图 3—63 宝玉石的参差状断口
a）电气石 b）橄榄石 c）碧玉

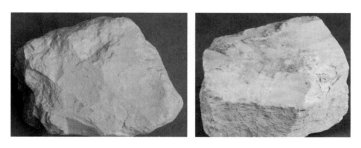

图 3—64 高岭石的土状断口

6．密度

（1）基本概念。密度是指矿物单位体积的质量，单位为 g/cm^3。

（2）相对密度（比重）

1）基本概念。指 4℃温度和标准大气压条件下矿物的质量与等体积水的质量之比，在数值上与密度相同。

2）分级。矿物的相对密度变化范围很大，从小于 1（如琥珀）到 23（铂族矿物）不等。氧化物、硫化物及自然金属矿物通常具有较大的相对密度，而卤化物和含氧盐类矿物的相对密度普遍较小。大多数矿物的相对密度都在 2 ～ 3.5。矿物的相对密度可分为三级：

①小密度。相对密度在 2.5 以下，如石膏、琥珀、石墨等矿物。

②中等密度。相对密度在 2.5 ～ 4，如石英、长石类矿物。绝大多数矿物具有这一级别的相对密度。

③大密度。相对密度在 4 以上，如方铅矿、重晶石等矿物。

3）矿物相对密度的测定

①电子天平法。分别测出宝石在空气和水中的质量，利用公式：

$$相对密度（d）= \frac{矿物在空气中的质量}{矿物在空气中的质量 - 矿物在4℃水中的质量}$$

可计算出矿物的相对密度。

②重液法。将矿物放入不同密度值的重液中，看其沉浮情况，从而判断其相对密度值范围（见图3—65）。用镊子夹住矿物缓慢放入重液中：

下沉：矿物的相对密度＞重液的密度

漂浮：矿物的相对密度＜重液的密度

悬浮：矿物的相对密度与重液的密度相近

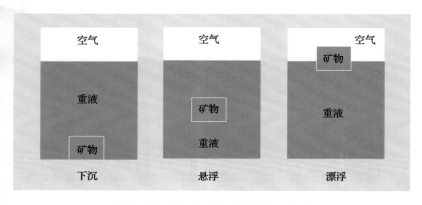

图3—65　重液法测量矿物的相对密度

4）影响矿物相对密度的因素

①组成矿物的元素的原子量越大，相对密度越大。

②组成矿物的离子或原子体积、半径增大，相对密度减小。

③质点堆积越紧密，即原子或离子的配位数越高，其相对密度则越大。

④高压环境下形成的矿物的相对密度较大，高温下相对密度较小。

⑤含类质同象混入的矿物，相对密度随混入元素类型和数量的改变发生相应变化。

5）研究意义。对某些矿物的鉴定、分选及其应用均具重大意义，有时可做成因标志并指导找矿。

三、电学性质

1. 导电性

（1）概念。导电性是指矿物对电流的传导能力，其大小主要取决于矿物所具有的化学键类型，并同原子或离子与化学键的空间分布有关。

（2）根据导电能力的不同，可将矿物分为三类：

1）良导体矿物。极易导电，如自然金属矿物、石墨。

2）非导体矿物。电绝缘体，如石英、长石、方解石、云母、石膏、石盐。

3）半导体矿物。少数富含铁、锰的硅酸盐及铁、锰等的氧化物。

（3）研究矿物导电性的意义。导电性不仅用于鉴定矿物，在电法找矿、选矿及重砂矿物分离上均被广泛应用。

2．热电性

某些矿物晶体在受热或冷却时，在晶体的某些结晶方向产生荷电的性质称为热电性。

具热电性的矿物以方硼石、电气石及水晶最显著，其他如异极矿、石膏、黄玉、霞石、方解石等也可以由热生电。

电气石晶体加热到一定温度时，其 Z 轴的一端带正电，另一端则带负电；若将已热的晶体冷却，则两端电荷变号（见图3—66）。

3．压电性

压电性是指某些矿物晶体在机械作用的压力或张力下，因变形效应而呈现的荷电性质。

在压缩时发生正电荷的部位，在伸张时发生负电荷。

矿物的压电性只发生在无对称中心、具有极性轴的各晶类的矿物中，如石英（见图3—67）。

图3—66　电气石受热荷电示意图

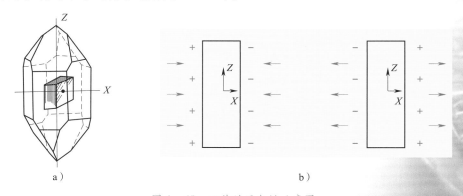

图3—67　石英的压电性示意图

a）压电石英的切片方向　b）压电效应（左：压缩、右：拉伸）

四、热学性质

宝石的热学性质与晶体化学结构有关。宝石对热的传导能力称为热导

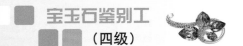
性，即热量通过宝石由热的部分向冷的部分传导，一般用热导率表示。

热导率是以穿过给定厚度的材料，并使该材料升高一定温度所需要的能量度量的。热导率的测量单位是 cal／（cm·s·℃）。

热学性质有助于许多宝石的鉴定，其中最重要和最明显的是钻石，钻石的热导率高出其他宝石数十倍，并且远远大于热导率次高的刚玉，这就构成了热导仪鉴定钻石的基础（见图 3—68）。

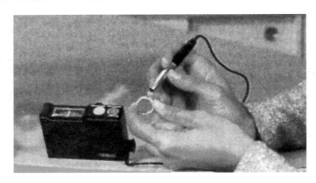

图 3—68　用热导仪检测钻石饰品

加热也会影响宝石的颜色。这是由于一些变价的色素离子在不同的温度条件下可改变其价态，或者加热使得晶体结构发生变化而影响其颜色。为了提高某些宝石的品质，可利用加热的方法来改善宝石的颜色。例如，对于玛瑙、蓝宝石、紫晶和海蓝宝石的加热处理。

第4章

宝玉石鉴定
仪器及检测
方法

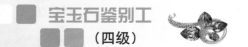
第1节　常规宝玉石鉴定仪器

学习单元1　常规宝玉石鉴定仪器（一）

【学习目标】

掌握 $10\times$ 放大镜的结构、应用、使用方法、使用注意事项及保养要求

了解宝玉石显微镜的结构、应用、照明方式、使用方法、使用注意事项及保养要求

【知识要求】

一、放大镜

放大镜（见图4—1）是宝玉石检测中最常用的工具之一。具有轻巧、便于携带、放大被观察对象、提高目视能力的特点，被广泛应用于宝玉石行业各个环节中。

图 4—1　放大镜

放大镜放大倍数有 10 倍、20 倍、30 倍等多种，分别用 $10\times$、$20\times$、$30\times$ 等来表示。最常用的是 $10\times$ 放大镜，而 $20\times$、$30\times$ 的放大镜因其放大倍数过大、视域小、焦距短而难于操作。

　1. 结构

宝玉石学中一般选择 10 倍放大镜（用"$10\times$"表示），以三组合放大镜（见图4—2）最为常用，它由两片铅玻璃制成的凹凸透镜中夹一片无铅玻璃制成的双凸透镜黏合而成，具有视域宽、消除图像畸变和色散（即无像差和色差）的特点。

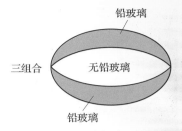

图 4—2　三组合放大镜结构示意图

检查放大镜质量好坏（即无像差、无色差）可以用以下方法：

（1）用放大镜观察方格纸上 1 mm×1 mm 正方形格子，从视域中央至边部观察，正方形格子都没有变形，说明其无像差，如图 4—3 所示。

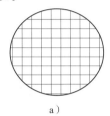 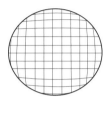 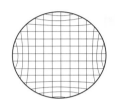

a）　　　　　　　　　　　　　　　b）

图 4—3　放大镜观察方格纸的变形现象

a）无像差　b）具有像差

（2）放大镜边缘无彩色现象，说明其无色差。

2．应用

放大镜主要用于宝石表面特征和内部特征的观察，从中获得大量信息，为宝石鉴定和质量评价提供依据。

（1）表面特征

1）基本性质观察。主要是用放大镜观察宝石表面光泽、断口光泽、断口形状、棱线尖锐度、表面平滑程度、宝石表面划痕、蚀像、破损、拼合面（气泡、光泽差异）、原始晶面和解理等。

2）宝石切工质量的观察。包括切磨质量（切磨的对称程度、棱线搭接、有无多余刻面等）和抛光质量（表面的光洁度及有无抛光纹、灼伤等）。

（2）内部特征。包括色带、生长纹、后刻面重影、包裹体等。若见到弧形生长纹，表明其是合成品，如合成蓝宝石等，如图 4—4 所示。后刻面重影明显，表明其为双折射率较大的宝石，如橄榄石、锆石等。有单个的气泡或气泡群出现的单晶宝石可能为合成宝石。还可以根据观察到的包裹体组合特点，提供宝石成因、产地信息，如蓝宝石中的金红石包裹体呈点状线性分布、色带有扩散，说明该宝石可能经过了后期加热处理；祖母绿宝石中含固、液、气三相包裹体则说明它有可能是产于热液型矿床的哥伦比亚祖母绿，如图 4—5 所示。

a）   b）   c）

图 4—4　宝石的内部特征

a）蓝宝石的色带　b）合成蓝宝石的弧形生长纹　c）合成金红石的刻面棱重影

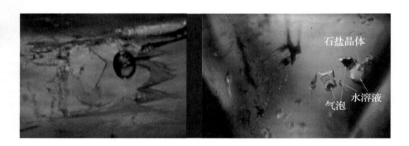

图 4—5　哥伦比亚祖母绿中由液相、气相和石盐组成的三相包裹体

（3）钻石净度分级。用 10 倍放大镜可以进行钻石净度分级。

3．使用方法

（1）清洁放大镜镜面及待观察的宝玉石。

（2）用较强的光源照明。

1）常用光源。包括日光、光纤灯（冷光源）、笔式手电筒等。

2）照明方法。照明方法分为侧视（见图 4—6）和透视（见图 4—7）。

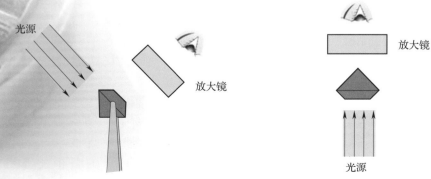

图 4—6　放大镜侧视照明观察示意图　　　图 4—7　放大镜透视照明观察示意图

（3）一手持放大镜贴近眼睛，一手持镊子夹住宝石置于放大镜下2.5 cm工作距离处（见图4—8）。

a） b）

图4—8 放大镜的使用方法

a）放大镜的持拿方法 b）镊子、放大镜、眼睛的配合技巧及照明的运用

工作距离 = 清晰影像最小距离（正常视力25 cm）/ 放大倍数（10）=2.5 cm

工作距离根据观察视力情况可以前后移动，以清晰为准。

（4）摆动宝石调整光线入射角度，反射光下观察宝石外部特征；光线自侧面或背面射入，观察宝石内部特征。

（5）使用时，要求双眼同时睁开，避免长时间观察引起眼睛疲劳。

4．保养

（1）使用时，小心宝石和镊子划伤镜面。

（2）擦拭放大镜镜面时，用镜头纸轻轻擦拭。

（3）随时检查固定透镜的螺母，及时旋紧。

（4）使用后，随即将放大镜旋入金属框架内。

二、宝石显微镜

宝石显微镜是宝玉石检测中重要的工具之一。它的主要特点是放大观察宝石的表面及内部特征。宝石显微镜有多种类型，常用于宝玉石检测的是双筒立体连续变焦显微镜（见图4—9）。

1．结构

双筒立体连续变焦显微镜主要由三个系统构成，如图4—10所示。

（1）光学系统。由目镜、物镜及变焦调节旋钮组成。

目镜：有两个（即双筒），放大倍数有10×、20×可依需要选用。

物镜：放大倍数可由变焦调节圈调节（0.63× 至 4.5×）。

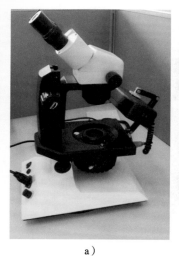

a）   b）

图 4—9　宝石显微镜

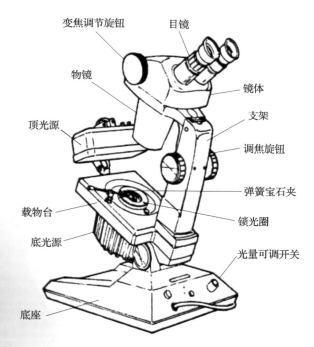

图 4—10　宝石显微镜的结构示意图

显微镜放大倍数 ＝ 目镜倍数 × 物镜倍数

若目镜为 10×，物镜为 4×，则显微镜放大 40 倍。

（2）照明系统。由底光源、顶光源、电源及光量可调开关组成。

1）底光源。由底灯及半球状反射器光板组成，由电源开关及光量调节旋钮调节底光源的明暗。当使用挡光板时，为暗域照明；移开挡光板时，为明域照明。载物台上的锁光圈可调控入射宝石上的光量多少，最小可缩至点光源。有的显微镜配有光纤灯，其亮度与底光源同步。

2）顶光源。由一顶灯组成，常用节能白炽灯。可调节方向，从宝石上方以正射、斜射及平射方式照亮宝石。

（3）机械系统。由底座、支架、调焦旋钮、锁光圈及弹簧宝石夹组成。底座及支架是连接三个系统的主体，上有焦距调节旋钮，调节物像清晰程度。

2．工作原理（见图4—11）

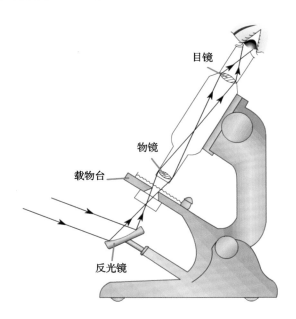

图4—11　宝石显微镜工作原理示意图

3．照明方式

显微镜有两种光源，即底光源和顶光源，但用途不同。通过调节挡光板，可提供暗域、亮域、顶部照明等几种不同的照明方式，见表4—1。

4．应用

宝石显微镜主要用途是放大观察宝玉石的表面特征及内部特征，还有显微照相、测定近似折射率等功能。显微镜视域大，放大倍数高，优于放大镜的放大功能。

表 4—1 宝石显微镜照明方式

图　示	说　明
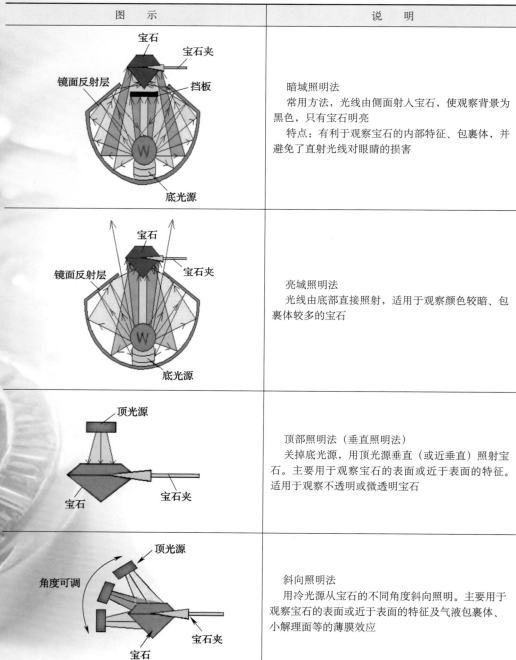	**暗域照明法** 常用方法，光线由侧面射入宝石，使观察背景为黑色，只有宝石明亮 特点：有利于观察宝石的内部特征、包裹体，并避免了直射光线对眼睛的损害
	亮域照明法 光线由底部直接照射，适用于观察颜色较暗、包裹体较多的宝石
	顶部照明法（垂直照明法） 关掉底光源，用顶光源垂直（或近垂直）照射宝石。主要用于观察宝石的表面或近于表面的特征。适用于观察不透明或微透明宝石
	斜向照明法 用冷光源从宝石的不同角度斜向照明。主要用于观察宝石的表面或近于表面的特征及气液包裹体、小解理面等的薄膜效应

续表

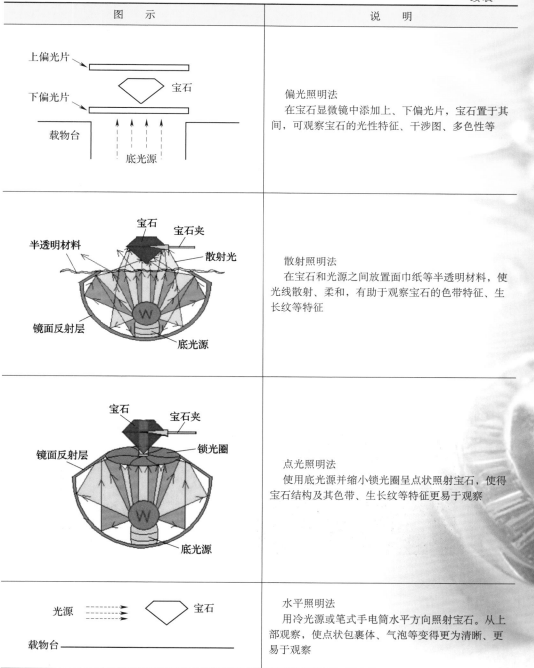

图　　示	说　　明
	偏光照明法 在宝石显微镜中添加上、下偏光片，宝石置于其间，可观察宝石的光性特征、干涉图、多色性等
	散射照明法 在宝石和光源之间放置面巾纸等半透明材料，使光线散射、柔和，有助于观察宝石的色带特征、生长纹等特征
	点光照明法 使用底光源并缩小锁光圈呈点状照射宝石，使得宝石结构及其色带、生长纹等特征更易于观察
	水平照明法 用冷光源或笔式手电筒水平方向照射宝石。从上部观察，使点状包裹体、气泡等变得更为清晰、更易于观察

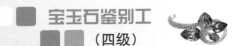
续表

图　　示	说　　明
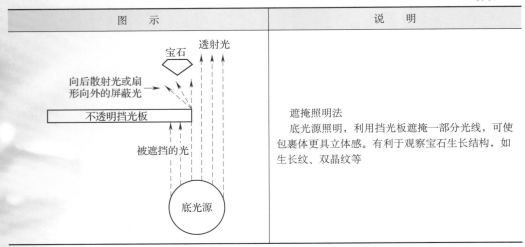	遮掩照明法 　　底光源照明，利用挡光板遮掩一部分光线，可使包裹体更具立体感。有利于观察宝石生长结构，如生长纹、双晶纹等

（1）观察宝石表面特征及内部特征

1）表面特征。通常用顶部照明法、斜向照明法观察。观察原石及成品的擦痕、蚀痕、双晶纹、解理、断口特征等现象，为宝石品种鉴定提供依据；观察琢型宝石的切磨质量、小面的对接和对称性、表面抛光质量、表面划痕、破损等（见图4—12a），为宝石质量的评价提供依据；观察拼合宝石的接合缝的上下光泽不同（接合面可见气泡），为鉴定拼合宝石提供依据；观察宝石表面的充填处理现象，如翡翠经漂白充填处理，其表面可见沟渠状蚀纹现象（见图4—12b）。

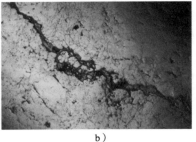

a）　　　　　　　　　　　　　　　b）

图4—12　宝石显微镜观察宝石的表面特征

a）宝石刻面棱磨损　b）酸处理翡翠表面的微裂纹

2）内部特征。常用亮域照明法、暗域照明法或光纤灯斜向照明法帮助观察浅表内部特征。

观察宝石内包裹体的种类、形态、数量、双晶面、生长纹、颜色色形分布特点等，对含有特殊包裹体的宝石具有鉴定意义；观察宝石结构、构造特征，由此可判断宝石为单晶体或多晶集合体、隐晶质体等，对于多晶集合体可根据其结构特征鉴定其品种，如软玉具纤维交织结构，而石英岩具粒状结构，从而为鉴定宝玉石品种提供依据；观察宝石刻面棱重影，双折射率大的宝石会出现刻面棱重影，根据重影的程度估计宝石的双折射率，这种方法对折射率大于 1.81 的双折射宝石的鉴定具有特别意义。

　　（2）显微照相。有些宝石显微镜配有照相装置（见图 4—13），在放大观察宝石时，可同时摄下观察到的现象（见图 4—14）。显微照相可作为鉴定的依据，也可作为教学和观察之用。

图 4—13　配有照相装置的宝石显微镜

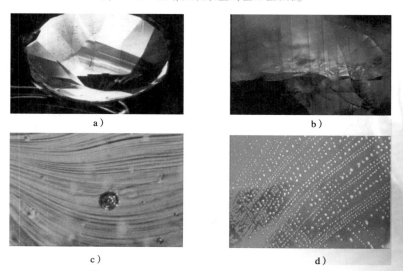

a）

b）

c）

d）

图 4—14　宝石显微镜观察宝石的内部特征

a）紫晶色带　b）蓝宝石中的聚片双晶纹

c）玻璃中的气泡及流动纹　d）尖晶石中的八面体负晶平行串

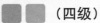

5．使用方法

（1）清洁目镜，用专用擦镜纸轻轻擦拭；清洁宝石，用宝石镊子夹紧宝石，置于载物台中央。

（2）打开顶光源或底光源。

（3）调节支架上的调焦旋钮，准焦样品。观察表面特征，顶灯照明，准焦于宝石表面；观察内部特征，底光源暗域照明，准焦于宝石内部。

（4）调节变焦调节旋钮。观察样品时，通常先使用低倍目镜，以了解样品整体特征，然后逐渐转动调节旋钮，增加放大倍数，观察样品局部特征。需注意，倍数放大后，会使视域范围变小，工作距离缩短，视域亮度变暗。

6．保养

宝石显微镜是精密的光学仪器。镜头、机械旋钮都经过精细加工，使用时要注意：

（1）搬运显微镜时，一手托住底座，一手握住支架，轻提轻放。

（2）调节旋钮时，用力要轻，慢慢旋动。

（3）目镜、物镜不能用手触摸，需用擦镜纸或擦镜布清洁镜头。

（4）显微镜用毕，将变焦调节旋钮调至最低挡，及时关闭顶光源或底光源，并盖上镜罩，以延长显微镜使用寿命。

【技能要求】

运用 10× 放大镜观察宝玉石的表面特征

宝石晶体形成之后，在其表面经常因溶蚀作用会产生一些规则的凹坑、蚀像。如钻石表面的溶蚀坑和三角座等，如图 4—15 所示。

a）　　　　　　　　　　　b）

图 4—15　钻石表面的三角形蚀像

a）原石　b）成品

宝石中颜色、生长纹的分布反映了宝石的形成方式，对宝石的鉴别具有一定的意义，直线状或角状的色带是许多天然宝石的典型特征，如天然红宝石、蓝宝石、紫晶、祖母绿等。尤其在红宝石和蓝宝石中，色带是红、蓝宝石在生长过程中形成的。由于红、蓝宝石的晶形为六方柱状，这种色带（见图4—16）实际上反映了宝石从小到大的生长轨迹。它是鉴定天然红、蓝宝石的重要依据。

　　此外，宝石由于经过人工处理和磨蚀等在其表面会留下一些特征，这些表面特征对于宝石鉴别是很有帮助的。通过观察可得到一些鉴定信息，如宝石冠部和亭部光泽有差异，可能是拼合石（见图4—17）；若呈现阶梯状断口，则表明该宝石解理很发育；若宝石棱很尖锐、表面平滑，表示此宝石硬度很高；扩散处理宝石的颜色分布不均，棱、角处的颜色较浓（见图4—18），在浸液中轮廓清楚（见图4—19）；箔衬与色衬是在宝石的亭部贴上一层锡箔或涂上一层颜色以改善宝石的亮度或颜色；涂层和镀膜是在宝石的表面涂（镀）上一层有色的膜以改善宝石的颜色。用放大镜仔细观察可发现各种处理的痕迹。箔衬和色衬通过观察亭部的涂层便可识别。表面涂层容易脱落（见图4—20）。

图4—16　蓝宝石的角状色带（生长纹）

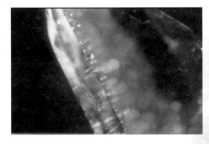

图4—17　拼合宝石的接合面、光泽和扁平气泡的层面

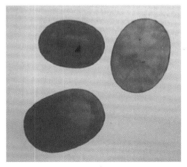

a）

b）

图4—18　扩散处理宝石颜色沿棱、角处富集

a）扩散处理红宝石　　b）扩散处理蓝宝石

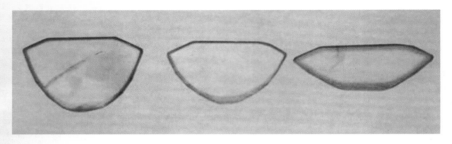

图 4—19 扩散处理蓝宝石中的扩散层

图 4—20 镀膜祖母绿表面涂层的脱落

学习单元 2 常规宝玉石鉴定仪器（二）

【学习目标】

掌握折射仪、二色镜、偏光镜、查尔斯滤色镜、紫外荧光灯及热导仪的结构、应用和使用方法

了解各仪器使用的注意事项

【知识要求】

一、折射仪

折射仪是重要的宝石鉴定仪器，折射仪可测得宝石的折射率、双折射率、轴性及正负光性。这些宝石的光学性质是检验宝石的重要鉴定材料。据此可以快速、准确有效地识别宝石。

1．结构及工作原理

（1）结构。折射仪外表为一金属盒，有盖可以开启。主要由五个部件构成，测试时需用辅助用品偏光片、折射率油（接触液）。五个部件为高折射率棱镜、反光镜、标尺、透镜和光源，如图4—21所示。

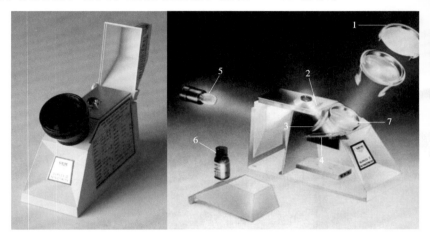

图4—21 折射仪（内标尺）的主要构成

1—偏光片 2—高折射率棱镜 3—标尺 4—反光镜

5—黄色单色光源 6—折射率油 7—透镜（目镜）

1）棱镜。棱镜是折射仪的主体，位于折射仪的中央。上部平整，构成测台，待测宝石置于棱镜测台之上。棱镜选择相对于待测宝石为光密介质，通常选用折射率高的单折射材料制作，常用的是铅玻璃（折射率为$1.86 \sim 1.96$）或合成立方氧化锆（折射率为2.15）。铅玻璃棱镜清晰度高，但硬度较低，易被待测宝石磨损；合成立方氧化锆棱镜清晰度稍差，但耐磨度好，它们各有利弊。

2）标尺。标尺置于棱镜和反射镜之间，标尺上标有折射率的刻度，用于读取折射率值。

3）反光镜。改变反射光的方向，便于人眼观察。

4）透镜。透镜起聚焦作用。

5）光源。在宝玉石学教科书上，提供的宝石的折射率值都是在单色光钠光（黄光）条件下测得的。因而，用于折射仪的光源要求为单色光，采用$589.5 \mathrm{~nm}$波长的黄光。

6）辅助件

①偏光片。测试时，全反射光的振动方向与偏光片的振动方向一致时，

可提高仪器的清晰度。

②折射率油（接触液）。折射率油（接触液）是测试待测宝石折射率的必需液体。置于棱镜测台上，保持待测宝石与棱镜的良好光学接触，以排除空气的影响。

折射率油（接触液）的折射率控制了待测样品折射率的范围。目前折射仪测试宝石折射率范围为 1.35～1.78。

（2）工作原理。折射仪依据折射定律和全反射原理制得。宝石为光疏介质，棱镜与接触液为光密介质。一束光线经棱镜射入宝石，当入射角小于宝石临界角时，光线折射进入宝石中；当入射角大于宝石临界角时，入射光线发生全反射，返回棱镜，穿过标尺，经反光镜，通过目镜，形成亮区；小于临界角的入射光线，折射入宝石中，未通过折射仪标尺，反光镜形成暗区，于是观察者见到了亮暗交界的阴影边界。折射仪的内标尺，经过校正，可据阴影边界位置，直接读出折射率值。工作原理如图4—22所示，上方为低值，下方为高值。

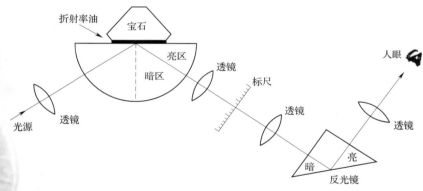

图4—22 折射仪工作原理示意图

2．应用

折射率仪用于测定宝石的光学性质，具体内容为：

（1）均质体或非均质体。

（2）折射率与双折射率

1）均质体与单一折射率。

2）非均质体与最大折射率、最小折射率。

3）非均质体与双折射率。

（3）非均质体

1）一轴晶或二轴晶。

2）一轴晶、二轴晶宝石的正负光性。

3．使用方法

（1）操作步骤

1）清洁测台。

2）清洁宝石，选平整的面置于测台旁金属台面上。

3）开启光源。

4）取一滴接触液滴于测台中央，一般液滴直径为 1～2 mm，观察液滴阴影边界在标尺上的位置，这是接触液的折射率值。

5）轻推宝石至测台液滴上。

6）眼睛靠近目镜观察阴影边界在标尺上的位置，记录读数；若边界不清晰，可加偏光片转动观察，直至边界清晰，记录读数。

7）转动宝石 360°，多次读数，获得多个位置的读数记录。

8）分析测得的折射率，选取最大值、最小值或不变值，判断宝石的轴性和光性。

（2）刻面型宝石折射率的测定。对于有一定琢型的宝石，都有平整刻面（见图 4—23），可用刻面法测定宝石的折射率。

图 4—23　刻面型宝石

操作时，选取宝石平整刻面置于测台上，眼睛紧靠目镜观察。

刻面法测定宝石的折射率，精度较高，读数取小数点后三位，第三位用目测估计，如 1.544、1.728 等（见图 4—24）。

1）单折射宝石折射率的测定。

现象：转动宝石 360°，视域内仅出现一条不动的阴影边界。转动偏光片，阴影边界也不跳动。

结论：仅一个折射率。宝石可能为均质体宝石（含等轴晶系、非晶质、多晶质宝石），如尖晶石 $n=1.718$。

2）双折射宝石折射率的测定。双折射宝石根据轴性分为一轴晶、二轴晶宝石。

①一轴晶宝石。

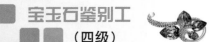

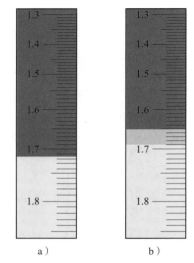

图4—24　折射仪（内标尺）刻面法读数方法示意图

a）均质体宝石，只有一个折射率读数为1.715

b）非均质体宝石，有两个折射率读数为1.650及1.690

现象：转动宝石360°，视域内出现两条阴影边界，一条边界始终不变，另一条边界跟着跳动。

结论：这是一轴晶宝石的特征。不变的边界读数为常光折射率，跳动的边界读数为非常光折射率。若常光折射率小于非常光折射率为一轴晶正光性；反之，若常光折射率大于非常光折射率为一轴晶负光性。常光折射率与非常光折射率差值为双折射率，如水晶（$N_e=1.553$、$N_o=1.544$）。

②二轴晶宝石。

现象：转动宝石360°，出现两条阴影边界，且随着宝石转动，两条阴影边界都发生变动。

结论：这是二轴晶宝石的特征。若折射率高的阴影边界移动幅度大于折射率低的阴影边界移动幅度，宝石为二轴晶正光性。反之，若折射率高的阴影边界移动幅度小于折射率低的阴影边界移动幅度，宝石为二轴晶负光性。

3）特殊情况

①现象：转动宝石360°，整个视域始终是暗区。

结论：表明宝石的折射率大于接触液的折射率（1.78）。记录时，可写">1.78"或写"不可测"。

②现象：转动宝石360°，视域内仅见一条阴影，并随着宝石转动而上下移动。

结论：该宝石为双折射宝石，一条折射率<1.78，另一条折射率>1.78，不可测，如菱锰矿（$N_e=1.58$、$N_o=1.84$）。

（3）弧面型宝石折射率的近似测定（点测法）。在宝石交易市场中，经常见到小刻面型、弧面琢型的宝石（见图4—25），这些宝石不能使用刻面型测定方法，只能使用弧面型测定方法，由于接触面仅是一个点，因而又称点测法。又由于观察时双目远视，又称远视法。

图 4—25　弧面型宝石

操作时，将宝石弧面下置于折射仪测台接触液滴上。取下偏光片，双目距离目镜 30 ～ 35 cm 处观察。见到标尺上一圆点（接触液滴影像），上下略微移动头部会见到如下现象：由标尺上方（低折射率）至下方（高折射率）圆形液滴影像点由灰暗逐渐变成明亮。找出渐变过程中上半圆灰暗、下半圆明亮的影像点，读数并记录。取小数点后第二位即获得该弧面型宝石的近似折射率，如图 4—26 所示。

4．使用注意事项

（1）每测定一个宝石后，应用镜头纸或酒精棉球擦拭棱镜，尤其注意清除接触液残留的晶体硫。

（2）测试时，只能滴小滴接触液，液量太多，会使宝石漂浮。接触液使用后，需马上盖紧瓶盖，防止翻倒。

（3）将宝石从金属台面平推至测台时，应用手指小心操作，不要使用宝石镊子，以免擦伤棱镜。

（4）观察时，视线需垂直目镜；点测法时，头部上下微动，距目镜距离始终保持不变。

（5）折射率读数的精确度，受多种因素制约，如宝石样品表面抛光品质、接触液滴的多少、

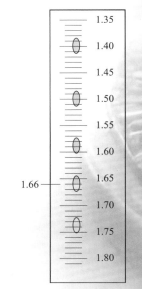

图 4—26　折射仪（内标尺）点测法读数方法示意图

折射仪标尺刻度位置的准确度等。在使用折射率数据时，需考虑到这些因素。

二、二色镜

二色镜是宝石鉴定中的小型、轻便仪器之一。主要用于鉴别透明、有色单晶宝石的多色性，根据这个特性，可以区分均质体与非均质体宝石。宝石鉴定中常用的是冰洲石二色镜（见图4—27）。

1. 结构与工作原理

（1）结构。冰洲石二色镜，外表形似圆筒状。内部分三个功能区，进光窗口区（小孔）、玻璃棱镜和冰洲石菱面体区、透镜及目镜成像区，如图4—28所示。

图4—27 冰洲石二色镜

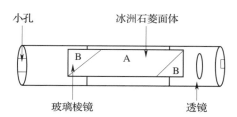

图4—28 冰洲石二色镜结构示意图

（2）工作原理。一束自然光进入非均质体透明宝石时，会分解成两束传播方向不同、振动方向相互垂直的偏振光，这两束偏振光经过玻璃棱镜和冰洲石菱面体后，再一次分解，通过透镜在目镜中并排成像，如图4—29所示。

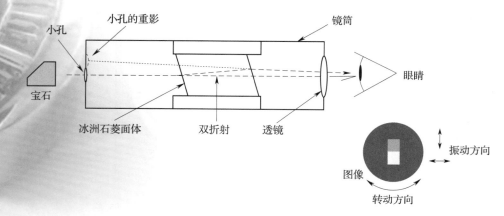

图4—29 冰洲石二色镜工作原理示意图

2．应用

（1）观察宝石的多色性。

（2）鉴定均质体宝石。

（3）鉴定非均质体宝石。当三色性出现，可定为二轴晶宝石。

3．操作步骤

（1）将宝石样品置于进光窗口（小孔）前，尽量靠近，保证进入二色镜的光为透射光。

（2）用强阳光或白炽灯光投射样品。

（3）眼睛贴近二色镜目镜，边观察边转动二色镜，注意两个视域颜色变化。

（4）转动宝石样品，从多个方向上观察。

（5）记录观察现象

1）转动宝石，目镜两个视域只见到一个颜色为单折射宝石（均质体宝石）。

2）转动宝石，目镜两个视域见到两种颜色为双折射宝石（非均质体宝石）。

3）转动宝石，目镜两个视域见到三种颜色为双折射二轴晶宝石。

4．二色镜下观察的现象及结论

（1）显多色性的是非均质体，其中显三色性的是二轴晶。

（2）多色性的强弱有时可以指示非均质性强弱。

（3）不显多色性的可能是均质体、非均质体的垂直光轴切面、无色宝石、集合体。

（4）二色镜的鉴定结论，常需结合偏光仪观察结果综合判定。

5．使用注意事项

（1）样品要求为透明至半透明、有色、单晶体宝石。颜色越深，多色性越明显；集合体无多色性，若为单矿物集合体有时也可能见到多色性。

（2）光源要求为白光，不能用单色光及偏振光。

（3）沿宝石光轴方向观察，宝石无多色性；沿宝石非光轴方向观察，当两束偏振光振动方向与冰洲石菱面体的振动方向一致时，多色性最为明显。

（4）宝石样品的颜色不均匀或具色带，会使两个视域出现不同颜色，注意分辨，这不是多色性。

（5）多色性的强弱与宝石的双折射率大小无关。

（6）二色镜判断宝石多色性，是一个辅助证据，需用其他检测仪器配合使用，获得综合判断结论。

三、偏光镜

偏光镜是宝石鉴定中的小型、轻便仪器之一。利用晶体光学中正交偏光原理，快速识别宝石的各向同性或各向异性性质，使用简单、方便。在水晶销售市场，商家往往用偏光镜鉴定来宣传自家商品是水晶，不是玻璃。

1．结构及工作原理

（1）结构。偏光镜外形及结构如图4—30所示，由上偏光片、下偏光片、载物台和光源组成，配有凸透镜及干涉球附件。

a）   b）

图4—30　偏光镜

a）偏光镜外观　b）偏光镜结构

1—分析镜（上偏光片），可旋转　2—干涉球

3—起偏镜（下偏光片），固定不动　4—光源

上下偏光片都是平面偏振光片，光线通过后得平面偏振光。

上偏光片位于偏光镜上端，可以360°转动，下偏光片位于载物台下方，固定不动。载物台为一玻璃转盘，宝石样品置于上面可以360°转动。

光源为普通白炽灯，位于下偏光片下方。

附件凸透镜为普通玻璃凸透镜，干涉球为一纯净玻璃球。

（2）工作原理（见图4—31）。当一束自然光通过下偏光片时，产生了平面偏振光（如E—W向），转动上偏光片，若上片与下片偏光方向平行（如E—W向），则来自下片的平面偏振光，通过上片，视域亮度达到最大，若上片与下片偏光方向垂直（如N—S向），则来自下片的平面偏振光全部被阻挡，视域亮度最暗，称之为消光，这个位置称消光位。若上片与下片偏光方向斜交，则来自下片的平面偏振光部分通过，视域亮度灰暗。

2．应用

偏光镜在宝石鉴定中的应用有三个方面：

（1）鉴别宝石光性，判断宝石是均质体、非均质体，还是多晶质体。

（2）加干涉球后，观察干涉图，鉴别非均质宝石轴性。

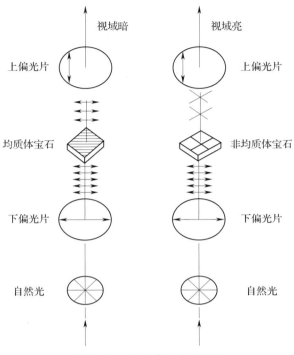

图 4—31 偏光镜工作原理图

（3）观察宝石多色性。

以上三个方面应用，以鉴别宝石光性最为常用。

3．操作步骤及现象解释

（1）鉴定光性

1）操作步骤

① 擦净载物台，清洁上、下偏光片和待测宝石样品。

② 打开光源，转动上偏光片，使视域达到最暗，即达消光位（见图 4—32）。

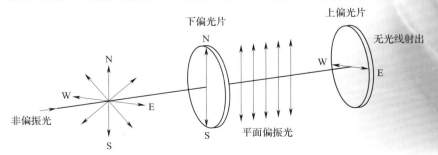

图 4—32 由正交位置偏光片产生的全消光

③将宝石样品置于载物台上，转动载物台360°，仔细观察样品明暗变化特点。

2）现象与结论

①现象：视域全暗。

结论：宝石样品为均质体。

来自下偏光片的平面偏振光（如 E－W 向）经过均质体宝石，仍为 E－W 向平面偏振光，向上到达上偏振片（S－N 向），光通不过，于是视域全暗。

②现象：四明四暗。

结论：宝石样品为非均质体。

来自下偏光片的平面偏振光（如 E－W 向），向上经过非均质体宝石后，被分解成振动方向互相垂直的两束偏振光。宝石样品旋转360°，当宝石振动方向与上下偏光片一致时，视域全暗；当宝石振动方向与上下偏光片不一致时，视域会变亮，位置相差45°时，视域达到最亮。宝石转动360°，共出现四次全暗、四次全亮现象，称之为四明四暗。

③现象：视域全亮。

结论：宝石样品为多晶质体。

多晶质体由许多小晶体排列而成，每个小晶体的振动方向是随机的，转动宝石时，总是存在某些小晶体振动方向与上下偏光片振动方向一致，同时其他一些小晶体振动方向与上下偏光片振动方向不一致的情况，因而有光通过，视域始终全亮。

④现象：异常消光，即视域出现不规则明暗变化，有时可见斑纹状、黑十字现象。

结论：宝石样品为均质体宝石，如钻石、铁铝榴石、琥珀、合成尖晶石等。这种现象是由于宝石受应力作用或类质同象替代物的影响，使宝石内部结构不匀造成的。

进一步确定是否异常消光，可采取如下操作：

a．旋转载物台，使样品达最亮位置。

b．转动上偏光片，使视域全亮（即上下偏光片振动方向一致），此时观察样品。

若样品全亮，则是均质体；若样品变暗或无变化，则是非均质体。

（2）鉴别非均质体宝石轴性

1）操作步骤

①清洁偏光镜和宝石样品。

②打开光源，转动上偏光片，使视域达到最暗，组成正交偏光系统。

③将宝石样品置于载物台上。

④将附加装置透镜或干涉球放于宝石与上偏光片之间。

⑤转动载物台，观察干涉图特征，鉴别非均质宝石轴性。

2）现象与结论。

正交偏光系统中，加入透镜或干涉球，使平面偏振光变成锥形偏振光。

当来自下偏光片的平面偏振光，经过非均质体宝石后，分解成两束振动方向互相垂直的偏振光，通过透镜或干涉球，两束偏振光产生了光程差，经上偏光片后发生了干涉作用，形成了黑臂或黑十字并伴有彩色色圈的干涉图。

下面介绍三种较为常见的干涉图。

①一轴晶垂直光轴干涉图（见图4—33）。

现象：一个黑十字伴有多层彩色色圈，黑十字由两条黑臂垂直交叉构成，黑臂中心部位较窄，边缘部位较宽。黑十字交点为光轴出露点，以交点为中心分布同心环状彩色层圈。转动宝石360°，干涉图像始终不变（见图4—35a）。

结论：宝石为一轴晶。

水晶典型干涉图为中空黑十字，即黑十字中央为空心，业内人士称为"牛眼干涉图"（见图4—34、图4—35b）。某些水晶双晶的干涉图在中心位置呈现四叶螺旋桨状的黑带，特别是某些紫晶（见图4—35c）。

图4—33　一轴晶干涉图　　　　图4—34　水晶的牛眼干涉图

　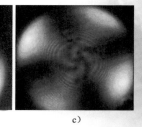

a)　　　　　　b)　　　　　　c)

图4—35　一轴晶干涉图

a）色圈与黑十字黑臂组合　b）牛眼状干涉图　c）螺旋桨状干涉图

②二轴晶垂直光轴锐角等分线（Bxa）干涉图（见图4—36）。

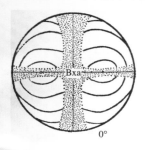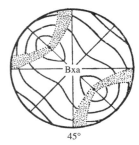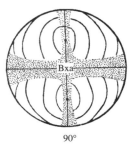

0°   45°   90°

图4—36 二轴晶垂直光轴锐角等分线（Bxa）干涉图

现象：一个黑十字，伴有"∞"字形干涉色圈组成，转动45°，黑十字分解成两个对称的弧形黑臂，干涉色圈环绕两个光轴出露点分布。转动宝石360°，出现四次合、分的情景。

结论：该图为典型的二轴晶垂直锐角等分线Bxa干涉图。

③二轴晶垂直单光轴干涉图（见图4—37）。

图4—37 二轴晶垂直单光轴干涉图

现象：一个弧形黑臂，伴有彩色光圈组成。黑臂弧凸处为光轴出露点。转动宝石，黑臂形态变化，始终在视域内（见图4—37和图4—38a）。

结论：该图为典型的二轴晶垂直单光轴干涉图。

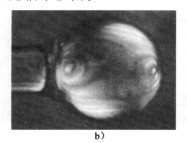

a）   b）

图4—38 二轴晶干涉图

a）单光轴出露 b）双光轴出露

转动宝石360°过程中，宝石出现黑十字（无色圈）、格子状或者斑块状消光和晕彩，称为异常消光（见图4—39），为异常双折射的宝石，如玻璃、石榴石、钻石等。这些宝石是单折射的，但是由于内应力等原因引起内部结构的不均一，产生这种异常双折射。

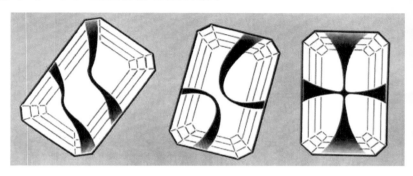

图4—39　宝石的异常双折射

（3）观察多色性

1）操作步骤

①清洁偏光镜及待测宝石。

②打开光源，转动上偏光片，使视域达到最亮。

③将宝石样品置于载物台上。

④转动载物台，观察宝石颜色变化。

2）现象和结论。

现象：视域全亮，上下偏光片振动方向一致。转动方向，见到宝石颜色变化。

结论：有两种颜色为二色性；有三种颜色为三色性。

偏光镜下见到的多色性，应配合二色镜做进一步确认。

4．使用注意事项

（1）样品要求为透明至半透明。观察干涉图样品必须透明。

（2）具有高折射率的宝石如钻石、合成碳化硅等，测试时将亭部小面与载物台接触。台面向下与载物台接触，会发生全反射，造成误读。

（3）多裂隙、多包裹体的宝石样品，由于光在宝石内传播，导致视域明暗变化不正常。

（4）具聚片双晶的样品、拼合石因不同部位消光不同，会出现视域全亮现象，注意判读。

（5）用偏光镜观察宝石多色性，应配合二色镜来确认。

（6）干涉图正确判读，需用偏光显微镜来进行。

四、查尔斯滤色镜

查尔斯滤色镜是宝石鉴定中常用的小型仪器，小巧、轻简、使用方便，主要用于绿色、蓝色宝石的鉴别。

1. 结构及工作原理

查尔斯滤色镜外观如图4—40所示。

（1）结构。两片彩色滤色片嵌入塑料套内，薄套可开启和关闭。

（2）工作原理。有色宝石的颜色是宝石对白光选择性吸收后的残余色，由不同波长色光混合而成。虽然不同宝石具有相似颜色，但其组成的单色光可能不同。

滤色镜对宝石有滤色作用，使某些色光过滤掉，达到白光下颜色相似的宝石在滤色镜下显示不同的颜色，从而区分它们。

查尔斯滤色镜由只允许深红光和黄绿光通过的滤色片组成（见图4—41），最早用于鉴别祖母绿。

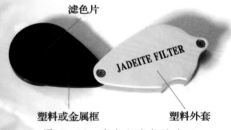

滤色片

塑料或金属框

塑料外套

图4—40 查尔斯滤色镜外观

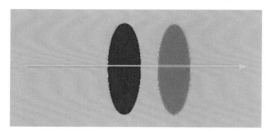

图4—41 只允许深红光和黄绿光通过的滤色片

同样都是绿色宝石，但仅哥伦比亚祖母绿在查尔斯滤色镜下显红色，所以可以快速鉴别祖母绿。后来，世界各地发现许多祖母绿在查尔斯滤色镜下不变红。因而失去了鉴别祖母绿的专有能力。

当前，在检测绿色、蓝色宝石方面仍有重要的指示意义。

2. 应用

当前，查尔斯滤色镜主要用于鉴别绿色、蓝色宝石。

（1）帮助鉴定宝石品种。如某些产地的天然祖母绿、东陵石、青金石、水钙铝榴石、翠榴石在滤色镜下变红。

（2）帮助区分某些天然与人工处理宝石。如绿色翡翠在滤色镜下不变红，染色翡翠在滤色镜下变红；由镍致色的绿玉髓不变红，染色玉髓在滤色镜下变红。

（3）帮助区分某些天然宝石与合成宝石。如天然蓝色尖晶石在滤色镜下不变红，合成蓝色尖晶石（Co致色）在滤色镜下变红。

3．操作步骤

查尔斯滤色镜使用方法如图 4—42 所示。

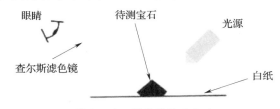

图 4—42　滤色镜使用方法

（1）打开光纤灯（白光）入射待测宝石。

（2）手持查尔斯滤色镜在宝石上方 30 ～ 40 cm 处贴近眼睛观察。

4．使用注意事项

（1）使用时，要求查尔斯滤色镜距宝石 30 ～ 40 cm 远，否则得不到观察效果。

（2）待测宝石颜色深时，需加大入射光的亮度。

（3）有些应在查尔斯滤色镜下变红的宝石，由于含有较多的 Fe 元素，红色不易显示，观察时需注意分辨。

（4）利用查尔斯滤色镜观察宝石仅作为辅助手段，还需同其他检测依据综合考虑使用。

五、紫外荧光灯

紫外荧光灯是一种重要的辅助性鉴定仪器，它发射一定波长的紫外光，观察宝石的发光效应，从而达到鉴定宝石的目的。

1．结构及工作原理

（1）结构（见图 4—43）。紫外荧光灯由长波（365 nm）紫外荧光灯管、短波（253.7 nm）紫外荧光灯管、黑色材料暗箱和观察窗组成。

（2）工作原理。某些宝石受紫外线照射会发出具特有波长的可见光——荧光。关闭辐射源后，有的宝石还会持续短暂发出可见光——磷光。

不同宝石品种发光效应不同（包括荧光颜色、荧光强度）（见图 4—44），不同的发光效应可作为鉴定宝石的参考依据。

2．应用

宝石的发光性可作为鉴定宝石的参考依据。可归纳为以下五个方面的应用。

（1）鉴定宝石品种。虽然某些宝石品种在颜色外观上较为接近，如红宝石与石榴石、蓝宝石与蓝锥矿，但它们之间的荧光特性有明显差异。

图 4—43　紫外荧光灯外观及结构

1—电源开关　2—短波紫外光开关　3—长波紫外光开关　4—观察窗

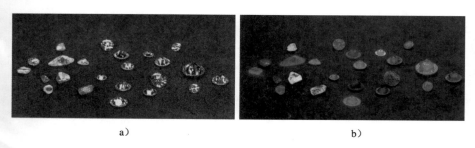

图 4—44　宝石的荧光颜色

a）宝石在常光下的颜色　b）宝石在紫外荧光下的颜色

（2）判别某些天然宝石和合成宝石。如大多数天然蓝宝石无荧光、维尔纳叶法合成蓝宝石有荧光。

（3）鉴别钻石和仿制品。钻石的荧光颜色、强度变化非常大。强度可呈强、中、弱、无（见图4—45），颜色可为蓝、绿、黄、粉红。有强蓝色荧光的钻石通常具有黄色磷光。在长波下合成立方氧化锆惰性或具有浅黄色荧光、人造钇铝榴石具有黄色荧光、人造钆镓榴石常为粉红色；在短波下合成无色尖晶石发蓝—白色荧光、无色合成刚玉弱蓝色荧光。因此，紫外灯对群镶钻石鉴别十分有用。若都为钻石，其荧光性绝不会均匀，而仿钻材料如群镶时则发出均一性的荧光。钻石的荧光特征也有助于区分天然钻石和合成钻石。

（4）判别人工优化处理宝石。某些拼合宝石的胶层发出与宝石整体不同的荧光，某些注油、注胶或玻璃充填物会发出荧光，某些 B 货翡翠也会发出蓝白色荧光；硝酸银处理的黑珍珠无荧光，而某些天然黑珍珠可发出荧光。

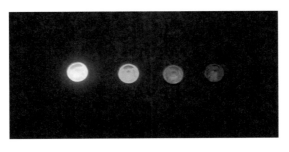

图 4—45　宝石的荧光强度

（5）判别某些宝石产地。如斯里兰卡产的黄色蓝宝石在紫外光下发黄色荧光，而澳大利亚产的则无荧光。

常见天然宝石的荧光色见表 4—2。

表 4—2　　　　　　　　　　　常见天然宝石的荧光色

宝石		长波紫外光荧光色	短波紫外光荧光色	其他
钻石		蓝、橙、黄、紫、绿	蓝、橙、黄、紫、绿	可有磷光
红宝石		红	红	
红色尖晶石		红、橙	红、橙（弱）	
祖母绿（某些）		弱，橙红、红	弱，橙红、红	
变石		红	红	
欧泊	黑、白体色欧泊	无－中等，白、浅蓝、绿、黄		可有磷光
	其他体色欧泊	无－强，绿、黄绿		
	火欧泊	无－中等，绿褐色		
黄、粉色托帕石		橙、黄	/	
月光石		蓝、粉红	/	
锆石		黄	黄	
琥珀		弱－强，黄绿色至橙黄、白色、蓝白、蓝		

3．操作步骤

（1）清洁样品。

（2）将样品置于暗箱内。

（3）打开总电源。

（4）按长波电源开关，稍等片刻观察。

（5）按短波电源开关，稍等片刻观察。

（6）关闭电源后观察（观察具磷光效应宝石）。

4.使用注意事项

（1）短波紫外光对人体有伤害，避免手、眼被照射。观察时，关闭玻璃挡板，取、放样品需关闭紫外灯电源。

（2）样品需在黑背景暗箱内观察。

（3）宝石的荧光色与宝石的体色不一定相同。

（4）定时检查紫外灯管。

（5）打开紫外灯管电源开关后，需稍等片刻，等待紫外灯发射。

（6）样品的荧光应该是发自内部，而且是整体性的，不要将荧光灯管的投射光或样品表面的反射光误认为是样品的荧光。

（7）宝石发光性仅是宝石鉴定的一种辅助手段，需配合其他检测方法综合考虑。

六、热导仪

热导仪是宝石检测中最常用的小型检测仪器之一，主要用于鉴别钻石及其仿制品。该仪器操作方法简便，在当前钻石销售市场中得到了广泛应用。

1.结构及工作原理

热导仪外形似矩形小盒，端处有一测量指针，用于接触待测钻石，如图4—46所示。

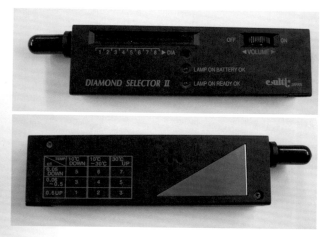

图4—46　热导仪的外观

（1）结构。热导仪结构十分简单，由热探针、放大器、读数表（或指示器）及电源等组成（见图4—47）。

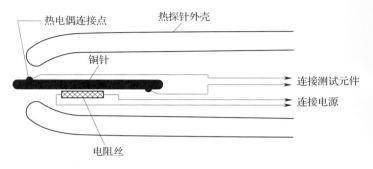

图4—47　热导仪的结构

（2）工作原理。钻石的热能，在室温条件下，主要通过传导进行传递。不同珠宝玉石传导热的性能不同。因此，测定热导率或相对热导率可鉴别宝石。钻石具有极高的导热性能，其热导率高于银、铜、金、铝、铂等金属元素。热导仪正是根据钻石的高热导率的性能而设计的专用于鉴定钻石的测试仪器。

2．应用

（1）鉴别钻石与合成立方氧化锆、无色蓝宝石、无色水晶等仿钻品。

（2）蓝宝石的热导率为 34.92 W／（m·K）（C 轴方向），高于其他宝石，为鉴别蓝宝石提供辅助参数。

3．使用方法

（1）清洁待测样品，尤其是样品上的油垢。

（2）取下探针套，打开热导仪开关，预热20 s。有些设备可观察预热指示灯是否已点亮。

（3）按样品规格大小，调节指示器挡。

（4）手握热导仪，手指接触背部的金属板，将探针垂直接触样品台面，并轻轻用力。

（5）观察指示器反应（升挡及蜂鸣声）。

（6）测试完成，关闭电源，套上探针套。

4．使用注意事项

（1）保护探针，用完立即套上探针套。定期清洁探针。

（2）电池电量不足，影响测试正确性。长时期不使用，需取出电池。

（3）待测宝石需清洁，尤其是应将油垢洗净。

（4）测试小宝石时，需调高指示器挡。

（5）探针垂直，与台面接触。

【技能要求】

一、折射仪的使用

1．大刻面宝石折射率的测定

（1）测定步骤

1）清洁宝石及折射仪棱镜。

2）检查仪器、光源及视域清晰程度。

3）在棱镜中央滴一小滴接触液。

4）将宝石刻面向下放置在棱镜的接触液上。

5）转动宝石360°，观察阴影边界的数量及变化情况（见图4—48），分别记录最大和最小折射率数值，读数至小数点后第三位。

（2）测定现象解释

1）单阴影边界（见图4—49a）：单折射宝石、等轴晶系及非晶质的玻璃、塑料等。

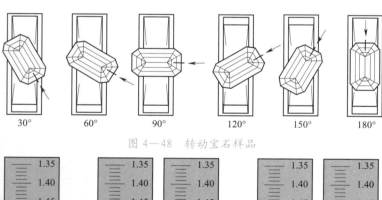

图4—48 转动宝石样品

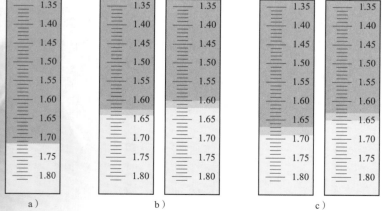

图4—49 折射仪（内标尺）刻面法读数方法示意图

a）单折射宝石折射率读数 b）一轴晶宝石的折射率读数 c）二轴晶宝石的折射率读数

2）无阴影边界：宝石的折射率数值超出折射仪，造成负读数。

3）双阴影边界（见图4—49b、c）

①两条均不动的阴影边界：一轴晶宝石。

②一条移动、一条不动的阴影边界：一轴晶宝石及二轴晶宝石的特殊切面。

③两条都移动的阴影边界：二轴晶宝石。

2．小刻面宝石、弧面型宝玉石折射率的测定

（1）测定步骤

1）清洁宝石及折射仪棱镜。

2）检查仪器、光源及视域清晰程度。

3）在棱镜中央滴一小滴接触液，观察接触液的折射率值，并将弧面型宝石放置在棱镜上。

4）眼睛距离目镜约30 cm处观察标尺上出现的椭圆（圆）形的阴影图案。

5）上下移动眼睛，观察椭圆（圆）形的阴影图案的亮度变化。

（2）测定现象解释

1）阴影图案全暗则待测宝玉石折射率高（见图4—50a）。

2）阴影图案全亮则待测宝玉石折射率低（见图4—50b）。

3）阴影图案出现半明半暗时，其明暗分界线所对应的刻度值为待测宝玉石的近似折射率（见图4—50c）。

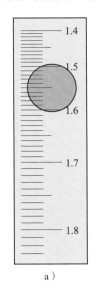

a）　　　　　　　　　b）　　　　　　　　　c）

图4—50　折射仪（内标尺）点测法读数方法示意图

a）待测宝玉石折射率高　　b）待测宝玉石折射率低　　c）待测宝玉石的近似折射率为1.68

二、利用二色镜测定宝石的多色性

（1）用镊子夹着或左手直接拿着宝石，右手持二色镜，使白光（可为强的阳光或灯光）透射宝石。

（2）眼睛和宝石都要靠近二色镜两端，其间距应为 2 ~ 5 mm。

（3）边观察边转动二色镜。

（4）若二色镜的两个窗口出现颜色差异，将二色镜转动180°。若两窗口颜色互换，则表明宝石有多色性。

（5）为了避开宝石的特殊方向（此方向无多色性），对每个宝石至少应从三个方向去观测，若呈现两种颜色，说明该宝石有二色性，若呈现三种颜色，则该宝石有三色性。

二色镜观察宝石的操作方法如图4—51所示，用二色镜观察宝石多色性的图解如图4—52所示。

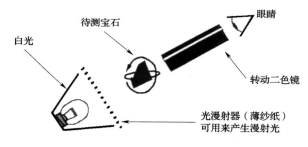

图4—51　二色镜观察宝石的操作方法

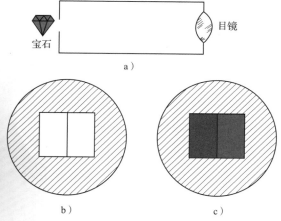

图4—52　用二色镜观察宝石多色性的图解

a）二色镜外观　b）小孔前无宝石时视野中现象　c）小孔前有宝石（红宝石）时视野中现象

三、利用偏光镜测定宝玉石的光性

1．操作步骤

（1）清洗待测宝石，接通电源，打开开关，转动上偏光镜，使视域黑暗即处于消光位。

（2）将宝石（透明或半透明、少包裹体及漫反射）放在下偏光片上方的玻璃载物台上。

（3）转动宝石360°，观察宝石的明暗变化情况。

2．观察现象及结论

（1）均质体：任意转动宝石，视域全暗（全消光）。

（2）非均质体：转动360°，四明四暗（四次消光）。

（3）多晶质宝石：转动360°，视域始终明亮。

（4）特殊现象

1）异常干涉色：某些均质体宝石（石榴石、尖晶石等）在正交偏光镜下，随着宝石转动视域出现明暗不均。与非均质体的区别是：将宝石转到最亮，再将上、下偏光片平行，若宝石更亮，则为异常干涉，属均质体；若不变或变暗，则属非均质体。

2）全暗假象：有些高折射率宝石如钻石、锆石、合成立方氧化锆（CZ）等，若切工良好，台面向下放置时几乎没有光线能够穿过，无论宝石是均质体或非均质体，均呈全暗的假象。

3）某些透明单晶宝石有较多的明显裂隙或包裹体时，会影响光的传播，从而难以准确判断。

四、利用滤色镜对宝玉石进行鉴定

1．操作步骤

（1）清洁样品。

（2）将样品放在黑色板上（不反光或不影响观察的背景上）。

（3）光源用白光、强光，并且需靠近样品照射。

（4）手持滤色镜尽量靠近眼睛，在滤色镜距离样品约30 cm处观察。

2．应用

（1）鉴定合成蓝尖晶石、蓝色玻璃、合成蓝色水晶，三者均由钴致色，故在查尔斯滤色镜下呈艳红色（见图4—53）。而其他蓝色宝石颜色无明显变化，如蓝宝石呈浅蓝或灰蓝色，海蓝宝石无反应，蓝黄玉（托帕石）呈灰蓝或泛红色。

图4—53 用查尔斯滤色镜观察钴致色的蓝玻璃样品

a）钴致色的蓝玻璃样品 b）在查尔斯滤色镜下样品变为红色

（2）鉴定绿色玉髓。铬致色的绿玉髓查尔斯滤色镜下变红，而镍致色的绿色澳玉在查尔斯滤色镜下不变色。

（3）鉴定染色绿色翡翠。铬盐染色的在查尔斯滤色镜下变红，而有机染料染色的不变色。

（4）鉴定其他相似宝石。如绿色翡翠在查尔斯滤色镜下不变色，而绿色水钙铝榴石在查尔斯滤色镜下变红（见图4—54）。在查尔斯滤色镜下呈亮红色，则为合成祖母绿的可能性极大。某些绿色锆石、翠榴石在查尔斯滤色镜下呈粉红色。红宝石、红色尖晶石在查尔斯滤色镜下呈红色，而石榴石呈灰黑色。

图4—54 用查尔斯滤色镜观察水钙铝榴石样品

a）水钙铝榴石样品 b）在查尔斯滤色镜下样品绿色部分变为紫红色

五、利用紫外荧光灯测定宝玉石的发光特征

1. 操作方法

（1）将待测宝石置于紫外灯下。

（2）打开光源，选择长波（LW）紫外光或短波（SW）紫外光，观察宝石的发光性。

若有荧光，宝石则整体发光。

根据荧光强弱常分为强、中、弱、无。

若宝石局部发光，则可能为内含物、后期充填物所致，如青金岩中的方解石，充填处理翡翠中的胶。

（3）关掉紫外灯后，宝石仍继续发光则有磷光。

2. 应用

（1）帮助鉴定宝石品种。虽然某些宝石品种在颜色外观上较为接近，如红宝石与石榴石、蓝宝石与蓝锥矿，但它们之间的荧光特性有明显差异。钻石在长波紫外光下可见荧光（见图4—55）。

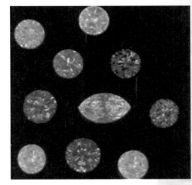

图4—55 钻石在长波紫外光下的荧光

（2）帮助区别某些天然宝石与合成宝石。如大多数天然蓝宝石无荧光，维尔纳叶法合成蓝宝石有荧光。天然宝石中或多或少含一些Fe，在紫外灯下荧光不如合成品鲜亮。无色蓝宝石可有红至橙色荧光，而合成无色蓝宝石可有蓝白色荧光。无色尖晶石无荧光，而合成无色尖晶石有蓝绿、蓝白色荧光。

（3）帮助区分某些天然宝石与人工处理宝石。如翡翠有荧光则整体发光，某些酸处理翡翠有胶充填时，充填物胶有荧光；某些拼合宝石的胶层会发出荧光；硝酸银处理的黑珍珠无荧光，而某些天然黑珍珠可发出荧光。

（4）帮助判别某些宝石的产地。如斯里兰卡产的黄色蓝宝石在紫外光下发黄色荧光，而澳大利亚产的则无荧光。

（5）帮助鉴别钻石及仿制品。钻石的荧光颜色、强度变化非常大，颜色可为蓝绿、黄、粉红，有强蓝色荧光的钻石通常具有黄色磷光。在长波紫外光下，常见仿制品如合成立方氧化锆呈惰性或浅黄色荧光、人造钇铝榴石呈黄色荧光、人造钆镓榴石常为粉红色；在短波紫外光下合成无色尖晶石发蓝—白色荧光、无色合成蓝宝石发弱蓝色荧光。因此，紫外灯对群镶钻石鉴别（见图4—56）十分有用。

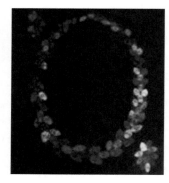

图4—56　群镶钻石的紫外荧光

六、热导仪鉴别钻石与仿制品（合成碳硅石除外）

1. 操作步骤

（1）在室温下测试，待测宝石必须干净、干燥。

（2）打开热导仪开关，预热探针。打开开关后一个红灯亮起，另一个红灯亮起时，仪器预热完成。

（3）手持仪器，两手指捏住背部金属板（见图4—57a）。

（4）用探针垂直宝石刻面测试，探针不能接触金属托，否则会发出报警声。

（5）施加一定的压力，据升挡及蜂鸣声判断（见图4—57b）。

（6）测试完毕，关掉电源，用镜头纸擦拭探针，装上防护罩。

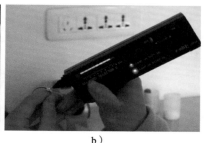

a）　　　　　　　　　　　　　　　b）

图4—57　用热导仪测试钻石样品

a）两手指捏住背部金属板　b）施加一定压力

2. 结果判定

（1）显示器缓慢升高一挡无反应，或无蜂鸣声，则待测宝石不是钻石。

（2）显示器迅速升至满挡，同时伴有拉长的"嘟——嘟——"蜂鸣声，则待测宝石为钻石。

（3）显示器挡位迅速升高，同时伴有短促的"嘟！嘟！"蜂鸣声，则为探针误触了金属托。当待测宝石饰品为群镶宝石时，极易出现这种现象。应仔细分辨，以免造成误判。

学习单元 3　电子天平与密度测定

【学习目标】

掌握电子天平称量的方法、相对密度测定的原理及方法

【知识要求】

一、电子天平

电子天平是宝玉石检测中最常用的仪器之一，如图 4—58 所示。宝玉石检测用的电子天平是以电磁力或电磁力矩平衡原理进行称量的天平。其称量准确可靠，显示快速清晰，并具有自动检测系统。在珠宝交易市场得到了广泛应用。

图 4—58　电子天平的外观及结构

1—数显屏　2—玻璃移门　3—称重托盘　4—烧杯　5—称重吊篮

6—悬丝　7—蒸馏水　8—支架

1．类型

电子天平按精度大致可分为三类：

（1）超微量、微量电子天平。精度 0.001 mg。

（2）分析天平。精度 0.1 mg、0.01 mg。

（3）精密天平。精度 1 mg。

在目前珠宝市场上，金、银、铂等贵金属饰品及首饰称量使用精度 1 mg 的天平（俗称 1/1 000 天平），钻石、宝石称量使用精度 0.1 mg 的天平（俗称 1/10 000 天平）。

2．应用

宝玉石检测中，电子天平主要应用在两个方面：

（1）称量。称量宝玉石、宝玉石饰品的质量。

（2）相对密度测定。

3．注意事项

（1）电子天平安置在防震水平实验台上，使用前，水平水泡需调至居中位置。

（2）电源开启后，进行自动校准。

（3）称量宝玉石时，需使用镊子（宝石）或手套（玉石）。

（4）每次称量后，待显示数值归零，作为称量结束。

（5）称量时，需关闭电子天平左、右移门。

（6）熟悉所用天平的最大称量，小于最大称量的宝玉石才能放上天平称量。

二、密度测定

宝玉石密度是宝玉石检测中重要的参数和物理量。它可以缩小检测靶区范围，提高检测识别速度。

在日常检测中，常使用电子天平（附密度装置）用静水称重法测量宝玉石的相对密度。而使用重液法测量宝玉石的近似密度范围的检测，常用在珠宝检测培训课程中，近年来，考虑到重液具有毒性，已经很少使用这个方法。

1．静水称重法

静水称重法是以水作为液体测量宝玉石的相对密度的方法。

（1）原理。相对密度是指在 4 摄氏度（℃）和 1 个标准大气压条件下，单位体积的宝玉石的质量与等体积水的质量的比值。

宝玉石的相对密度与宝玉石的密度在数值上相等。

可以这样来认识，当宝玉石的体积为 1 cm^3 时，4℃水的密度为 1.000 0 g/cm^3，宝玉石的质量就是它的密度值。

两千年前，古希腊学者阿基米德发现了一个原理：物体浸入液体中，所受到的浮力等于其所排开液体的质量，这就是著名的阿基米德原理。

将宝石浸入液体中，宝石在液体中所排开的液体的质量等于宝石在液体中所受到的浮力，即

$$浮力 = 宝石在空气中的质量 - 宝石在液体中的质量$$

宝石在液体中所排开的液体的质量 = 宝石在空气中的质量 - 宝石在液体中的质量

在测试中，需考虑液体的密度随温度的变化情况。设宝石在空气中的质量为 w_1，宝石在液体中的质量为 w_2，测试温度下液体的相对密度为 ρ，则相对密度 D 为

$$D = \frac{w_1}{w_1 - w_2} \times \rho \qquad (4\text{—}1)$$

一般情况下，用水测宝石相对密度。水在不同温度下的密度值见表 4—3。用水测宝石相对密度时，由于在不同温度下水的密度值相差不到 0.01 g/cm³，因而，温度的影响可忽略不计。式（4—1）可简化为

$$D = \frac{w_1}{w_1 - w_2} \qquad (4\text{—}2)$$

当待测样品体积较小时，由于它在水中所排开的水的质量很小，计算出的相对密度误差较大，因此常用四氯化碳重液替代水进行测试。四氯化碳重液密度随温度的变化情况见表 4—3。此时，使用的计算公式为式（4—1）。

表 4—3　　　　　　　　　　水、四氯化碳在不同温度下的密度值

水（H_2O）		四氯化碳（CCl_4）	
温度（℃）	密度（g/cm³）	温度（℃）	密度（g/cm³）
4	1.000 0	7	1.630
10	0.999 7	13	1.610
15	0.999 1	17	1.599
20	0.998 2	22	1.589
25	0.997 1	25	1.579
30	0.995 7	32	1.569
		35	1.559
		37	1.549

（2）测试方法

1）静水称重法测试装置。用静水称重法测试宝石相对密度的装置。

2）测试方法。

①清洁宝石。

②在天平上配置测相对密度的装置。

③称量宝石在空气中的质量。

④称量宝石在水中的质量。

⑤根据式（4—2），计算宝石相对密度。

（3）影响测试精度的因素

1）电子天平的测量精度。精度为 0.1 mg 的天平高于精度为 1 mg 的天平。

2）宝石的大小。宝石越大，测量精度越高。通常 1 ct 及以上宝石适宜测量，＜0.3 ct 的宝石不适宜测量。

3）水表面张力和气泡。水表面张力及宝石与网兜上气泡都会影响宝石在水中质量的大小。

在水中加一两滴清洁剂或用四氯化碳重液替代水，可减少表面张力。将水烧开后冷却，可减少气泡的产生。

4）多孔、多裂隙的材质和镂空的雕件。多孔、多裂隙的材质及镂空的雕件，内部的空气不能排净，影响了材质和雕件在水中质量的测定，测得结果常常产生较大的偏差。

（4）注意事项

1）用于测密度的配件需正确装置，烧杯台、烧杯不能同支架相碰，以免影响天平读数。

2）操作时，使用镊子夹住宝石轻轻放入盘中或宝石兜中，切忌将宝石扔入宝石兜内。

3）每次称量后，需待显示数值归零。

4）操作要细心，动作宜轻柔。

2．重液法

重液法是利用不同密度的重液与宝石的密度相比较的方法。

（1）原理。根据阿基米德原理，宝石浸入重液中排开的重液的质量有三种情况：

1）宝石密度＞重液密度。宝石的质量大于所排开重液的质量（即浮力），宝石在重液中下沉。

2）宝石密度＝重液密度。宝石的质量等于所排开重液的质量（即浮力），宝石在重液中悬浮。

3）宝石密度＜重液密度。宝石的质量小于所排开重液的质量（即浮力），宝石在重液中漂浮。

将一待测宝石置于已知密度重液中，根据宝石表现状态，可了解宝石密度的近似值或大致范围。

（2）常用重液。重液是化学试剂，油质感强，密度较大，在测定宝石相对密度时，称之为重液。常用重液的种类及特点见表4—4。

表 4—4　　　　　　　　　　常用重液的种类及特点

名称	成分	折射率	密度（g/cm³）	特点
一溴化萘	$C_{10}H_7Br$	1.66	1.47	无色，毒性与腐蚀性小
三溴甲烷	$CHBr_3$	1.59	2.89	无色至浅黄色，毒性与腐蚀性小，具挥发性，受光和热析出溴，颜色变暗
二碘甲烷	CH_2I_2	1.74	3.32	浅黄色，有一定毒性和腐蚀性；具中等挥发性，受光和热析出碘，颜色变暗
克氏液	镉钨酸硼水溶液		3.28	无色，有较大毒性，用蒸馏水可配制密度＜3.28 g/cm³ 各种重液

重液法测试宝石相对密度的常用重液有四种：二碘甲烷（密度为 3.32 g/cm³）、稀释二碘甲烷（密度为 3.05 g/cm³）、三溴甲烷（密度为 2.89 g/cm³）、稀释三溴甲烷（密度为 2.65 g/cm³）。

稀释的二碘甲烷、稀释的三溴甲烷由宝石实验室自己配制。

配制公式为：

$$\rho V = \rho_1 V_1 + \rho_2 V_2 \tag{4—3}$$

$$V = V_1 + V_2 \tag{4—4}$$

联用式（4—3）和式（4—4）得：

$$V_1 = \frac{(\rho - \rho_2)\ V}{\rho_1 - \rho_2} \tag{4—5}$$

$$V_2 = \frac{(\rho_1 - \rho)\ V}{\rho_1 - \rho_2} \tag{4—6}$$

式中　ρ——配制重液的密度值；

ρ_1、ρ_2——两种已知重液的密度值；

V——配制重液的体积；

V_1、V_2——两种已知重液的体积。

配制稀释的二碘甲烷重液，可用粉色碧玺（密度为 3.06 g/cm³）来测试；配制稀释的三溴甲烷重液，可用水晶（密度为 2.65 g/cm³）测试。

（3）测试方法（见图4—59）

1）将密度为 3.32 g/cm³、3.05 g/cm³、2.65 g/cm³ 三种重液分别装入无色透明广口小玻璃瓶中。

图4—59　重液法测定宝石相对密度示意图

a）宝石的相对密度小于重液　b）宝石的相对密度与重液相同　c）宝石的相对密度大于重液

2）每种重液配一把镊子、一块擦布及一杯清水。

3）用镊子夹住待测宝石慢慢地浸入重液中，松开镊子，眼睛平视观察待测宝石的状态。

4）用镊子夹住宝石，从重液中取出，再在清水杯中漂洗，用擦布擦净。根据沉浮情况，再决定是否放入下一重液瓶中。

（4）注意事项

1）重液有一定毒性和腐蚀性，需在通风环境中使用。

2）重液易挥发和变质，用完后，需装入棕色瓶中，盖紧瓶盖保存。

3）测试时，先将样品置入密度最大的重液中，观察其沉浮趋势，再选择下一步操作。

4）多孔、多隙宝石不宜使用重液法测试。

【技能要求】

用静水力学法测定宝玉石相对密度

步骤1　打开电子密度天平的电源开关；将蒸馏水注入烧杯中（2/3杯），正确放置称重吊篮（完全浸没）；调节仪器至正常状态（水平调节、天平归零、称重吊篮保持垂直）（见图4—60）。

步骤2　清洗待测宝石样品并擦干，用镊子夹住样品放到称重托盘上，称量样品在空气中的质量，并记下读数（见图4—61）。

步骤3　用镊子夹起样品，此时天平应自动恢复到零位，然后将样品放在水中的称重

图4—60　安装好测定密度装置，调节天平至正常状态

吊篮中，确保样品被完全浸没，且所有的气泡均被排除。称取样品在水中的质量，并记下读数（见图4—62）。

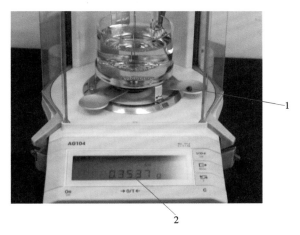

图4—61 宝石在空气中的质量的称量

1—放在称重盘上的宝石 2—宝石在空气中的质量称量值

图4—62 宝石在水中的质量的称量

1—放在称重吊篮中的宝石 2—宝石在水中的质量称量值

步骤4 用样品在空气中的质量（w_1）除以样品在空气中的质量（w_1）与样品在水中的质量（w_2）的差，便得出样品的相对密度值（D），即

$$D = \frac{w_1}{w_1 - w_2}$$

第2节　大型仪器——傅里叶变换红外光谱仪在宝玉石鉴定中的应用

【学习目标】

了解红外光区的分类

了解傅里叶变换红外光谱仪的基本构成、透射法及反射法的测定方法

了解红外光谱在宝玉石鉴定中的应用

【知识要求】

一、红外光区的分类

在电磁波图谱上，红外光区位于可见光和微波区之间，波长范围为 $0.78 \sim 1\,000$ μm，波数范围为 $12\,820 \sim 10$ cm^{-1}。

整个红外光区可划分为三类：

1. 近红外光区

波长范围：$0.78 \sim 2.5$ μm。

波数范围：$12\,820 \sim 4\,000$ cm^{-1}。

该区吸收带主要由低能电子跃迁、含氢原子团（O—H、N—H、C—H）伸缩振动的倍频吸收所致。如绿柱石中 OH 的基频伸缩振动在 $3\,650$ cm^{-1} 处、伸缩／弯曲合频振动在 $5\,250$ cm^{-1} 处，一级倍频振动在 $7\,210$ cm^{-1} 处。

2. 中红外光区

波长范围：$2.5 \sim 25$ μm。

波数范围：$4\,000 \sim 400$ cm^{-1}。

该区吸收带主要由基频振动引起。基频振动是红外光谱中吸收最强的振动类型，绝大多数的宝玉石的基频振动出现在区内，最适宜对宝玉石进行红外光谱的定性、定量分析。

本区进一步可分为两个亚区：

（1）$4\,000 \sim 1\,500$ cm^{-1} 区，称为基频振动区或官能团区。

红外吸收谱带主要由伸缩振动产生，包括含有氢原子的单键、各种三键和双键的伸缩振动的基频峰。

（2）$1\,500 \sim 400$ cm^{-1} 区，称为宝石矿物指纹区。

红外吸收谱带包含各种单键的伸缩振动及多数基团的变角振动。振动与整个分子结构有关，可以通过特定图谱识别特定的分子结构。

3. 远红外光区

波长范围：25 ~ 1 000 μm。

波数范围：400 ~ 10 cm^{-1}。

红外吸收谱带主要由气体分子中的纯转动跃迁、振动—转动跃迁、液体和固体中重原子的伸缩振动、某些变角振动、晶体中的晶格振动引起，很少在宝石学中应用。

测试红外光谱的仪器称为红外分光光度计。根据分光原理，红外分光光度计可以分为两类：

（1）色散型红外分光光度计。依据光的折射和衍射，采用色散元件（棱镜或光栅）进行分光。仪器巨大，扫描速度慢，灵敏度和分辨率低。

（2）干涉型红外分光光度计（傅里叶变换红外分光光度计）。基于光相干性原理，采用干涉仪进行分光，用计算机将光源的干涉图转换成光源的光谱图。仪器小型、操作简便、扫描速度快、灵敏度高、信号清晰，适合与其他仪器联用。目前在宝玉石检测及研究中，主要采用傅里叶变换红外光谱仪（见图4—63）。

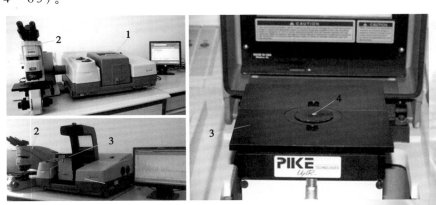

图4—63 傅里叶变换红外光谱仪

1—主机 2—红外显微镜 3—漫反射配件 4—宝石

二、测定方法

宝玉石的红外测试方法有透射法和反射法两类。

1. 透射法

透射法根据样品制备特点，进一步分为粉末压片法和直接透射法两类。

（1）粉末压片法。本方法是经典的测试方法，方法成熟而且已经积累了大量的宝石矿物红外图谱，便于鉴定使用。

具体方法：从宝石矿物上取下有代表性的少许粉末样品，研磨成 2 μm以下的粒径，用溴化钾晶体以 1∶100 ～ 1∶200 的比例与宝石样品混合均匀并压制成粉末薄片。在红外分光光度计上透射测定。本方法需要采集样品，有小的破坏性，因而适宜对宝玉石原石、半成品、大型雕件进行定性鉴定。

（2）直接透射法。将宝玉石样品直接置于测试台上进行测定。本方法系无损鉴定，可对宝玉石样品直接鉴定。厚度大（＞ 1 cm）、不透明、圆珠形样品由于红外光不易透过，所以难以获得红外图谱。

2．反射法

反射法系使用红外分光光度计附件进行测试的方法。附件有镜反射、漫反射、衰减全反射及红外显微镜反射装置等。反射法属无损鉴定，针对不同的附件，对宝玉石样品表面有一定的测试要求。如镜反射装置要求表面平整；漫反射装置允许有一定的弧度等。反射法测试方便、简捷。目前宝石学界正在逐渐积累宝石矿物反射红外图谱，展现了可喜的应用前景。

三、红外光谱在宝玉石鉴定中的应用

随着科技水平的飞速发展，新的合成和优化处理宝石与天然宝石之间的差别日趋缩小，传统的常规宝石鉴定仪器已满足不了现今珠宝鉴定的要求。使得红外光谱在宝玉石鉴定中的应用日趋广泛，它主要可用于：

（1）鉴别宝石类别、确定宝石种属（见图 4—64）。

（2）研究宝石中的微量元素，判断宝石中的基团，研究宝石成因条件及找矿标志。

（3）区分天然与合成宝石（见图 4—65）。

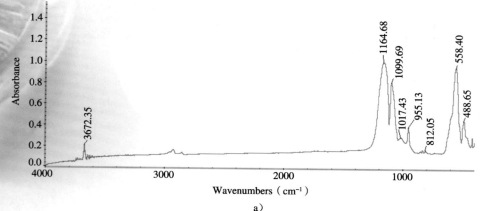

a）

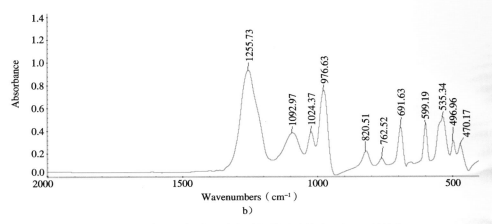

图 4—64　宝玉石红外吸收光谱组图（反射法，经 KK 转换）

a）叶蜡石　b）海蓝宝石

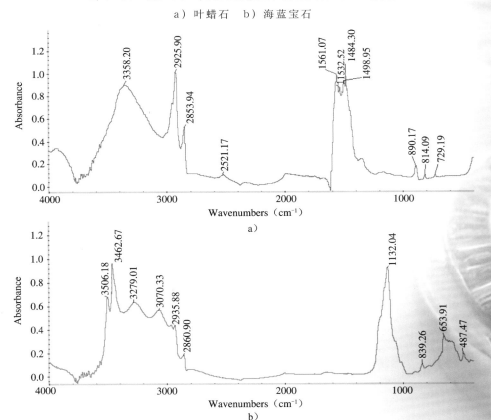

图 4—65　天然、合成宝玉石红外吸收光谱组图（反射法，经 KK 转换）

a）吉尔森合成绿松石　b）绿松石

（4）鉴别翡翠、祖母绿、绿松石、碧玺等宝玉石的注胶处理品（准确地识别出宝玉石是否含有人工充填的有机质）（见图4—66）。

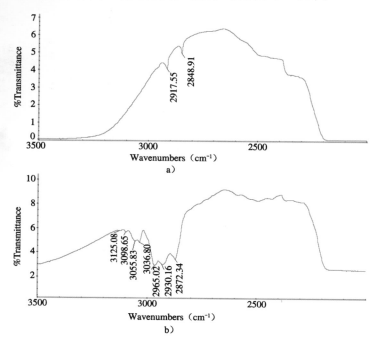

图4—66　天然宝玉石及充填处理宝玉石红外光谱组图（透射法）

a）翡翠　b）充填处理翡翠

（5）钻石的类型划分（钻石中N不同的浓度和集合体具有不同的红外光谱特征，不仅可分辨Ⅰ型和Ⅱ型，还能区分ⅠaA、ⅠaB、Ⅱa和Ⅱb等亚型）（见图4—67）等。

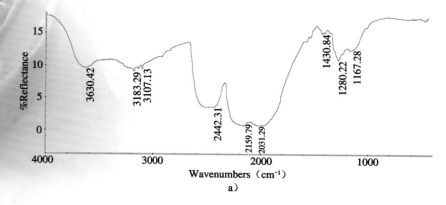

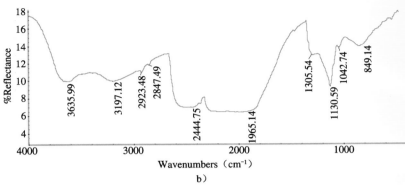

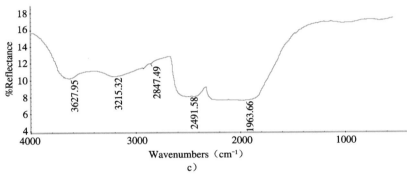

图 4—67　不同类型钻石的红外光谱组图（反射法）

a）ⅠaA 型钻石　b）合成钻石（Ⅰb型）　c）Ⅱa型钻石

第5章

常见宝石

第1节 钻 石

【学习目标】

了解钻石的基本性质
了解钻石的主要产地
掌握钻石的主要鉴定方法

【知识要求】

一、基本性质

1．化学成分及分类

（1）化学成分。钻石为单质矿物，成分简单，即由碳（C）元素组成。除主要化学成分碳外，绝大多数的钻石都含有微量的杂质元素，主要有氮、硼、铝、氢等。不同的微量元素或不同量的微量元素，可使钻石的物理性质（如颜色、导热性、导电性等）发生明显的变化。

（2）分类。根据钻石中所含微量元素的种类、含量及微量元素的原子团类型，结合红外吸收光谱、紫外吸收光谱等特征，可把钻石进一步分为两个大类（Ⅰ型和Ⅱ型）、四个亚类（Ⅰa、Ⅰb、Ⅱa、Ⅱb），如图5—1至图5—4所示。钻石的类型划分见表5—1。

1）Ⅰ型钻石。

2）Ⅱ型钻石。

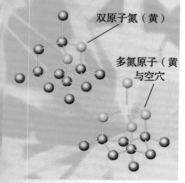

图5—1 Ⅰa型钻石结构中的双原子
氮、多氮原子与空穴结构图

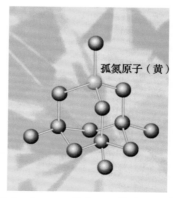

图5—2 Ⅰb型钻石结构中的孤氮
原子结构图

图 5—3　Ⅱa 型钻石结构中不含
任何杂质及空穴

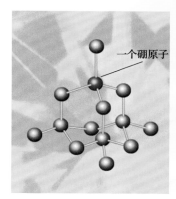

图 5—4　Ⅱb 型钻石结构中的
一个硼原子

表 5—1　　　　　　　　　　　　　　　　钻石的类型划分

钻石类型		微量元素特征	颜色特征	存在状况
Ⅰ型钻石	Ⅰa 型	N 部分取代 C，以多原子形式存在	无色至黄色，变化多	绝大多数天然钻石
	Ⅰb 型	N 部分取代 C，以孤氮形式存在	无色至黄色，黄绿色及褐色，常呈琥珀黄	合成钻石及少量天然钻石
Ⅱ型钻石	Ⅱa 型	N 含量小于 0.001%，C 原子常因位错造成结构缺陷	无色至棕色，粉红色	很稀少
	Ⅱb 型	含有少量的 B、Be 等	蓝色，部分为灰色或其他颜色	天然钻石（稀少）、少量合成钻石

2．晶体结构及常见晶形

（1）晶体结构。钻石的晶体结构可以视为以角顶相连接的四面体组合，规则重复和三维排列（见图 5—5）。钻石晶体结构具立方面心晶胞。碳原子位于立方体晶胞的角顶及面心，以及其中四个相间排列的小立方体晶胞的中心。每个碳原子周围均有四个碳原子围绕，形成四面体配位，碳原子间以共价键连接。

（2）常见晶形。钻石的基本单元是面心立方体。大量的基本单元按照一定的规律有序地排列在一起，组成一定的形态，构成了钻石的晶体形态（见图 5—6）。

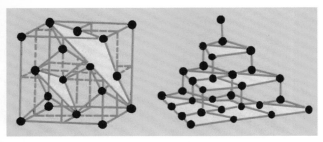

图 5—5　钻石的晶体结构

　　钻石的晶体形态为单晶、聚形、双晶及平行生长和多重生长。理想的晶体面平棱直，同一单形晶面同形等大（见图 5—7、图 5—8）。由四面体组成的钻石，常见有立方体、八面体、菱形十二面体晶体。

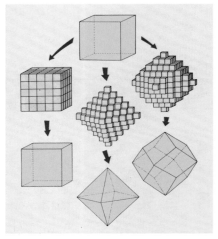

　　实际晶体与理想的晶体有很大的差异，歪斜形状的晶体（见图 5—9 至图 5—11）远比标准形状多。若考虑到双晶，那么钻石所呈现的形态就更加丰富了。值得注意的是，不同原生矿床中的钻石，往往存在着晶体形态特征的差异性，如南非金刚石多为八面体（南非型）；巴西的多为菱形十二面体（巴西型）；印度的除八面体外，亦见曲面六八面体的异形；我国的钻石有菱形十二面体、八面体及八面体与菱形十二面体聚形。此点可作为研究钻石砂矿，推测或追索原生矿源体及产地的重要信息。

图 5—6　晶胞组成的立方体、八面体、菱形十二面体晶形

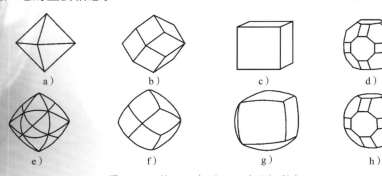

图 5—7　钻石（金刚石）的理想形态

a）八面体　b）菱形十二面体　c）立方体　d）聚形晶　e）凸八面体

f）凸菱形十二面体　g）凸立方体　h）凸聚形晶

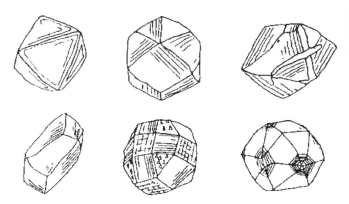

图 5—8　钻石（金刚石）晶体的形态及生长纹理

图 5—9　钻石（金刚石）的实际晶体形态

a）歪斜的八面体　b）破碎的晶体碎块

c）阶梯晶面八面体晶体　d）变形菱形十二面体

图 5—10　钻石的实际晶体形态

a）类四面体晶体　b）立方体晶体　c）八面体晶体　d）菱形十二面体

　　形态不规则的钻石晶体表现为歪斜的晶体、破碎的晶体碎片、曲面晶体、晶棱圆滑、晶面发育蚀像。

　　钻石以八面体与菱形十二面体最为常见（见图 5—11），其他单形有立方体、四六面体、四角三八面体等，罕见的是四面体。

1）聚形。聚形由两个或更多的单形晶体组成，钻石最常见的聚形是八面体、菱形十二面体和立方体每两种单形产生的聚形或三种相聚产生的聚形，主要有六种：平截立方体、立方—菱形十二面体、立方八面体、平截八面体、八面体—菱形十二面体、菱形立方八面体聚形（见图5—12和图5—13）。

图 5—11　菱形晶体

a）十二面体晶体　b）八面体晶体

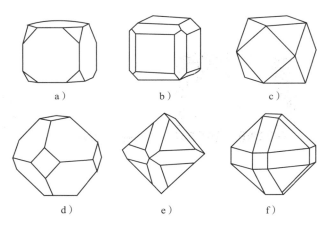

图 5—12　钻石常见的聚形

a）平截立方体　b）立方—菱形十二面体　c）立方八面体

d）平截八面体　e）八面体—菱形十二面体　f）菱形立方八面体

2）双晶。钻石常出现接触双晶类型，接触双晶是指双晶个体以简单的平面相接触而连生在一起。常见的有三角薄片双晶、菱形十二面体双晶和八面体双晶（见图5—14和图5—15）。

双晶的接合面在晶体表面表现为"缝合线"，缝合线的两侧属于两个体，晶面性质会有一些差异，如晶面不连续、明暗度也可能有所差别。在双晶接合处常有凹角，凹角处常见平行八面体晶棱方向的交叉纹理，似青鱼骨刺，故称为青鱼骨刺纹（见图5—16）。

图 5—13　八面体—菱形十二面体钻石聚形

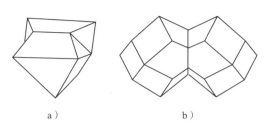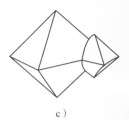

a ）　　　　　　　　b ）　　　　　　　　c ）

图 5—14　钻石的双晶

a ）三角薄片双晶　b ）菱形十二面体双晶　c ）八面体双晶

图 5—15　天然钻石的三角薄片接触双晶

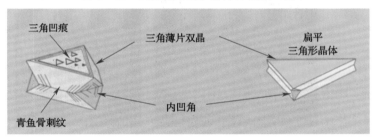

图 5—16　天然钻石凹角和青鱼骨刺纹示意图

3）平行连生和多重生长

①平行连生（见图 5—17 和图 5—18）。同种晶体彼此平行地连生在一起，连生的晶体与相对应晶面和晶棱相互平行，它不属于双晶。

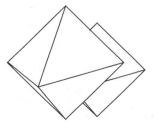

图 5—17　钻石的平行连生示意图　　　图 5—18　钻石八面体平行连生晶体

②多重生长。是指一个晶体是由两个或更多个晶体以互不相同的角度相互穿插而不是平行地生长在一起所产生的晶形，它也不属于双晶。在钻石中常出现这样的晶形（见图5—19）。

3．晶面花纹

钻石的晶面花纹反映出其特定的生长特征。

（1）蚀像。蚀像是指晶体在形成之后因受到溶蚀而在晶面上形成的一些具有规则形状的凹斑。不同单形的晶面上蚀像不同，立方体晶面上常呈四边形凹痕、网格状花纹（四边形凹痕重叠所致）。八面体晶面上常形成

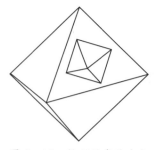

图5—19 钻石的多重生长示意图

规则的等边三角形凹痕（三角座）（见图5—20），大小有很大的变化，深浅不一，浅的凹坑平缓，深的为三角锥状（见图5—21），在三角形凹坑中，还可出现阶梯状。菱形十二面体晶面上可见多层凸出晶面的圆盘状花纹。钻石晶面上还可见到蚀穴状、麻点状、叠瓦状、毛玻璃状等蚀像（见图5—22）。研究钻石的蚀像不

三角凹痕

a）   b）

图5—20 天然钻石的蚀像

a）三角凹痕　b）生长阶梯

图5—21 天然钻石晶面上的三角锥

图 5—22 晶面

a）倒三角蚀像 b）解理造成的阶梯状表面 c）麻坑状蚀像 d）三角锥和倒三角锥

仅可协助切磨师切割钻石定向，也可作为鉴别钻石晶体真伪的依据。三角凹痕是在天然八面体晶面上的三角形的凹坑状的生长标志，是溶蚀作用形成的，其尖顶指向八面体的棱，主要见于八面体和三角薄片双晶中。

（2）纹理。纹理是指钻石在生长过程中，在表面或内部留下与结构有关的一条或多条痕迹。在八面体面上，纹理平行于八面体面的三条边，具有三个方向的纹理，形成三角形图案，这是钻石中最常见的纹理。在八面体原石上，纹理还可表现为阶梯状的三角形。在菱形十二面体面上，纹理平行于晶面的延伸方向，只显示一个方向上的纹理。在立方体面上，纹理平行于晶面的边，具有两个方向的纹理（钻石中很少见到具平滑晶面的立方体晶体）（见图 5—23）。

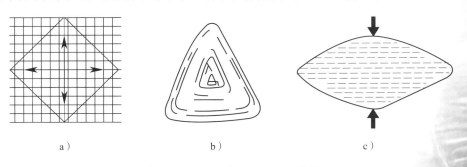

图 5—23 天然钻石的纹理示意图

a）立方体面纹理 b）八面体纹理 c）十二面体纹理

纹理可以指导钻石加工，纹理的指向对于切磨钻石很有意义。钻石只能横穿纹理锯开和抛磨，并沿着纹理劈开。纹理对鉴定钻石原石也有帮助，还直接影响钻石的净度分级。

（3）生长丘、生长脊。生长丘是在晶体的生长过程中形成的，具有规则几何外形而凸出于晶面的生长物。在天然钻石的晶面上，常见由八面体与菱形十二面体交替生长形成的三角形生长丘，且生长丘的每个角都是指向八面体的一条边的方向。

生长脊往往是沿菱形十二面体晶面短对角线方向生长出的凸出的脊，外观似四六面体两条相连的棱。

4．光学性质

（1）颜色。钻石的颜色分为两大系列。

1）无色—浅黄（褐、灰）色系列。包括：无色、微黄、微褐、微灰色（见图5—24），称为开普系列或好望角系列，是钻石首饰中最常见的颜色。

图5—24　无色—浅黄（褐、灰）色系列钻石

2）彩色系列。颜色达到一定饱和度，具有清晰、特征色调的钻石称为彩色钻石。彩色钻石的颜色很丰富，有黄色、褐色、红色、粉红色、蓝色、绿色、紫罗兰色、黑色等（见图5—25、图5—26、图5—27）。常见有金黄色、橙黄色和黄绿色，粉红色、紫红色和蓝色较少见，红色最罕见。

（2）光泽。钻石的折射率高，从而使光照射到钻石表面而产生典型的金刚光泽，是非常明亮的强反射的光泽。钻石的原石表面有时也显油脂光泽。抛光钻石的刻面能将相当部分的光做镜面反射，具有光灿灿的外观。

（3）多色性。钻石是均质体，无多色性。

（4）透明度。钻石是所有晶质材料中最透明的，但由于包含包裹体及裂隙，其透明度会有所下降，可呈现半透明，甚至不透明。用作宝石的钻石都是透明的。

图5—25　彩色钻石

图 5—26　彩色钻石

a）原始形态　b）异形切割

图 5—27　彩色钻石首饰

（5）折射率及色散。钻石的折射率为 2.417 ~ 2.419，理论上无双折射。

钻石的色散值为 0.044，是天然无色宝石中色散值最高的，表现出很强的"火彩"（见图 5—28）。色散是钻石所具有的十分突出的光学性质。色散使钻石五光十色，增加其内在美，显得华贵而高雅。

图 5—28　钻石的"火彩"

（6）光性。钻石具有各向同性，因此在偏光镜下为全消光，但钻石因受构造作用影响而发生晶格畸形，在正交偏光下具有相当普遍的异常消光现象。据统计，90%以上的钻石具有不同程度的异常双折射，表现出的异常消光影亦有多种类型。

（7）发光性。钻石在高能射线的照射下，能发出不同颜色的可见光的性质，称之为发光性。钻石受电磁辐射（X射线荧光、阴极发光、紫外荧光）发出的光称为荧光，物质离开辐射源后，继续发光称为磷光。钻石的发光性与外加的能量性质及本身的性质有关。

1）X射线荧光。大多数钻石在X射线下都发蓝—白色光，这种光具有较长的持续性，被用在从精矿中回收钻石。

2）阴极发光。由阴极射出的电子组成，通过在真空管中释放电子或加热金属丝产生。用阴极射线轰击一个物体可产生阴极发光。阴极发光对于探讨钻石的成因有很大意义，可区分合成钻石与天然钻石。

3）紫外荧光。用于测试的宝石紫外光的波长分别为365 nm（长波紫外光）和254 nm（短波紫外光）。钻石因产地、杂质成分及结构变化不同，部分钻石（15%～25%）在长波紫外光下可见荧光，荧光呈蓝色或黄色、强度不同（见图5—29）。许多钻石在紫外光移开后发出磷光。将钻石置于日光下暴晒后，也会发出淡蓝色的磷光。不同颜色的钻石具有的荧光、磷光特征不同，可供鉴定时参考。不同强度的荧光可帮助鉴定群镶钻石及仿制品。

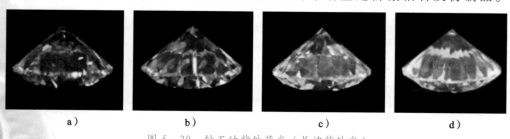

a）　　　b）　　　c）　　　d）

图5—29　钻石的紫外荧光（长波紫外光）
a）无　b）弱　c）中　d）强

5．力学性质

（1）解理。四个方向完全的八面体解理，解理面平行于晶体的八面体面。由于平行八面体面方向易破裂成光滑平坦的解理面，因此，不管钻石原石的外形如何，均可劈成规则的正八面体。加工钻石正是利用了这一性质。钻石腰棱处常出现由解理造成的"胡须"，借以区分钻石与仿制品。

（2）硬度。钻石的摩氏硬度为10，是世界上最硬的物质，绝对硬度为刚玉的140多倍。但同一颗钻石（金刚石）的不同方向硬度存在差异。其硬度由大到小排列的顺序为六面体面平行对角线方向、菱形十二面体平行长对角线方向（与晶轴垂直）、八面体面平行晶面棱方向、八面体面上垂直于面棱的方向、立方体面上平行晶棱方向、菱形十二面体平行短对角线方向（见图5—30）。这是钻石（金刚石）能够切磨钻石的根本原因所在。

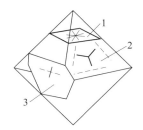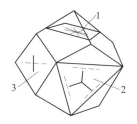

图5—30　钻石不同晶体、不同面网上的硬度差异（实线为易磨方向；虚线为难磨方向）

1—立方体面网　2—八面体面网　3—菱形十二面体面网

（3）密度。钻石的密度为 3.52 g/cm^3。但不同颜色的钻石密度略有不同：无色钻石为 3.521 g/cm^3；玫瑰色钻石为 3.531 g/cm^3；绿色钻石为 3.523 g/cm^3；橙色钻石为 3.550 g/cm^3；蓝色钻石为 3.525 g/cm^3。黑色钻石的密度小，为 3.012 g/cm^3、3.41 g/cm^3，主要是含有包裹体的缘故。钻石较高的密度不仅能够使钻石形成砂矿，而且在重力选矿和钻石鉴定中也具有重要的意义。

6. 热学性质

（1）热导率。$870 \sim 2\,010$ w/（m·k），为目前所知导热率最大的材料。

（2）燃烧性。空气中加热到 $850 \sim 1\,000$℃发生燃烧，在氧气中加热到 650℃发生燃烧，在绝氧条件下加热到 $1\,800$℃以上缓慢地变成石墨。

7. 亲油疏水性（斥水性）

钻石具备明显的亲和油脂而排斥水的性质。在其做成首饰后的佩戴过程中，很容易将油垢、污垢吸附其表面。钻石的亲油性可用于油脂选矿。将含钻石的矿石置于油脂传送带上，然后用水冲洗，钻石则被黏附，其他物质会被水冲走，从而达到分选钻石的目的。

与亲油性相对应的是钻石的疏水性，水不能呈薄膜状附着在钻石表面，仅能以水滴状存在。可利用钻石的这一性质，做滴水实验鉴别钻石。

8. 化学稳定性

钻石具有很高的化学稳定性，在正常的情况下不与酸和碱发生反应。如在高浓度的氢氟酸、盐酸、硫酸、硝酸中不溶解，王水对它也不起作用。但热的氧化剂却可以腐蚀钻石，如把钻石放入硝酸钾中加热到 500℃以上，即可造成溶蚀痕。

二、主要鉴定特征

1. 钻石的毛坯鉴定

（1）外观形态和表面特征。钻石毛坯常有较固定的晶形，最常见的晶形有八面体和菱形十二面体、较常见的晶形有立方体、立方体与八面体和菱形

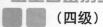
十二面体的聚形，罕见的晶形有四面体。

（2）在无色透明的宝石矿物中，与此晶体形态相仿的为数不多，即使具备了晶形，如尖晶石等，它们的其他性质（如硬度、折射率等）也与钻石的性质相差甚远，容易区分。除上述较理想的晶形外，钻石晶体常呈歪晶。

（3）由于溶蚀作用使晶面凸起，晶棱变弯曲，晶面也常留下蚀像，且不同单形晶面上的蚀像也不同，如八面体晶面上可见倒三角形凹坑，立方体晶面上可见四边形凹坑，若四边形凹坑重叠发育则形成网格状花纹。钻石具有八面体 [111] 四组中等解理，在未受溶蚀的八面体上可见光滑的晶面。此外，在钻石八面体晶面上还常见三角形平直生长纹，而立方体晶面则常具正方形和长方形生长纹。这些均可作为钻石毛坯的鉴别特征。

（4）颜色、光泽及透明度特征。钻石的颜色主要有无色、黄色、咖啡色、灰色和黑色。此外，偶尔还可见浅绿色、天蓝色及紫色等颜色的钻石。钻石具有自然界透明矿物最强的金刚光泽。但因高温溶蚀的影响，钻石表面光泽经常较弱，只有在未受高温溶蚀的晶面及解理面上才可见到金刚光泽。纯净的钻石多透明，但由于常有杂质元素进入矿物晶格或有其他矿物包裹体的存在，钻石可呈半透明甚至不透明状。

（5）硬度。钻石是自然界中硬度最高的物质（摩氏硬度为 10）。用钻石的尖锐处去刻划刚玉片，能使刚玉片留下刻划痕迹。反之，刚玉则无法刻动钻石。刻划时应注意：一定要用原石的尖锐处刻划。与钻石硬度最接近的宝石品种是合成碳硅石（摩氏硬度为 9.25）。合成碳硅石能刻动刚玉，但刻不动钻石。

（6）亲油性试验。钻石具较强的亲油性。当用油性墨水笔在其表面画过时，可留下清晰而连续的线条。而对于仿钻材料，油性墨水笔画过则为不连续的小液滴定向排列。"钻石笔"就是根据这一特点制作的一种鉴定仪器，但因可以用油性墨水笔替代，故并不常用。

2．抛光钻石的鉴定

（1）晶面花纹。钻石的表面，特别是在腰棱位置残留的原始晶面上有纹理、蚀像、生长丘等特征。

（2）切磨质量。由于钻石的硬度很大，切磨好的钻石的面棱非常尖锐；多个刻面相交的顶点非常尖锐；刻面非常平整。钻石仿制品则相反，刻面抛光不精致，刻面、棱角圆滑。

（3）透视试验。标准切工的圆多刻面型样品台面朝下，放在一张印有字迹或线条的白纸上，视线垂直白纸观察，钻石不会有字、线透过，而折射率低于钻石的仿制品可观察到断断续续的、不同外形的字、线。

（4）内部特征。钻石内有晶体、针尖群、云雾、羽状裂隙、生长线等（见图 5—31 和图 5—32）。仿钻尤其是人工、合成的仿钻制品内有气泡、未溶残渣、弯曲生长纹等。合成碳硅石中可见长针状包裹体。

a）　　　　　　　　　b）　　　　　　　　　c）

图 5—31　钻石

a）钻石中的铬透辉石包体　b）钻石中的镁铝榴石包体

c）天然钻石的包体具细长、浑圆的晶形，它们一般是透明的（据 EGL USA）

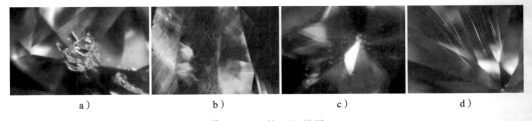

a）　　　　　　b）　　　　　　c）　　　　　　d）

图 5—32　钻石细节图

a）钻石的晶体包裹体　b）钻石的生长纹

c）、d）合成碳硅石的刻面棱重影和针状包裹体

三、仿制品及其鉴别

1. 仿制品

钻石的仿制品很多，市场上最常见的是合成立方氧化锆、合成碳硅石、合成无色蓝宝石、无色锆石、人造钇铝榴石、人造钆镓榴石、人造钛酸锶等，这些仿制品和钻石在物理性质性质上有很大的差异，可以从外观特征、简单的仪器测试来识别，主要鉴定特征见表 5—2。

表 5—2　　　　　　　　钻石及仿制品的鉴定特征表

宝石名称	折射率	双折射率	密度 (g/cm³)	色散	硬度	其他特征	备注
钻石	2.417	具异常双折射	3.52	0.044	10	金刚光泽，棱线锐利笔直，导热性很好	可先用热导仪测试，后用 10×放大镜透过台面观察后刻面棱重影
合成碳硅石	2.67 ±0.02	0.043	3.20 ±0.02	0.104	9.25	明显的后刻面棱重影，导热性很好	

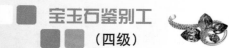
续表

宝石名称	折射率	双折射率	密度(g/cm³)	色散	硬度	其他特征	备注
人造钛酸锶	2.409	无	5.13	0.190	5.5	极强的色散，硬度低，易损，含气泡	在密度为 3.32 g/cm³ 的重液中均快速下沉
合成立方氧化锆（CZ）	2.09～2.18	无	5.60～6.0	0.060	8～8.5	色散很强，气泡或溶剂状包体，在短波紫外光下发橙黄色荧光	
人造钆镓榴石（GGG）	1.970	无	7.00～7.09	0.045	6.5～7	密度很大，硬度低，偶见气泡	
白钨矿	1.918～1.934	0.016	6.1	0.026	5	密度大，硬度低	
人造钇铝榴石（YAG）	1.833	无	4.50～4.60	0.028	8～8.5	色散弱，可见气泡	
合成金红石	2.616～2.903	0.287	4.26	0.330	6.5	极强色散，双折射很明显，可见气泡	10×放大镜下透过台面可见明显的后刻面棱重影
锆石（高型）	1.925～1.984	0.059	4.68	0.039	7.5	双折射很明显，磨损的小面棱	
蓝宝石	1.760～1.770	0.008～0.010	4.00	0.018	9	双折射不明显	
合成尖晶石	1.728	具异常双折射	3.64	0.020	8	可见异形气泡，在短波紫外光下发蓝白色荧光	用折射仪测试折射率或双折射率
黄玉（托帕石）	1.610～1.620	0.008～0.010	3.53	0.014	8	色散弱，双折射不明显	
玻璃	1.50～1.70	具异常双折射	2.30～4.50	0.031	5～6	可见气泡和旋涡纹，易磨损，有些发荧光	
拼合石			性质取决于所使用的材料			可见接合面和扁平状气泡，光泽和包裹体不同	可放入水中，并从侧面观察成层构造

2．主要鉴别方法

（1）热导仪法。

（2）偏光镜检查。

（3）色散的观测。

（4）折射率测定。

（5）双折射重影的观测。

（6）密度法。

四、主要产地

世界上近 30 个国家发现了钻石矿床。据最新资料，按年产量排名从高至低依次为澳大利亚（4 000 万 ct）、刚果（2 000 万 ct）、博茨瓦纳（1 600 万 ct）、俄罗斯（1 200 万 ct）、南非（900 万 ct）、安哥拉（270 万 ct）。

1．非洲

南部非洲是世界主要钻石产区。1999 年博茨瓦纳的钻石产值为全球第一，其收入占国家出口总收入的 70% 以上；南非有着世界上首次发现的原生钻石矿床 Premier，产出了多粒世界名钻，如库利南（3 106 ct）、高贵无比（999.3 ct）、琼格尔（726 ct）；纳米比亚有着世界上最大的钻石砂矿，平均售价超过 300 美元／克拉；坦桑尼亚有着以盛产宝石级大钻石闻名的世界最大金伯利岩筒 Mwadui；刚果、博茨瓦纳、南非、纳米比亚、安哥拉、坦桑尼亚、塞拉利昂、加纳等非洲国家的钻石储量占全世界钻石总储量的 56%，其中 31% 达到宝石级。

2．澳大利亚

1979 年在钾镁煌斑岩中首次发现钻石，随后在西澳北部发现了 150 多个钾镁煌斑岩体，其中含有一定数量色泽鲜艳的玫瑰色、粉红色及少量蓝色钻石，平均售价高达 3 000 美元／ct。澳大利亚是目前钻石产量最多的国家，其储量占全球的 26%，其中宝石级约占 5%，著名矿区阿盖尔更是当今世界含钻石最丰富、储量最大的岩体。

3．俄罗斯

主要分布于西伯利亚雅库特地区的金伯利岩中，如闻名世界的岩管"和平""成功""艾哈尔"，粒度虽小但质地透明，估计储量约为 2.5 亿 ct。

4．加拿大

1990 年在靠近北极圈的湖泊地带发现了金伯利岩型原生矿，目前已发现 51 个含钻石岩管，所产钻石 30%～40% 均可达到宝石级，平均品位为 25～100 ct，年产量达到 400 万 ct，对南非戴比尔斯（De Beers）公司

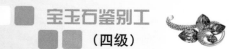

的垄断经营构成了威胁。

5．印度

印度是世界上最早发现钻石的国家，且出产了古老而著名的大钻"莫卧儿大帝""摄政王""荷兰女皇"等，但目前产量很有限。

6．中国

清代道光年间，湖南西部农民在沅水流域淘金时先后于桃源、常德、黔阳一带发现钻石；1950年首次在湖南沅江流域发现具有经济价值的钻石砂矿；20世纪60年代在山东蒙阴发现的原生钻石矿品位很高，宝石级占12%左右，因颜色偏黄，故多用于工业；20世纪70年代初在辽宁瓦房店发现了钻石原生矿床，宝石级约占50%以上，成为我国乃至亚洲最大的原生钻石矿山。

在我国发现最大的钻石是金鸡钻石，为绿、黄双色，重281.25 ct，于1937年在山东省临沂市郯城县李庄乡发现，后被日本驻临沂地区的顾问掠去，至今下落不明。常林钻石是在我国到目前为止发现的第二块超过100 ct的宝石级天然大钻，也是我国现存最大的钻石，是由山东省临沂市临沭县岌山镇常林村农民魏振芳于1977年12月21日在田间松散的沙土中翻地时发现的。

【技能要求】

钻石的鉴定及其与仿制品的区别（抛光钻石的鉴定）

一、肉眼或 10× 放大镜下观察

1．光学特征观察

高亮度、无与伦比的金刚光泽，特征的"火彩"特别是圆多面形琢型的亮度和"火彩"特征与常见仿制品的差异。

2．外部特征

钻石比例及对称性尽可能达到理想的程度，刻面棱总是严格地交于一点。由于硬度高、磨损少、刻面棱锋利笔直（见图5—33a）、表面光滑如镜、底尖很尖，有时可见断口、原晶面、凹角、胡须腰。仿钻加工不精细，各种偏差总是可见，如刻面棱往往不相交于一点，冠部刻面与亭部刻面常错位。硬度低、磨损多、刻面棱圆滑（见图5—33b）或破损，破口为贝壳状断口。

a)　　　　　　　　　　　　b)

图 5—33　钻石与仿钻的切磨质量对比

a）钻石　b）仿钻

钻石的抛磨痕只出现在某一刻面上，仿钻的抛磨痕沿相邻刻面分布（见图 5—34）。

3．内部特征

各种天然包体（固相、流体相）；针尖、针尖群、云雾、生长纹、双晶纹及裂隙等对鉴别钻石有重要的意义。

4．钻石的单折射特征

钻石是单折射宝石，无面棱重影现象。具明显刻面棱重影的仿钻材料锆石（DR 为 0.059）、合成金红石（DR 为 0.278）、合成碳硅石（DR 为 0.043）具有较大的双折射，可见刻面棱重影（见图 5—35）。刻面棱重影不明显的仿钻材料：蓝宝石、黄玉（托帕石）、水晶，双折射率较小，不易看到刻面棱重影。

图 5—34　仿钻的抛磨痕

图 5—35　仿钻（锆石）的后刻面棱重影

5．透视试验（线试验）

将圆钻形琢型的钻石台面向下，放在一张有线条的纸上，从亭部观察，透过钻石通常看不见纸上的线条（仅针对切磨比例标准的圆钻形琢型钻石），而仿制品则容易看清（见图 5—36）。

6．亲油性试验

利用钻石的亲油疏水性观察油性或水性笔在钻石表面留下的线条痕迹。使用油性

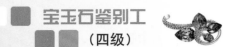
笔在钻石表面刻划时可见连续的线条，仿制品则不连续。使用水性笔结果相反。

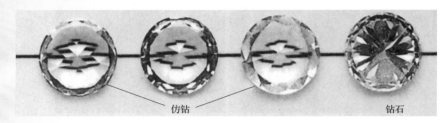

图 5—36　透视试验

7．哈气试验（呼吸试验）

钻石的导热性高，散热快，哈气消失快；仿制品较慢。注意：快慢的观察应有标准参照，样品大小、环境温度对结果有影响。

8．浸液试验

浸入到二碘甲烷（折射率为 1.74）中看凸起、轮廓边缘线的清晰程度。如尖晶石、蓝宝石近于消失，人造钇铝榴石（YAG）轮廓较弱，钻石轮廓清晰。常用已知标样做参照。

9．托水性试验

将小水滴点在样品上，如果水滴能在样品的表面保持较长时间，则说明该样品为钻石；如果水滴很快散布开，则说明样品为仿制品。

二、仪器鉴定

1．相对密度测定

用净水称重法测定相对密度为 3.52，对镶嵌钻石根据腰棱直径查近似质量表。如直径为 6.4 mm 约 1 ct、5.1 mm 约 0.5 ct。同样大小的合成立方氧化锆（CZ）、人造钇铝榴石（YAG）质量大。在密度为 3.32 g/cm^3 的重液（二碘甲烷）中钻石下沉，部分仿钻快速下沉（如合成立方氧化锆、人造钇铝榴石、合成金红石等），部分仿钻上浮（如合成碳硅石、玻璃）（见图 5—37）。

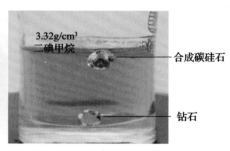

图 5—37　钻石与合成碳硅石的相对密度测定

2．荧光检查

紫外荧光长波下部分钻石具有不同强度、不同颜色（黄或蓝色）的荧光（见图 5—38）。

ａ）　　　　　　　　　ｂ）

图 5—38　钻石首饰在日光下和紫外光下的颜色

ａ）在日光下　ｂ）在紫外光下

3．热导仪

将热探针接触样品，若测试样品为钻石，指示灯中红色灯迅速变亮，并发出"嘀嘀"鸣叫声（合成碳硅石除外）。若不是钻石，热导仪则无此反应。

第 2 节　刚玉族宝石

◢◤【学习目标】

了解刚玉族宝石的基本性质

了解刚玉族宝石的主要产地

掌握刚玉族宝石的主要鉴定方法

◢◤【知识要求】

刚玉族宝石品种有红宝石（ruby）、蓝宝石（sapphire）。红宝石是七月的生辰石，象征着吉祥、福气、幸运和活力。蓝宝石是九月的生辰石，象征着慈爱、诚实与稳重。

一、基本性质

1．矿物名称

矿物名称为刚玉。

2．化学成分

主要成分为 Al_2O_3，纯净时无色，因含杂质而致色。红宝石含有微量的 Cr 元素，蓝宝石常含有微量的 Fe、Ti、V 等元素。

3．结晶形态

刚玉族宝石属三方晶系，常以六方柱状、桶状或板状形晶体产出。依菱面体成聚片双晶，在柱面、双锥面、板面常有聚片双晶形成的斜条纹或横纹。红宝石多呈板状晶体，蓝宝石则多呈桶状晶体。具有简单的接触双晶或聚片双晶。晶面横纹发育，垂直于 C 轴的裂理发育，因此断口处呈阶梯状，部分样品具坚硬的熔融壳（见图 5—39 和图 5—40）。

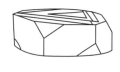

图 5—39　刚玉族宝石的晶体形态

图 5—40　刚玉族宝石的实际晶体形态

4．光学性质

（1）颜色。刚玉族宝石颜色丰富，红宝石常见颜色有红色、橙红色、紫红色、褐红色；蓝宝石的常见颜色有蓝色、蓝绿色、黄色、橙色、紫色、黑色、灰色和无色，如图 5—41 所示。

图 5—41　刚玉族宝石的颜色

（2）光泽。光泽为玻璃光泽至亚金刚光泽。

（3）透明度。透明度为透明—不透明。

（4）光性。属非均质体，一轴晶，具有负光性。

（5）折射率及色散

折射率：1.762 ~ 1.770（+0.009，−0.005）。

双折射率：0.008 ~ 0.010。

色散：0.018。

（6）多色性。红宝石具有二色性，根据自身颜色的深浅，其二色性的强弱及色彩变化有所不同。常见红宝石的二色性为紫红、橙红。除无色的蓝宝石外，其余的蓝宝石都有二色性，且二色性强，蓝色蓝宝石的二色性呈蓝色、蓝绿色；绿色蓝宝石呈绿色、黄绿色；黄色蓝宝石呈黄色、橙黄色等。

（7）发光性。红宝石在紫外荧光灯长、短波及 X 射线下均呈现红色。蓝宝石一般无荧光，斯里兰卡的一些黄色蓝宝石可具有杏黄或橙黄色的荧光。

（8）特殊光学效应。常见短针状的金红石包体，如其数量足够多并沿平行于横向晶轴的三个方向定向排列，便有六射星光或十二射星光（少见）产生。需切磨成弧面型，使包裹体平面与弧面型宝石底面平行，如图 5—42 所示。

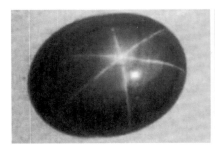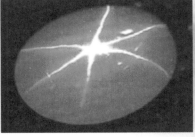

图 5—42　刚玉族宝石的星光效应

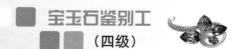
5．力学性质

（1）解理。解理不发育，但由于聚片双晶的原因，发育有平行底面、菱面和柱面的三组裂理。

（2）硬度。摩氏硬度为9。

（3）密度。密度为（4.00 ± 0.05）g／cm³。

二、品种

刚玉族宝石分为红宝石和蓝宝石两大类。

1．红宝石

国际有色宝石协会（ICA）规定以红色为主色的刚玉质宝石称为红宝石，包括鸽血红色、紫红色、橙红色、褐红色、粉红色及含其他色调成分的红色者，都是红宝石。命名时就称红宝石，不必加形容词。

2．蓝宝石

除红宝石之外的所有刚玉质宝石均称为蓝宝石。蓝色之外的蓝宝石，如黄色蓝宝石、紫色蓝宝石、橙色蓝宝石等，命名时无须加颜色前缀，直接定名为蓝宝石。

三、主要鉴定特征（见表5—3和表5—4）

表5—3　　　　　　　　　　红宝石的主要鉴定特征

折射率	光性（正交偏光）	相对密度	发光性	多色性	热导仪	10 倍放大镜观察
1.762 ~ 1.770	四明四暗	4.00	红色	强	热导率高	玻璃光泽至亚金刚光泽，刻面型红宝石棱角尖锐。可见平行排列的生长纹

表5—4　　　　　　　　　　蓝宝石的主要鉴定特征

折射率	光性（正交偏光）	相对密度	多色性	热导仪	10 倍放大镜观察
1.762 ~ 1.770	四明四暗	4.00	强	热导率高	玻璃光泽至亚金刚光泽，刻面型蓝宝石棱角尖锐。颜色不均匀，可见平行排列的深浅不同的平直色带和生长纹

四、主要产地

红宝石的主要产地：缅甸、泰国、斯里兰卡、越南、柬埔寨、中国云南等。其中以缅甸抹谷"鸽血红"红宝石最为名贵，我国云南所产的红宝石不论是品质和晶形都不逊色于缅甸、越南红宝石，颜色佳、透明度高，到目前为止已有许多远销国外。蓝宝石的主要产地有缅甸、泰国、斯里兰卡、柬埔寨、印度克什米尔、澳大利亚、美国、中国山东。其中以印度克什米尔所产的"矢车菊"蓝宝石最为名贵，我国山东所产的蓝宝石颜色较深，颗粒较大，晶体完整。

【技能要求】

刚玉族宝石的鉴定

1．折射率测定

（1）刻面型刚玉族宝石，采用近视法。将宝石放置在折射仪上，会观察到两条阴影边界，转动宝石时数值小的阴影边界上下移动，数值大的阴影边界则不动（一轴晶、负光性），RI（折射率）为 1.762 ～ 1.770 ，DR（双折射率）为 0.008 ～ 0.010。

（2）弧面型的刚玉族宝石，采用远视法。将宝石放置在折射仪上，观察折射油滴半明半暗的分界线，进行读数，测得近似折射率为 1.76。

2．偏光镜观察

在偏光镜正交偏光下转动宝石一圈可观察到四明四暗的现象。

3．二色镜观察

红宝石具明显的橙红至紫红多色性。蓝宝石具有明显的蓝色至蓝绿色多色性。

红宝石、蓝宝石如果在台面可见二色性，多为焰熔法合成品。

4．发光性特征观察

天然红宝石和合成红宝石在紫外光下发红色荧光，且 LW（长波紫外光）和 SW（短波紫外光）下均有荧光。但由于合成宝石成分较纯，紫外荧光通常比天然红宝石强；助熔剂法合成红宝石有较强的红色荧光，对红宝石的鉴定可起到指示作用；紫外荧光可作为红宝石热处理的重要特征。某些热处理的红宝石在长波紫外光下发正常的红色荧光，但在短波紫外光下，在红色的荧光之上叠加白垩色及绿白色或蓝白色成分的荧光，形成粉红色的荧光（见图 5—43）。热处理愈合裂隙通常含硼酸质或磷酸质，愈合面在短波紫外光下发白垩色荧光，成为其与天然及助溶剂法合成红宝石区别的最重要的特征（见图 5—44）。染色红宝石不具红宝石的荧光，有时可出现橙色的紫外荧光。

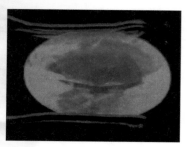

图 5—43　热处理红宝石在短波
　　　　　紫外光下的荧光

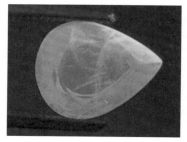

图 5—44　热处理红宝石裂隙愈合面
　　　　　在短波紫外光下的荧光

天然蓝色蓝宝石在紫外光下常呈惰性；焰熔法合成蓝宝石在短波紫外光下可能显示淡蓝－白色或淡绿色荧光。红、蓝宝石的发光特征见表 5—5。

表 5—5　　　　　　　　　　红宝石、蓝宝石的发光特征

品种	紫外线	
	长波	短波
红宝石	深红—淡红	
蓝色蓝宝石	无	无
绿色蓝宝石	无	无
黄色蓝宝石	橙黄—淡黄	
橙色蓝宝石	橙黄—浅黄	
紫色蓝宝石	深红	淡红

5．查尔斯滤色镜观察

红宝石在查尔斯滤色镜下呈红色；染色红宝石在查尔斯滤色镜下呈暗红色，与含 Fe 量很高的泰国红宝石的反应相似，而与常见的呈明亮红色的各种类型的红宝石不一样。

6．相对密度测定

用电子密度天平，采用静水称重法测得红宝石、蓝宝石的相对密度为 4。

7．10 倍放大镜

（1）操作步骤

1）用擦镜布将放大镜片擦净。

2）清洁待测宝石。

3）手持放大镜，放大镜尽量贴近眼睛，宝石距放大镜（10×）2.5　cm

左右观察。

（2）观察结果

1）颜色特征。红宝石的颜色以红色为主色调，包括红色、紫红、橙红、褐红、粉红色等。由于具有明显的多色性，即使同一颗红宝石，当从不同方向上观察时，颜色也会有所差异。在强光下，红宝石受到光中紫外线的激发，会有明显的荧光现象，使其颜色变得更加鲜艳明亮，而其他红色宝石的颜色一般不会在强光中变得更鲜艳明亮。

蓝宝石的颜色包括蓝色、蓝绿色、黄色、橙色、紫色、黑色、灰色和无色等。蓝色蓝宝石可以呈现各种蓝色色调，如淡蓝色、蓝色、绿蓝色、紫蓝色，以及非常深的、颜色浓烈的达到微黑程度的深蓝色等。

2）放大观察。

可见刚玉族宝石为玻璃光泽至亚金刚光泽，刻面型宝石棱角尖锐，具六边形色带、聚片双晶纹、长针状包体、晶体包体、气液包体。蓝宝石颜色不均匀，可见平行排列的深浅不同的平直色带。常含有由细小包体组成的面纱状包体或羽状物，如图 5—45 和图 5—46 所示。

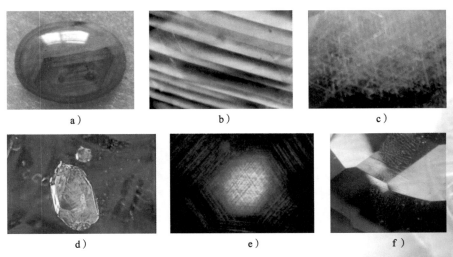

a)　　　　　　　　b)　　　　　　　　c)

d)　　　　　　　　e)　　　　　　　　f)

图 5—45　天然红宝石的特征内含物

a）六边形色带　b）聚片双晶纹　c）长针状包体　d）晶体包体

e）长针状包体　f）气液包体

焰熔法合成红宝石的颜色最常见鲜红色和粉红色，色彩纯正、艳丽，而且透明、洁净；具弯曲生长纹、气泡。颜色深的焰熔法合成蓝宝石中可以观察到弯曲生长纹，弯曲生长纹宽而粗，不似红宝石中细密的唱片纹。但是，在浅色

的，例如黄色品种中，很难发现弯曲生长纹。焰熔法合成蓝宝石的另一个重要特征是含有气泡，气泡通常很小，在10倍放大镜下呈黑点状。助熔剂法合成红宝石内含助熔剂残余包体、铂金片。

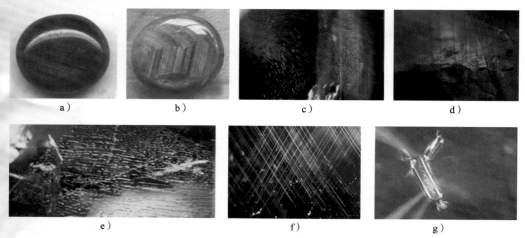

图5—46　天然蓝宝石的特征内含物

a）平直色带　b）六边形色带　c）指纹状包体　d）聚片双晶纹

e）气液包体　f）长针状包体　g）晶体包体

水热法合成红宝石具水波纹状生长纹、面纱状愈合裂隙和气液两相包裹体、种晶残余、面包屑状包裹体（桂林产），如图5—47和图5—48所示。

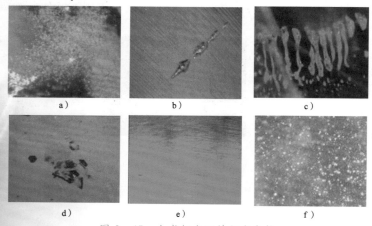

图5—47　合成红宝石特征内含物

a）焰熔法合成红宝石的气泡群　b）焰熔法合成红宝石中的弧形生长纹和变形气泡

c）助熔剂法合成红宝石的助熔剂残余　d）助熔剂法合成红宝石中的铂金片

e）水热法合成红宝石中的波纹状生长纹　f）桂林水热法合成红宝石中的面包屑状包裹体

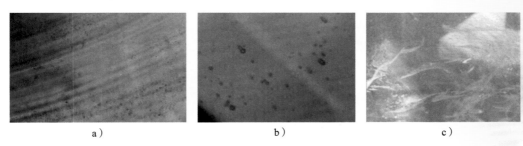

图 5—48　合成蓝宝石特征内含物

a）合成蓝宝石的弧形生长纹　b）焰熔法合成蓝宝石中的气泡

c）助熔剂法合成蓝宝石中的助熔剂残余

　　热处理红宝石具溶蚀的金红石针（见图 5—49a）、溶蚀的晶体包体（见图 5—49b）、穗边裂隙（见图 5—49c）、锆石晕、水管状的包裹体（见图 5—49e）、云雾状包体。扩散处理红宝石具雾状外观、红色色斑、特别高的折射率（> 1.81）、网状微细裂纹。愈合裂隙热处理红宝石具树枝状、蝌蚪状愈合裂隙（见图 5—49d），愈合裂隙在反射光下有强烈的光泽，在暗域下明亮；表面的开放裂隙；絮状的包裹体。

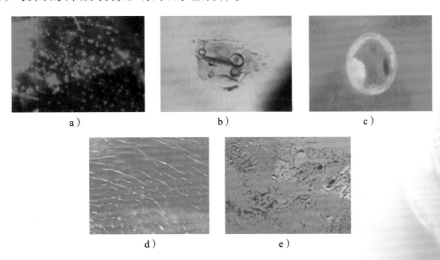

图 5—49　热处理红宝石特征内含物

a）溶蚀的金红石针　b）溶蚀的晶体包体　c）穗边裂隙

d）树枝状、蝌蚪状愈合裂隙　e）水管状包裹体

　　玻璃充填处理红宝石具不一致的表面光泽、蓝色闪光效应、填充物的流动构造（见图 5—50）。

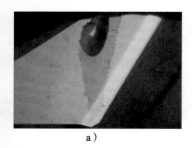

图 5—50　玻璃充填处理红宝石特征

a）不一致的表面光泽　b）蓝色闪光效应

　　淬裂处理的红宝石具网格状交叉分布的弧形裂隙（见图 5—51）、弯曲生长纹、愈合裂隙及其中的气泡。

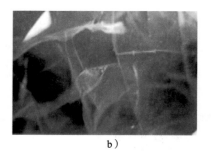

图 5—51　网格状交叉分布的弧形裂隙

a）淬火处理红宝石　b）淬火处理蓝宝石

　　染色红宝石本身品质不佳，以半透明为主，通常带橙色或黑灰色调，有发育的平行裂隙，聚集在裂隙处的染料在放大条件下易于观察（见图 5—52b）。经扩散处理的红宝石、蓝宝石中具有局部富集的色斑及浓集于面棱

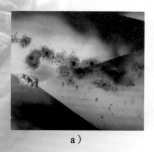

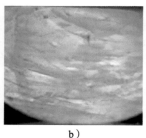

图 5—52　染色处理红宝石、蓝宝石特征内含物

a）扩散处理的红宝石中的红色色斑　b）染色红宝石中聚集在裂隙处的染料

c）经扩散处理的蓝宝石中颜色浓集于面棱及腰棱和裂隙中

及腰棱和裂隙中的颜色的特征内含物（见图5—52a、c）。注油红宝石开放性裂隙中可见干涉色；注油的裂隙中可能封闭了气泡，或者裂隙未被油完全充满。

第 3 节　绿柱石族宝石

学习单元 1　绿　柱　石

【学习目标】

了解绿柱石的基本性质

了解绿柱石的主要品种及产地

掌握绿柱石的主要鉴定方法

【知识要求】

绿柱石（beryl）是以矿物绿柱石命名的宝石。

一、基本性质

1. 矿物名称

矿物名称为绿柱石。

2. 化学成分

主要成分：铍铝硅酸盐矿物（$Be_3Al_2Si_6O_{18}$），可含 Fe、Mg、V、Cr、Ti、Li、Mn、K、Cs、Rb 等微量元素。根据所含微量元素的不同，绿柱石呈现出不同的颜色。

3. 晶系及结晶习性

绿柱石属六方晶系，常见六方柱状，偶见六方板状，晶面纵纹发育，有时晶体发育有六方双锥面，如图5—53所示。

4. 光学性质

（1）颜色：绿柱石颜色丰富，常见颜色有无色、绿色、黄色、浅橙色、粉色、红色、蓝色、棕色、黑色，粉红色绿柱石可称为摩根石。

（2）光泽：具有玻璃光泽，断口为玻璃光泽至油脂光泽。

图 5—53　绿柱石晶体形态

（3）透明度：透明—不透明。

（4）光性：非均质体，一轴晶，负光性。

（5）折射率及色散

折射率：1.577 ~ 1.583（±0.017）。

双折射率：0.005 ~ 0.009。

色散：0.014。

（6）多色性：不同颜色的绿柱石其多色性也不同，其中黄色绿柱石多色性弱，呈现出绿黄色和黄色，或不同色调的黄色；绿色绿柱石多色性弱至中等，呈现出蓝绿色和绿色，或不同色调的绿色；粉色绿柱石（摩根石）多色性弱至中等，呈现出浅红色和紫红色。

（7）发光性：绿柱石的紫外荧光通常较弱，其中无色绿柱石呈现无至弱黄色或粉色荧光；粉色绿柱石（摩根石）呈现无至弱粉或紫色荧光；黄色、绿色绿柱石一般无荧光。

（8）特殊光学效应：常见猫眼效应，是由绿柱石内足够数量的针状包体沿平行于横向晶轴的一个方向定向排列产生的。需切磨成弧面型，使包裹体平面与弧面型宝石底面平行。

5．力学性质

（1）解理：具有一组不完全解理，断口贝壳状至参差状。

（2）硬度：摩氏硬度为 7.5 ~ 8。

（3）密度：2.72（+ 0.18，− 0.05）g/cm^3。

二、主要品种（见表 5—6）

表 5—6　　　　　　　　　　绿柱石的主要品种

图示	品　　种
	粉色绿柱石 也称为摩根石，顾名思义颜色以粉色居多，主要是因为含有致色微量元素 Mn
	绿色绿柱石 含致色微量元素 Fe，颜色呈现出黄绿、蓝绿和绿色绿柱石。但由于不含致色元素 Cr，因此不能称为祖母绿
	黄色绿柱石 也称为金色绿柱石，颜色有绿黄色、橙色、黄棕色、黄褐色、金黄色、淡柠檬黄色，其颜色为 Fe 元素致色

三、主要鉴定特征（见表 5—7）

表 5—7　　　　　　　　　　绿柱石的主要鉴定特征

折射率	光性（正交偏光）	相对密度	发光性	多色性	10 倍放大镜观察
1.577 ～ 1.583	四明四暗	2.72	无至弱	多色性弱颜色随体色而变	玻璃光泽，可见气液包体。弧面型绿柱石内可见一组密集针状包体并沿平行于横向晶轴的一个方向定向排列

四、主要产地

绿柱石主要产于巴西、马达加斯加等国。粉色绿柱石产于巴西米纳斯吉拉斯及马达加斯加的 Tsilaizina、Anjanabonoina、Ampangable，摩根石最著名的产地是美国加州圣地亚哥 Pala 区的几个矿区。金黄色绿柱石主要产于马达加斯加、巴西、纳米比亚。

【技能要求】

绿柱石的鉴定

1．折射率测定

折射率测定可分为两种情况：

（1）对于刻面型绿柱石样品，采用近视法。将宝石放置在折射仪上，会观察到两条阴影边界，转动宝石时数值小的阴影边界上下移动，数值大的阴影边界则不动（一轴晶、负光性），RI 为 1.577～1.583，DR 为 0.005～0.009。

（2）对于弧面型的绿柱石，采用远视法。将宝石放置在折射仪上，观察折射油滴半明半暗的分界线，进行读数。

2．偏光镜观察

可以观察到绿柱石转动 360°时会出现四明四暗的现象。

3．二色镜观察（见表 5—8）

表5—8　　　　　　　　　　　绿柱石的多色性

品种	体色	多色性	多色性
海蓝宝石	天蓝色	弱至强	蓝／浅蓝
铯绿柱石	粉色	弱至中	紫红／浅红
红绿柱石	红色	弱至中	红／粉红
金绿柱石	黄—金黄色	弱	黄绿色／无色
绿柱石	黄绿色	弱至强	绿／无色

4．查尔斯滤色镜观察

祖母绿呈红色（但印度和南非的祖母绿在查尔斯滤色镜下呈现绿色），其他呈无红色。

5．发光性观察（见表 5—9）

祖母绿一般无荧光，也可呈弱橙红、红色（短波较长波弱）；铯绿柱石呈弱的亮红色；无色绿柱石呈无到暗黄或暗粉色（长、短波）；海蓝宝石和金黄色绿柱石无发光现象。

表 5—9　　　　　　　　　　　　绿柱石的发光特征

品　　种	紫外线（长、短波）
祖母绿	一般无荧光，有些可显弱橙红、红色荧光（短波较长波弱）
海蓝宝石 金绿柱石	无荧光
铯绿柱石	弱粉红—紫红荧光
无色绿柱石	暗黄或暗粉红荧光

6．相对密度测定

用电子密度天平，采用静水称重法测得绿柱石相对密度为 2.68 ~ 2.80，其在密度为 2.65 g/cm³ 重液中下沉，在密度为 2.89 g/cm³ 重液中漂浮。

7．10 倍放大镜观察

绿柱石颜色丰富，纯净时无色，含 Cr 元素呈绿色祖母绿、含 Fe 元素呈淡蓝的海蓝宝石、含 Cs 元素呈粉红色铯绿柱石，还有黄色、浅橙色、红色、蓝色、棕色、黑色等不同色调，如图 5—54 所示。

抛光面呈玻璃光泽，放大观察常见云母、阳起石、透闪石、黄铁矿、方解石等固态包体、气液包体、管状包体（细长管状的孔腔中空或充填有气液，可长达几毫米，平行 C 轴分布），平行排列的针管状包体呈断续分布，常称"雨状"包体。弧面型绿柱石内有一组密集针状包体并沿平行于横向晶轴的一个方向定向排列，产生猫眼效应，如图 5—55 所示。

图 5—54　各色绿柱石

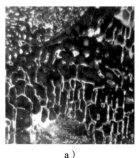 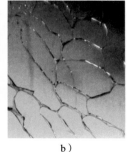 

　　　a）　　　　　　　　　b）　　　　　　　　　c）

图 5—55　绿柱石的特征内含物

a）、b）气液包体　c）管状包体

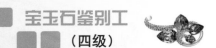
学习单元 2　祖　母　绿

◤【学习目标】

了解祖母绿的基本性质
了解祖母绿的主要品种及产地
掌握祖母绿的主要鉴定方法

◤【知识要求】

祖母绿（Emerald）是绿柱石中最为重要和名贵的品种，被世人称为"绿色宝石之王"。作为五月生辰石，祖母绿（见图5—56）象征着幸福、幸运、美好、长久。

图 5—56　祖母绿首饰

一、基本性质

1.矿物名称

祖母绿矿物名称为绿柱石。

2.化学成分

主要成分：铍铝硅酸盐矿物（$Be_3Al_2Si_6O_{18}$），可含有 Cr、Fe、Ti、V 等元素。

3．晶系及结晶习性

祖母绿属六方晶系，常见六方柱状，晶面纵纹发育，多数具有完美的形状（见图 5—57）。

4．光学性质

图 5—57　祖母绿晶体

（1）颜色：祖母绿的颜色主要呈浅至深绿色、蓝绿色、黄绿色，颜色是由致色的微量元素 Cr 形成的。

（2）光泽：具有玻璃光泽。

（3）透明度：透明—半透明。

（4）光性：非均质体、一轴晶、负光性。

（5）折射率及色散

折射率：$1.577 \sim 1.583$（± 0.017）。

双折射率：$0.005 \sim 0.009$。

色散：0.014。

（6）多色性：中等至强，蓝绿、黄绿。

（7）发光性：一般无荧光，少数在长短波下呈弱橙红色、红色荧光（短波较长波弱）。

5．力学性质

（1）解理：具有一组不完全解理，断口呈贝壳状至参差状。

（2）硬度：摩氏硬度为 $7.5 \sim 8$。

（3）密度：2.72（$+ 0.18$，-0.05）g/cm^3。

二、主要品种

1．祖母绿猫眼

祖母绿可因内部含有一组平行排列密集分布的管状包体，而产生猫眼效应。祖母绿猫眼（见图 5—58a）不常见。

2．星光祖母绿

祖母绿内部有三组密集分布的管状包体并沿平行于横向晶轴的三个方向定向排列，而产生星光效应。星光祖母绿极为稀少。

3．达碧兹祖母绿

达碧兹祖母绿（见图 5—58b）属于特殊类型的祖母绿，在祖母绿的中间有暗色核和放射状的臂，是由碳质包体和钠长石组成。主要产于哥伦比亚姆佐和契沃尔。

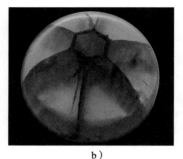

a） b）

图 5—58 祖母绿

a）祖母绿猫眼 b）达碧兹祖母绿

三、主要鉴定特征（见表 5—10）

表 5—10　　　　　　　　祖母绿的主要鉴定特征

折射率	光性 （正交偏光）	相对密度	发光性	多色性	10 倍放大镜观察
1.577 ~ 1.583	四明四暗	2.72	无或弱 橙红、红色	中等至强，蓝绿、黄绿	玻璃光泽，裂隙发育，常见气液包体、褐色黑色矿物包体及色带、生长纹等

四、主要产地

　　世界上祖母绿的主要产地有哥伦比亚、巴西、津巴布韦、坦桑尼亚等。哥伦比亚的祖母绿颜色较深，巴西祖母绿颜色较浅，津巴布韦祖母绿晶体较小，坦桑尼亚祖母绿颜色很好，有些带些黄色色调或蓝色色调。我国祖母绿主要产于云南和新疆。云南祖母绿颜色呈中等绿色，略带些黄色；新疆祖母绿颜色为蓝绿色。

【技能要求】

祖母绿的鉴定

1．折射率测定

（1）对于刻面型祖母绿，采用近视法。将宝石放置在折射仪上，将观察到两条阴影边界，转动宝石时数值小的阴影边界上下移动，数值大的阴影边界则不动（一轴晶、负光性），折射率为 1.577 ～ 1.583 ，双折射率为 0.005 ～ 0.009。

（2）对于弧面型祖母绿，采用远视法。将宝石放置在折射仪上，观察折射油滴半明半暗的分界线，进行读数，折射率近似为 1.56 ～ 1.57。

2．偏光镜观察

在偏光镜下转动祖母绿 360°，会出现四明四暗的现象。

3．相对密度测定

用电子密度天平测得祖母绿的相对密度为 2.72。

4．多色性观察

具明显多色性，呈蓝绿／黄绿色，有时为绿／黄绿色。

5．查尔斯滤色镜观察

祖母绿显红色或粉红色，印度和南非祖母绿不变色。

6．发光性特征观察（见表 5—11）

表 5—11　　　　　　　　　　祖母绿的查尔斯滤色镜及发光性观察特征

产地	滤色镜	紫外荧光
哥伦比亚契沃尔	强红色	红色
哥伦比亚姆佐	强红色	红色
俄罗斯	浅红	弱红
印度	不变	无
津巴布韦	弱红色	无
坦桑尼亚	粉红色—不变	弱红—无
赞比亚	微红—不变	无

7．10 倍放大镜观察

祖母绿的颜色呈翠绿色，可略带黄色或蓝色色调，其颜色柔和而鲜亮，一些产地如巴西的祖母绿（见图 5—59）有时呈淡绿色。抛光面呈玻璃光泽。祖母绿裂隙发育，常见气液包体、褐色黑色矿物包体及色带、生长纹等，不同产地的天然祖母绿一般具有不同的典型包体组合（见图 5—60）。哥伦比亚祖母绿裂隙较多，裂隙内有时充满褐色铁质薄膜，具典型的气、液、固三相包裹体，还有纤维状包裹体、黄褐色粒状氟碳钙铈矿物包裹体、黄铁矿包裹体、磁黄铁矿包裹体和辉钼矿包裹体等。俄罗斯祖母绿裂隙较少，具阳起石包体，外观很像竹筒，俗称竹节状包裹体，另外还常见叶片状黑、白云母包裹体，亦是祖母绿呈褐色的原因。印度祖母绿的特点是含有十分典型的"逗号"状包裹体。

图 5—59　祖母绿

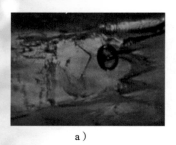
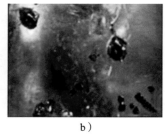
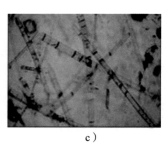

a）　　　　　　　　　b）　　　　　　　　　c）

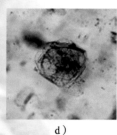
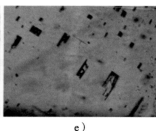
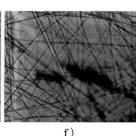
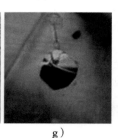

d）　　　　　　e）　　　　　　f）　　　　　　g）

图 5—60　祖母绿的特征内含物

a）哥伦比亚祖母绿的气、液、固三相包体　b）巴西祖母绿中的黄铁矿、黑云母包体
c）俄罗斯祖母绿的竹节状阳起石包体　d）坦桑尼亚祖母绿的云母包体
e）印度祖母绿的逗号状包体　f）津巴布韦祖母绿的纤维状透闪石包体
g）赞比亚祖母绿的赤铁矿包体

助熔剂法合成祖母绿中可见面纱状愈合裂隙（见图 5—61a）、助熔剂残余（见图 5—61b）、无色透明形态完整的硅铍石晶体包体，还可见到种晶片残余。水热法合成祖母绿的内部常有两相包裹体，由硅铍石和孔洞组成钉状包体（见图 5—61c），云雾状的两相包裹体（见图 5—61d）。还可出现铂金属片，呈六边形或三角形，在反射光下具银白色外观。有些水热法合成祖母绿成品内保留了种晶片。水热法合成祖母绿内部发育波状生长纹（见图 5—61f）和色带，色带多平行于种晶片，并与 C 轴斜交（见图 5—61e），这是天然祖母绿中所没有的。

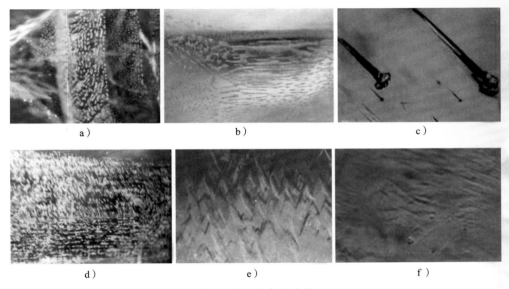

图 5—61　合成祖母绿

a）面纱状愈合裂隙（助熔剂法合成）　b）残余助熔剂（助熔剂法合成）

c）钉状包体（水热法合成）　d）云雾状包体（水热法合成）

e）斜交 C 轴生长纹（水热法合成）　f）波状生长纹（水热法合成）

　　注无色油能提高祖母绿的表观净度，凡有通向表面开放裂隙的祖母绿都应怀疑注过油。注胶祖母绿充填区有时呈雾状，可见流动构造和残留的气泡。反射光下，充填裂隙可见黄色或蓝色的干涉色（闪光效应），如图 5—62 所示。

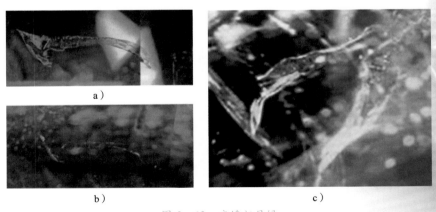

图 5—62　充填祖母绿

a）充填前的明显裂隙　b）充无色油后，裂隙变得不明显

c）反射光下充填裂隙可见黄色的干涉色

加底衬的祖母绿可见薄膜与宝石的接合缝，有时薄膜会起皱或脱落，接合处亦可见气泡。经表面附生处理的祖母绿在外层的再生祖母绿中可见交织网状应变裂纹（见图5—63）。拼合祖母绿一般有两层或三层拼合两种。冠部采用祖母绿，亭部或夹层用合成祖母绿或其他材料。仔细观察有拼接缝，拼接处有明显可见的气泡。

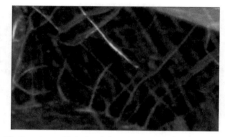

图5—63 再生祖母绿的交织网状应变裂纹

第4节 金绿宝石

【学习目标】

了解金绿宝石的基本性质
了解金绿宝石的主要品种及产地
掌握金绿宝石的主要鉴定方法

【知识要求】

金绿宝石（chrysoberyl）因其独特的颜色外观和特殊的光学效应而闻名。主要有金绿宝石、猫眼、变石和变石猫眼等品种，其中金绿宝石猫眼最为有名。金绿宝石被誉为世界五大宝石之一。

基本性质

1. 矿物名称

矿物名称为金绿宝石。

2. 化学成分

主要成分：铍铝氧化物（$BeAl_2O_4$）；可含有Fe、Cr、Ti 等元素，不同的微量元素使金绿宝石产生不同的颜色。

3. 晶系及结晶习性

金绿宝石属斜方晶系，常见板状、短柱状、假六方的三连晶，晶面常见平行条纹（如图5—64）。

a)　　　　　　　b)　　　　　　　c)　　　　　　　d)

图 5—64　金绿宝石晶体形态

a）单晶　b）、c）、d）双晶

4．光学性质

（1）颜色：浅至中等黄、黄绿、灰绿、褐色至黄褐色及罕见的浅蓝色。

（2）光泽：玻璃光泽至亚金刚光泽。

（3）透明度：透明—不透明。

（4）光性：非均质体，二轴晶，正光性。

（5）折射率及双折射率

折射率：1.746～1.755（＋0.004，－0.006）。

双折射率：0.008～0.010。

（6）多色性：金绿宝石具有三色性，通常是弱至中等的黄、绿、褐色。随着金绿宝石自身颜色的深浅，多色性、强度略有变化。

（7）发光性：金绿宝石在紫外荧光灯下，长波无荧光，短波通常也无荧光，某些浅绿黄色金绿宝石可见弱的绿色荧光。

5．力学性质

（1）解理：三组不完全解理，金绿宝石常出现贝壳状断口。

（2）硬度：摩氏硬度为 8～8.5。

（3）密度：（3.73±0.02）g/cm³。

二、主要品种

1．金绿宝石

金绿宝石（见图 5—65a）指没有任何特殊光学效应的金绿宝石。

2．猫眼

具有猫眼效应的金绿宝石称为猫眼（见图 5—65b）。猫眼效应顾名思义就是指金绿宝石猫眼在光线的照射下表面呈现一条明亮光带，光随着宝石或光线的移动而移动，宛如猫的眼睛。只有金绿宝石猫眼无须注明矿物品种而直接可以称为"猫眼"。猫眼的颜色主要为黄色—黄绿色、灰绿色、褐色—

褐黄色；多为玻璃光泽呈亚透明—半透明；猫眼的多色性较弱，呈现黄—黄绿—橙色；长短波紫外线下通常无荧光。

3．变石

具有变色效应的金绿宝石称为变石（见图5—65c），商业界称为亚历山大石。变石在日光或日光灯下呈现绿色色调为主的颜色，而在白炽光灯下或烛光下呈现红色色调为主的颜色。变石断口呈现玻璃至油脂光泽，透明度为透明；变石的多色性很强，呈现绿色、橙黄色和紫红色；在长短波紫外线下发无至中等强度的紫红色荧光。

4．变石猫眼

同时具有变色效应和猫眼效应的金绿宝石称为变石猫眼（见图5—65d）。变石猫眼是一种非常珍贵和稀罕的宝石品种。

a)   b)

c)   d)

图5—65　金绿宝石的品种

a）金绿宝石　b）猫眼　c）变石　d）变石猫眼

三、主要鉴定特征（见表 5—12）

表 5—12   金绿宝石的主要鉴定特征

折射率	光性（正交偏光）	相对密度	发光性	多色性	10 倍放大镜下观察
1.746 ~ 1.755	四明四暗	3.73	一般无荧光，变石发无，中等强度的紫红色荧光	金绿宝石：弱一中，黄—绿—褐；猫眼：弱，黄—黄绿—橙色；变石：强，绿色、橙黄色和紫红色	玻璃光泽至亚金刚光泽，常见管状、气液包体

四、主要产地

金绿宝石主要产于乌拉尔、斯里兰卡、巴西、缅甸、津巴布韦等国家或地区。最好的变石产自乌拉尔地区，黄绿色大颗粒高品质的猫眼产于斯里兰卡，目前最主要的、品种产出最全的是巴西。

【技能要求】

金绿宝石的鉴定

1．折射率测定

（1）刻面型金绿宝石，采用近视法。将宝石放置在折射仪上，会观察到两条阴影边界，转动宝石时两条阴影边界上下移动，数值大的阴影边界上下移动幅度大于数值小的阴影边界移动幅度（二轴晶、正光性），RI 为 1.746 ~ 1.755，DR 为 0.008 ~ 0.010。

（2）弧面型金绿宝石，采用远视法。将宝石放置在折射仪上，观察折射油滴半明半暗的分界线，进行读数，近似折射率值为 1.75。

2．偏光镜观察

在偏光镜正交偏光下将金绿宝石转动 360° 时会出现四明四暗的现象。

3．二色镜观察

金绿宝石可见明显的三色性，三种颜色分别为绿色、橙黄色和褐色；猫眼多色性弱；变石的多色性很强，表现为绿色、橙黄色和紫红色，多色性颜色随体色变化。

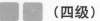

4．查尔斯滤色镜观察

变石在查尔斯滤色镜下显淡红色；黄色金绿宝石不变色。

5．发光性观察

变石在长、短波紫外线下呈无至中等的紫红色荧光；绿黄色金绿宝石在短波紫外线下可能有绿黄色荧光；其他品种的金绿宝石在长、短波紫外线下一般呈中惰性。

6．相对密度测定

用电子密度天平测得金绿宝石的相对密度值为 3.73。

7．10 倍放大镜观察

金绿宝石、猫眼颜色为浅至中等黄、黄绿、灰绿、褐色至黄褐色（见图 5—66a、b、c、e），变石在日光或日光灯下呈现绿色色调为主的颜色，而在白炽光灯下或烛光下呈现红色色调为主的颜色（图 5—66d）。抛光面呈玻璃光泽至亚金刚光泽。

图 5—66　金绿宝石

a）、b）金绿宝石　c）、e）猫眼　d）变石

天然金绿宝石中的特征包体为细小平行生长管或针状矿物包体（见图 5—67b）；磷灰石、石英、云母、阳起石、萤石、方解石等矿物包体；二相或三相及指纹状气液包体（见图 5—67a、c）；透明晶体中有时可见双晶纹（图 5—67d）、阶梯状生长面。猫眼中含有大量平行 C 轴定向排列的细长管状负晶、针（丝）状钛铁矿及金红石包体（见图 5—67e、f）。

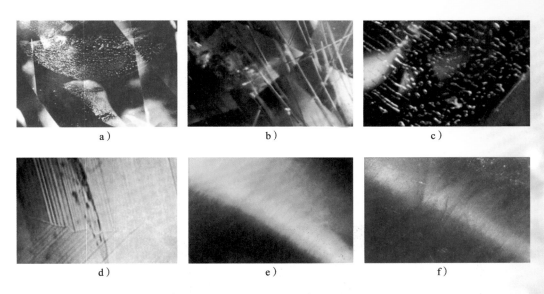

图 5—67　金绿宝石的特征内含物

a）指纹状气液包体　b）针状包体　c）扁平状气液包体

d）双晶纹　e）、f）极其密集分布的、平行排列的细小丝状包体

第 5 节　碧　玺

【学习目标】

了解碧玺的基本性质

了解碧玺的主要品种及产地

掌握碧玺的主要鉴定方法

【知识要求】

碧玺（tourmaline）用来做宝石的历史较短，但由于它鲜艳丰富的颜色和高透明度所构成的美，在它问世的时候，就赢得了人们的喜爱，被称为风情万种的宝石。在我国清代的皇宫中，就有较多的碧玺饰物。现在，碧玺是受人喜爱的中档宝石品种，被誉为"落入凡间的彩虹"，作为十月生辰石，象征欢喜、安乐、去祸得福。

一、基本性质

1．矿物名称

矿物名称为电气石。

2．化学成分

主要成分是极为复杂的硼硅酸盐，以含硼（B）为特征，其化学式为$(Na，K，Ca)(Al，Fe，Li，Mg，Mn)_3(Al，Cr，Fe，V)_6(BO_3)_3(Si_6O_{18})(OH，F)_4$。

3．晶系及结晶习性

碧玺属三方晶系，浑圆三方柱状或复三方锥柱状晶体，晶面纵纹发育（见图5—68a）。集合体呈放射状、束状，可作为很好的观赏石（见图5—68b）。

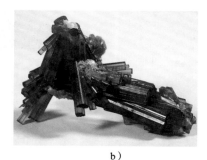

a）   b）

图5—68　碧玺晶体、集合体形态

a）单晶体形态　b）集合体形态

4．光学性质

（1）颜色：呈多种颜色（见图5—69），同一晶体内外或不同部位可呈双色或多色。

图5—69　碧玺首饰

（2）光泽：玻璃光泽。

（3）透明度：透明—不透明。

（4）光性：非均质体，一轴晶，负光性。

（5）折射率及双折射率：

折射率：1.624 ~ 1.644（＋0.011，－0.009）。

双折射率：0.018 ~ 0.040，通常为0.020，暗色可达0.040。

（6）多色性：碧玺的多色性中—强，根据体色的颜色来变化，呈现深浅不同的体色。

（7）发光性：一般情况下无荧光，粉红、红色碧玺在长短波下发弱红—紫色荧光。

5．力学性质

（1）解理：无解理，贝壳状断口。

（2）硬度：摩氏硬度为7 ~ 8。

（3）密度：3.06（＋0.20，－0.60）g/cm^3。

6．电学性质

（1）压电性：由于碧玺是无对称中心的矿物，因此当宝石沿特殊方向受力时，能够垂直应力的两边表面产生数量相等、符号相反的电荷，且荷电量与压力成正比。

（2）热电性：在温度改变时，在Z轴两端产生相反的电荷，易吸附灰尘，因此碧玺也被称之为"吸灰石"。

二、主要品种

1．按照颜色分类（见图5—70）

图5—70　各色碧玺

（1）红色碧玺：颜色主要是由于含有致色元素 Mn。

（2）绿色碧玺：颜色主要是由于含有致色元素 Fe 或 Cr。

（3）蓝色碧玺：颜色主要是由于含有致色元素 Li 和 Mn。

（4）黄色碧玺：颜色主要是由于含有致色元素 Mg。

（5）多色碧玺：碧玺色带发育，常出现一个晶体上出现红和绿两色色带或三色色带（见图 5—71），或以 Z 轴为中心由里向外形成色环，内红外绿，形象地称之为"西瓜碧玺"。

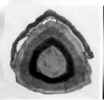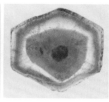

图 5—71 西瓜碧玺

2．按照特殊光学效应分类

（1）碧玺猫眼（见图 5—72）：碧玺内含有大量平行排列的管状、纤维状包体，弧面型碧玺可显示出猫眼效应。

图 5—72 碧玺猫眼

（2）变色碧玺（见图 5—73）：碧玺呈现出变色效应，稀少，偶见报道。阳光下呈黄绿到棕绿，灯光下呈橙红。

图 5—73 变色碧玺

三、主要鉴定特征（见表 5—13）

表 5—13　　　　　　　　　　　　　　碧玺的主要鉴定特征

折射率	光性 （正交偏光）	相对 密度	发光性	多色性	10 倍放大镜观察
1.624 ~ 1.644	四明四暗	3.06	一般情况下无荧光，粉红、红色碧玺在长短波下发弱红—紫色荧光	中—强根据体色的颜色变化，呈现深浅不同的体色	玻璃光泽，色带发育，常见气液包体和管状包体。碧玺猫眼内有一组密集管状包体并沿平行于横向晶轴的一个方向定向排列

四、主要产地

　　碧玺主要产于巴西、斯里兰卡、缅甸、乌拉尔、意大利、美国等国家或地区。巴西以产红、绿碧玺和碧玺猫眼而闻名，美国以产优质粉红色碧玺著称，优质红碧玺产自乌拉尔地区，意大利盛产无色碧玺。在我国，碧玺的主要产地为新疆、云南、内蒙古，新疆是我国碧玺最为重要的产地，晶体大、质量也比较好；内蒙古所产的碧玺质地也很优良，尤其是绿色碧玺；云南多色碧玺晶体裂隙较多，透明度较差。

【技能要求】

碧玺的鉴定

1．折射率测定

　　（1）对于刻面型碧玺，采用近视法。将宝石放置在折射仪上，会观察到两条阴影边界，转动宝石时数值小的阴影边界上下移动，数值大的阴影边界则不动（一轴晶、负光性），RI 为 1.624 ~ 1.644　DR 为 0.018 ~ 0.040。

　　（2）对于弧面型的碧玺，采用远视法。将宝石放置在折射仪上，观察折射油滴半明半暗的分界线，进行读数，近似值为 1.63。

2．偏光镜观察

　　在偏光镜正交偏光下将碧玺转动 360°，观察视域呈现四明四暗。

3．相对密度测定

　　碧玺在 3.06 g/cm³ 重液中呈悬浮状态。使用电子密度天平测得碧玺的相对密度为 3.06。

4．二色镜观察

多色性明显，多色性的颜色随体色而变化。红色系列碧玺为红到黄红色；绿色系列碧为蓝绿到黄绿。褐色及绿色品种肉眼明显可见。

5．发光性特征观察

粉红色者有弱紫色荧光，其他无或者很难看出来。

6．10倍放大镜观察

碧玺颜色丰富，同一晶体内外或不同部位可呈双色或多色（见图5—74）。

图5—74　多色碧玺

抛光面呈玻璃光泽。放大观察常见气液包体和管状包体。红色、绿色者常含不规则的线状气液包体，或单独出现或交织成松散的网状，尤其是绿色碧玺，可包含稠密的平行直条状纤维体或空细管状包体沿平行于横向晶轴的一个方向定向排列，可见猫眼效应（见图5—75）。

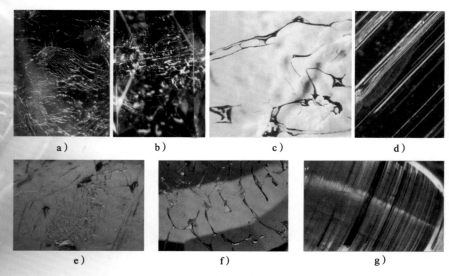

图5—75　碧玺的特征内含物

a）、b）、c）、e）、f）气液包体　d）、g）管状包体

第 6 节　尖　晶　石

【学习目标】

了解尖晶石的基本性质

了解尖晶石的主要品种及产地

掌握尖晶石的主要鉴定方法

【知识要求】

尖晶石（spinel）属于常见的中档宝石，历史悠久，常常被误认为是红宝石。尖晶石漂亮美丽的颜色深得人们的喜爱，是宝石贸易中十分畅销的宝石品种。

一、基本性质

1．矿物名称

矿物名称为尖晶石。

2．化学成分

主要成分：$MgAl_2O_4$；可含有 Cr、Fe、Zn、Mn 等元素。

3．晶系及结晶习性

尖晶石属等轴晶系，常见八面体晶形，有时八面体与菱形十二面体、立方体成聚形（见图 5—76、图 5—77）。

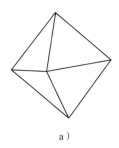
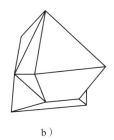

　　a）　　　　　　　　b）

图 5—76　尖晶石晶体形态示意图

a）八面体

b）八面体与菱形十二面体聚形

图 5—77　尖晶石晶体形态

4．光学性质

（1）颜色：根据所含微量的致色元素的不同呈现出不同的颜色（见图5—78）。

图 5—78　不同颜色的尖晶石

（2）光泽：玻璃光泽至亚金刚光泽。

（3）透明度：透明—不透明。

（4）光性：均质体。

（5）折射率及双折射率

折射率：1.718（＋0.017，－0.008）。

双折射率：无。

（6）多色性：无。

（7）发光性

红色系尖晶石在长波紫外灯下呈弱至强红色、橙色荧光，短波紫外灯下呈无至弱红色、橙色荧光。

黄色尖晶石在长波紫外灯光下呈弱至中褐黄色，短波紫外灯下呈无至弱褐黄色。

绿色尖晶石在长波紫外灯下呈无至中的橙—橙红色荧光。

其他颜色的尖晶石在紫外灯下一般无荧光。

5．力学性质

（1）解理：不完全解理，常见贝壳状断口。

（2）硬度：摩氏硬度为8。

（3）密度：3.60（＋0.10，－0.03）g/cm³，黑色近于4.00 g/cm³。

三、主要品种（见表 5—14）

表 5—14　　　　　　　　　　尖晶石的主要品种

图　片	品　种
	**橙色尖晶石** 橙红色至橙色的尖晶石，颜色主要是由于含有致色元素 Cr
	**蓝色尖晶石** 蓝色至蓝绿色的尖晶石，颜色主要是由于含有致色元素 Fe
	**绿色至黑色尖晶石** 绿色尖晶石比较稀少，主要是富含致色元素 Fe，颜色发暗。有时基本呈黑色
	**红色尖晶石** 各种色调的红色，颜色主要是由于含有致色元素 Cr

续表

图 片	品 种
	无色尖晶石 纯净无色尖晶石比较稀少
	星光尖晶石 　产生四射或六射星光效应的是暗棕红色、紫红色、中灰至黑色尖晶石，其内部有多组针状包体
	变色尖晶石 变色尖晶石在日光下呈蓝色，白炽灯下呈紫色

三、主要鉴定特征（见表 5—15）

表 5—15　　　　　　　　　　尖晶石的主要鉴定特征

折射率	光性 （正交偏光）	相对密度	发光性	多色性	10 倍放大镜下观察
1.718	全暗	3.60	红、橙、粉色：长波呈弱至强，红、橙红；短波为无至弱，红、橙红绿色；长波为无至中，橙至橙红 　其他颜色：一般无	无	玻璃光泽至亚金刚光泽，可见气液包体、八面体尖晶石包体、生长带和双晶纹。变色尖晶石具有变色效应

四、主要产地

　　尖晶石主要产于缅甸、斯里兰卡、坦桑尼亚、尼日利亚、肯尼亚及巴基斯坦、越南、美国和阿富汗等。黑色尖晶石在蒙特桑玛、泰国红蓝宝石矿中有发现，星光尖晶石主要发现于斯里兰卡。

【技能要求】

尖晶石的鉴定

1．折射率测定

（1）刻面型尖晶石，采用近视法。将宝石放置在折射仪上，会观察到一条不动的阴影边界（等轴晶系，均质体），RI 为 1.718，无双折射。

（2）对于弧面型的尖晶石，采用远视法。将宝石放置在折射仪上，观察折射油滴半明半暗的分界线，进行读数，近似折射率值为 1.71。

2．偏光镜观察

在偏光镜正交偏光下转动尖晶石 360°，观察视域全暗。

3．二色镜观察

无多色性。

4．发光性特征观察

体色为主，短波弱于长波。红色尖晶石呈弱至强红色荧光；黄色尖晶石呈弱至中等褐黄色荧光；绿色尖晶石呈无至中、橙至橙红色荧光。

5．查尔斯滤色镜观察

在查尔斯滤色镜下不变色。

6．相对密度测定

用电子密度天平，采用静水称重法测得尖晶石的相对密度值为 3.60。

7．10 倍放大镜

尖晶石颜色丰富（见图 5—79 和图 5—80），玻璃光泽至亚金刚光泽。变色尖晶石在日光下呈蓝色，白炽灯下呈紫色。

图 5—79　不同颜色尖晶石

图 5—80　橙、橙红、棕色尖晶石

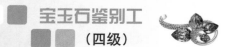
放大观察可见气液包体、八面体尖晶石包体及负晶（见图5—81）、生长带和双晶纹。

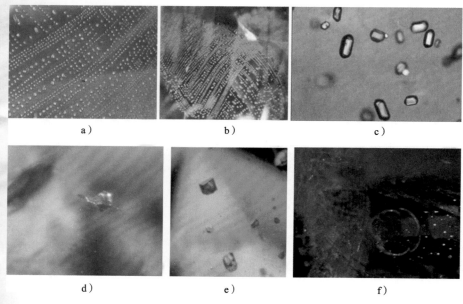

a）　　　　　　　b）　　　　　　　c）

d）　　　　　　　e）　　　　　　　f）

图5—81　尖晶石的特征内含物

a）、b）尖晶石负晶呈串珠状成排、面网状分布　c）柱状磷灰石包体

d）尖晶石八面体负晶包体　e）尖晶石八面体晶体包体　f）指纹状液体包体及盘状微裂隙

第7节　托　帕　石

【学习目标】

了解托帕石的基本性质
了解托帕石的主要产地
掌握托帕石的主要鉴定方法

【知识要求】

托帕石（topaz）又可称为"黄玉"，在中档宝石中是比较贵重的。托帕石作为十一月的生辰石，象征着友情、友爱、希望、洁白（见图5—82）。

图 5—82 托帕石首饰

一、基本性质

1．矿物名称

矿物名称为黄玉。

2．化学成分

主要成分：属于硅酸盐矿物 $Al_2SiO_4（F，OH）_2$；可含有 Li、Be、Ga 等微量元素，粉红色可含 Cr 元素。

3．晶系及结晶习性

托帕石属斜方晶系，常呈短柱状晶形，柱面上常有纵纹，常见其一端为锥状，另一端为平面（见图 5—83 和图 5—84）。

4．光学性质

（1）颜色：呈无色、淡蓝色、蓝色、黄棕色、褐黄色、粉色、粉红色、褐红色，极少数呈绿色。

（2）光泽：玻璃光泽。

（3）透明度：透明。

（4）光性：非均质体，二轴晶，正光性。

（5）折射率及双折射率

折射率：1.619 ～ 1.627（±0.010）。

双折射率：0.008 ～ 0.010。

（6）多色性：具弱～中的多色性，不同品种托帕石具有不同的多色性。黄色：褐黄，黄，橙黄；褐色：黄褐，褐；红、粉色：浅红，橙红，黄；绿色：蓝绿，浅绿；蓝色：不同色调的蓝色（见图 5—85）。

图 5—83 托帕石的理想晶体形态

图 5—84　托帕石晶体形态

（7）发光性

浅褐色和粉红色托帕石在长波紫外灯光下：无至中，橙黄色、黄色。

在短波紫外光下：无至弱，橙黄色、黄色、绿白色。

蓝色和无色托帕石通常无荧光，有时在长波紫外灯光下呈很弱的绿黄色荧光。

图 5—85　不同颜色及不同琢型的
托帕石刻面

5．力学性质

（1）解理：一组完全解理，韧性差。

（2）硬度：摩氏硬度为 8。

（3）密度：（3.53±0.04）g／cm³。

二、主要鉴定特征（表 5—16）

表 5—16　　　　　　　　　　托帕石的主要鉴定特征

折射率	光性（正交偏光）	相对密度	发光性	多色性	10 倍放大镜观察
1.619～1.627	四明四暗	3.53	长波：无至中，橙黄、黄、绿　短波：无至弱，橙黄、黄、绿白	弱至中　黄色：褐黄，黄，橙黄　褐色：黄褐，褐红，粉色：浅红，橙红，黄　绿色：蓝绿，浅绿　蓝色：不同色调的蓝色	玻璃光泽，可见气液包体、固态矿物包体和管状包体。具有平行排列的管状包体的托帕石可产生猫眼效应

三、主要产地

托帕石绝大部分产自巴西，在斯里兰卡、乌拉尔、缅甸、美国和澳大利亚等国家或地区也有产出。在我国，托帕石主要产地是内蒙古、云南和江西等地。

【技能要求】

托帕石的鉴定

1. 折射率测定

（1）对于刻面型尖晶石，采用近视法。将宝石放置在折射仪上，会观察到两条阴影边界，转动宝石时两条阴影边界上下移动，数值大的阴影边界上下移动幅度大于数值小的阴影边界移动幅度（二轴晶、正光性），RI 为 $1.619 \sim 1.627$，DR 为 $0.008 \sim 0.010$。

（2）对于弧面型托帕石，采用远视法。将宝石放置在折射仪上，观察折射油滴半明半暗的分界线，进行读数，测得近似折射率值为 1.62。

2. 偏光镜观察

在偏光镜正交偏光下可以观察到尖晶石转动 360° 时会出现四明四暗的现象。

3. 二色镜观察

多色性，弱—明显。

4. 发光性观察

在长波紫外光下，蓝色和无色托帕石发无到弱的黄绿色荧光；黄褐色和粉红色托帕石发橙黄色荧光。

5. 相对密度测定

应用电子密度天平，采用静水称重法测得托帕石的相对密度值为 3.53。

6. 10 倍放大镜观察

托帕石颜色常呈无色、淡蓝色、蓝色、黄棕色、褐黄色、粉色、粉红色、褐红色（见图 5—86）。抛光面呈玻璃光泽。

放大观察可见液体包体；气—液两相、气—液—固三相包体；固态矿物包体；负晶和管状包体（见图 5—87）。托帕石中具有一组平行排列的管状包体，可产生猫眼效应。

图 5—86　不同颜色的托帕石晶体及刻面

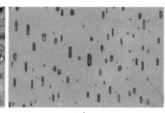
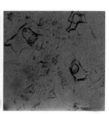

a)　　　　　　　　　　b)　　　　　　　　　　c)

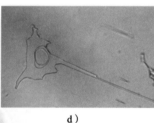
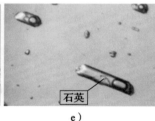
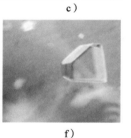

石英

d)　　　　　　　　　　e)　　　　　　　　　　f)

图 5—87　托帕石的特征内含物

a)"渔网"状液体包体　b)、c)、d) 气—液两相包体
e) 气—液—固三相包体　f) 矿物包体

第8节　橄　榄　石

学习目标

了解橄榄石的基本性质

了解橄榄石的主要产地

掌握橄榄石的主要鉴定方法

【知识要求】

橄榄石（见图 5—88）是一种中低档宝石，也是一种重要造岩矿物。橄榄石因为其颜色与橄榄相似而得名，它以其特有的草绿色和柔和的光泽受到人们的喜爱，被誉为八月的生辰石。

图 5—88　橄榄石首饰

一、基本性质

1．矿物名称

矿物名称为橄榄石，属于橄榄石族。

2．化学成分

化学成分为 $(Mg，Fe)_2SiO_4$，可含有 Mn、Ni、Ca、Al、Ti 等其他微量元素，其 Mg 和 Fe 构成了橄榄石的类质同象系列。按照 Fe 含量的高低可将橄榄石分为六个亚种：镁橄榄石、贵橄榄石、透铁橄榄石、镁铁橄榄石、铁镁橄榄石和铁橄榄石。但是能作为宝石材料的只有镁橄榄石和贵橄榄石两种。

3．结晶形态

橄榄石属斜方晶系，完好晶形少见，呈柱状或短柱状，多为不规则粒状。柱面有时可见纵向条纹。理想晶体形态如图 5—89 所示，自然晶体形态如图 5—90 所示。

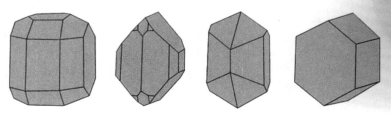

图 5—89　橄榄石的理想晶体形态

图 5—90　橄榄石的自然晶体形态

4．光学性质

（1）颜色。主要为中到深的草绿色（略带黄的绿色，又称为橄榄绿），少量为浅褐绿至绿褐色（见图 5—91）。色调主要随含铁量多少而变化，含铁越多，颜色越深。橄榄石的颜色是其本身所含的铁等化学成分所导致的，是一种自色矿物，颜色稳定。

图 5—91　不同颜色、不同琢形橄榄石刻面

（2）光泽。光泽为玻璃光泽。

（3）透明度。透明—半透明。

（4）光性。非均质体，二轴晶，存在正负两种光性情况。由其所含的铁橄榄石多少决定的，铁橄榄石含量少时为正光性，而当铁橄榄石含量大于 12% 时变为负光性。

（5）折射率及色散

折射率：$1.654 \sim 1.690$（± 0.020）。

双折射率：$0.035 \sim 0.038$，常为 0.036。

色散：0.020。

（6）多色性。多色性较弱，为黄绿色至绿色。

（7）发光性。在长短波紫外光照射下，均无荧光、磷光反应。

5．力学性质

（1）解理。{010} 中等解理，{001} 不完全解理。

（2）硬度。摩氏硬度为 $6.5 \sim 7$。

（3）密度。3.34（$+0.14$，-0.07）g/cm^3。

二、主要鉴定特征（见表 5—17）

表 5—17　　　　　　　　　　橄榄石的主要鉴定特征

折射率	光性 （正交偏光）	相对密度	多色性	发光性	10 倍放大镜下检查
$1.654 \sim 1.690$	四明四暗	3.34	多色性较弱	在长、短波紫外线照射下无发光现象	玻璃光泽，颜色为特有的略带黄色的草绿色，即橄榄绿色。用放大镜检查可见宝石刻面棱的重影线、"睡莲叶"状包体、云雾状包体、晶体包体、流体包体

三、主要产地

橄榄石的主要产地有埃及、缅甸、印度、美国、巴西、墨西哥、美国、中国等。埃及的扎巴贾德岛和美国的亚利桑那州是世界上优质宝石橄榄石的著名产地。我国河北万全大麻坪、吉林蛟河橄榄石呈绿色至黄绿色，也是优质品种之一。

【技能要求】

橄榄石的鉴定

1．折射率测定

（1）刻面型橄榄石，采用近视法。将宝石放置在折射仪上，会观察到两条阴影边界，转动宝石时两条阴影边界上下移动，RI 为 1.654～1.690，DR 为 0.035～0.38。

（2）弧面型橄榄石、小刻面型橄榄石，采用远视法。将宝石放置在折射仪上，观察折射油滴椭圆形影像半明半暗的分界线，进行读数，可测得橄榄石的近似折射率为 1.68。

2．偏光镜观察

在偏光镜正交偏光下转动橄榄石 360°时，出现四明四暗的现象。

3．二色镜观察

弱多色性，绿色品种为绿色—浅黄绿色，褐色品种为褐色—淡褐色。

4．发光性特征观察

在紫外荧光灯的长、短波紫外光下均无发光现象。

5．相对密度测定

用电子密度天平，采用静水称重法测得橄榄石的相对密度为 3.34。

6．10 倍放大镜观察

橄榄石的颜色多为特有的略带黄色的草绿色，即橄榄绿色（见图 5—92）。

图 5—92　不同色调、不同琢形绿色橄榄石刻面

放大观察可见橄榄石为玻璃光泽，特征内含物包括刻面棱的重影线；由铬铁矿、铬尖晶石与气液包体组成的睡莲叶状包体；由橄榄石负晶与盘状裂隙、气液包体组成的睡莲叶状包体；矿物包体；流体包体；云雾状包体（见图 5—93）。

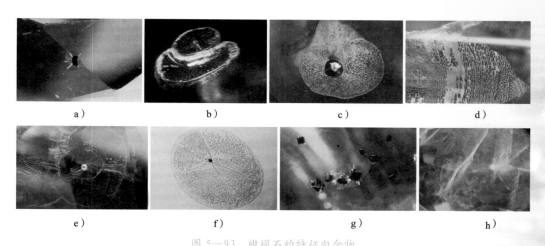

图 5—93　橄榄石的特征内含物

a）、g）矿物（铬铁矿）包体　b）、c）、e）、f）睡莲叶状包体
d）流体包体　h）云雾状包体

第 9 节　石　榴　石

了解石榴石的基本性质
了解石榴石的主要品种及产地
掌握石榴石的主要鉴定方法

石榴石是一月的生辰石，因其形态和颜色与石榴子很像而得名。根据其化学成分，石榴石可分为多个品种。

一、基本性质

1．矿物名称

矿物名称为石榴石。

2．化学成分

化学成分为 $A_3B_2(SiO_4)_3$，其中 A 为二价阳离子，主要是 Fe^{2+}、Ca^{2+}、

Mg^{2+}、Mn^{2+}。B 为三价阳离子，主要是 Al^{3+}、Fe^{3+}、Ti^{3+}、Cr^{3+}、V^{3+}。石榴石存在着广泛的类质同象，根据 A、B 阳离子的不同，将石榴石分为两大系列：铝质系列和钙质系列。

（1）铝质系列。B 位置以三价阳离子 Al^{3+} 为主，A 位置以半径较小的 Mg^{2+}、Fe^{2+}、Mn^{2+} 等二价阳离子之间进行类质同象替代。主要品种有镁铝榴石、铁铝榴石、锰铝榴石。

（2）钙质系列。A 位置以大半径二价阳离子 Ca^{2+} 为主，B 位置以 Al^{3+}、Cr^{3+}、Fe^{3+} 等三价阳离子之间进行类质同象替代。主要品种有钙铝榴石、钙铁榴石、钙铬榴石。

3．结晶形态

石榴石属等轴晶系，通常具有完好的晶形，常见菱形十二面体（d）、四角三八面体（n）、六八面体（s）及三者的聚形。石榴石晶面上有平行四边形长对角线的聚形纹（见图 5—94、图 5—95）。

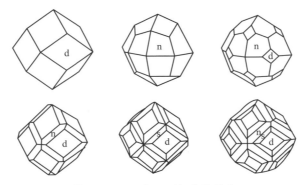

图 5—94　石榴石理想晶体形态

图 5—95　石榴石的实际晶体形态

a）、c）四角三八面体晶体　b）菱形十二面体晶体　d）、e）、f）菱形十二面体与四角三八面体聚形晶体

4．光学性质

（1）颜色。石榴石颜色丰富，除了蓝色以外，石榴石几乎均有出现（见图 5—96）。

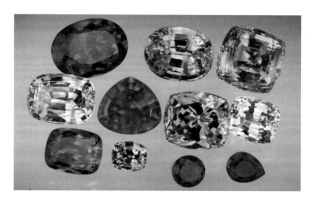

图 5—96　不同颜色、不同琢形的石榴石刻面

（2）光泽。光泽为玻璃光泽至亚金刚光泽。

（3）透明度。透明—半透明。

（4）光性。均质体，常见异常消光。

（5）折射率。铝系列的石榴石折射率为 1.714 ~ 1.830。钙系列的石榴石折射率为 1.734 ~ 1.940。

（6）多色性。无。

（7）发光性。一般无，近于无色、黄色，浅绿色钙铝榴石可呈弱橙黄色荧光。

5．力学性质

（1）解理。无。

（2）硬度。摩氏硬度为 7 ~ 8。

（3）密度。3.50 ~ 4.30 g/cm^3。

二、石榴石的主要品种

根据石榴石的理论化学成分可将石榴石划分为两个系列六个品种。由于石榴石存在着广泛的类质同象替代，使其物理化学性质存在许多差异。铝系列石榴石包括镁铝榴石、铁铝榴石和锰铝榴石；钙系列的石榴石包括钙铝榴石、钙铁榴石和钙铬榴石。

1．镁铝榴石

化学成分为 $Mg_3Al_2(SiO_4)_3$。颜色为中至深橙红色、红色（见图 5—

97）。具有强玻璃光泽至亚金刚光泽，折射率为 1.714 ~ 1.742，常见的为 1.74。密度值为 3.62 ~ 3.87 g/cm^3。放大镜下可见其中固态包体。

图 5—97　不同琢形的镁铝榴石刻面

2. 铁铝榴石

铁铝榴石也称为"贵榴石"，化学成分为 $Fe_3Al_2(SiO_4)_3$。颜色为橙红色至红色、紫红至红紫，色调较暗（见图 5—98），颜色是其主要特点之一。为使成品显得更透明，色较浅，常磨成中空的半球形，即像窝头一样底部中央是凹入的。具有强玻璃光泽至亚金刚光泽，折射率为 1.76 ~ 1.82，密度值为 3.83 ~ 4.30 g/cm^3。

图 5—98　不同琢形的铁铝榴石刻面

放大镜下可见其中固态包体。常含针状金红石晶体包体，三组包体定向排列。此外还有磷灰石、锆石等，呈不规则状和浑圆状，锆石晶体常带有应力晕。当针状金红石按菱形十二面体的棱线以 70°和 110°排列，形成了铁铝榴石的四射星光（见图 5—99a、b、c）。在这个基础上多出一组定向排列的管柱状液态包裹体，则构成了石榴石的六射星光（见图 5—99d）。具有星光效应的石榴石大多是铁铝榴石，以及镁铝榴石与铁铝榴石的变种铁镁铝榴石。

　　a)　　　　　　　　b)　　　　　　　　c)　　　　　　　　d)

图 5—99　铁铝榴石的星光效应

a)、b)、c) 四射星光　d) 六射星光

3．锰铝榴石

化学成分为 $Mn_3Al_2(SiO_4)_3$。颜色为橙色至橙红色。具有强玻璃光泽至亚金刚光泽，折射率为 1.79 ~ 1.814，使用普通折射仪难以测量。密度值为 4.12 ~ 4.20 g/cm^3。放大镜下可见其中固态包体（见图 5—100）。锰铝榴石中可出现猫眼效应（见图 5—101）。

图 5—100　不同琢形（刻面）的锰铝榴石　　　图 5—101　锰铝榴石猫眼及内部包体

4．钙铝榴石

化学成分为 $Ca_3Al_2(SiO_4)_3$。钙铝榴石颜色较多，为浅至深绿、浅至深黄、橙红色，无色少见（见图 5—102）。

图 5—102　不同颜色钙铝榴石的自然晶体

具有强玻璃光泽至亚金刚光泽，折射率为 1.73 ~ 1.76。密度值为 3.57 ~ 3.73 g/cm^3。放大镜下可见其中固态包体。主要品种有铁钙铝榴石、铬钒钙铝榴石（又称沙弗莱石）、水钙铝榴石。

（1）水钙铝榴石。钙铝榴石中含水（H_2O）的品种为水钙铝榴石，常用来仿冒翡翠。水钙铝榴石颜色以绿色为主，有少量蓝绿色、白色、无色和粉色的品种。其密度值为 3.15 ~ 3.55 g/cm^3，折射率为 1.715 ~ 1.730。

水钙铝榴石常含有黑色铬铁矿包体（见图5—103），这些黑色包体是鉴定水钙铝榴石的重要特征。水钙铝榴石在查尔斯滤色镜下呈特征的粉红—红色。

（2）铁钙铝榴石。商业上也称贵榴石，是含有少量铁铝榴石组分的钙铝榴石，常见浅褐黄、浅褐红色、橙红色（见图5—104）。含有大量圆形晶体，圆形晶体主要是磷灰石、方解石和锆石，造成独特的糖浆状效应。

图5—103　水钙铝榴石挂件

图5—104　铁钙铝榴石（贵榴石）

（3）铬钒钙铝榴石（沙弗莱石）。沙弗莱石是一种绿色含有铬或钒的钙铝榴石，是苏格兰宝石学家布里奇斯1967年在肯尼亚沙弗（Tsavo）地区首次发现的，这种宝石就是以此地名命名的。常见黄绿到蓝绿色（见图5—105），由钒和铬致色。内含物有长柱状磷灰石，细小的棱柱状透辉石及石英、长石、顽火辉石等包裹体、气液包裹体。包裹体多呈针状、棒状、纤维状。查尔斯滤色镜下呈粉红—红色。折射率为1.73～1.75。

图5—105　铬钒钙铝榴石（沙弗莱石）

5．钙铁榴石

化学成分为$Ca_3Fe_2(SiO_4)_3$。钙铁榴石颜色为黄、绿、褐黑色。具有强玻璃光泽至亚金刚光泽，折射率为1.855～1.895。密度值为3.81～3.87 g/cm³。已确认的种类有黄或绿色的黄榴石、绿色的翠榴石及黑色的黑榴石（见图5—106）。

图 5—106　钙铁榴石原石晶体及不同琢形刻面

a）原石晶体　b）不同琢形刻面

钙铁榴石中含 Cr 呈绿色的称为翠榴石。翠榴石曾因为其产地而被称为"乌拉尔祖母绿"，亦是其中一种最有价值的石榴石，其内含有特征的"马尾"状石棉包体（见图 5—107）。翠榴石在查尔斯滤色镜下呈红色。

图 5—107　翠榴石中的"马尾"状包体

黄榴石是钙铁榴石金黄色的变种，而黑榴石则是其黑色的变种。放大镜下可见其中固态包体。

6. 钙铬榴石

化学成分为 $Ca_3Cr_2(SiO_4)_3$。钙铬榴石颜色为绿色。具有强玻璃光泽至亚金刚光泽，折射率为 1.85（±0.030）。密度值为 3.75（±0.03）g/cm^3。钙铬榴石是一种罕见矿物，与铬铁矿及蛇纹石共生，颜色呈深绿、翠绿色，似祖母绿色（见图 5—108）。常呈菱形十二面体小晶体，由于颗粒太小，难以琢磨成宝石，一般以晶簇标本为主，主要用作观赏、装饰和收藏。

图 5—108　钙铬榴石单晶体及晶簇

a）单晶体　b）、c）晶簇

三、主要鉴定特征（见表 5—18）

表 5—18　　　　　　　　　　石榴石的主要鉴定特征

特征＼品种	铁铝榴石	镁铝榴石	锰铝榴石	钙铬榴石	钙铝榴石	钙铁榴石
光性	均质体（可显异常光性）					
摩氏硬度	7～8					
颜色	褐红、褐黑红	红、玫瑰红	橙黄、橙红	翠绿色、蓝绿	黄绿、翠绿	绿、黄绿
折射率	1.76～1.82	1.714～1.742	1.79～1.814	1.82～1.88	1.73～1.76	1.855～1.895
相对密度	3.83～4.30	3.62～3.87	4.12～4.20	3.72～3.78	3.57～3.73	3.81～3.87
包裹体	针状金红石、钛铁矿、"锆石晕圈"、液态包体	针状金红石包体	波状气液包体、针状包体		短柱状或浑圆状晶体包体、热浪效应；水钙铝榴石具黑色固态包体（糖浆状包体）	矿物包体；翠榴石具放射状展布的马尾状石棉包体
滤色镜下	不变色				水钙铝榴石、沙弗莱石呈粉红—红色	翠榴石呈淡粉红—红色

四、主要产地

石榴石成因类型广泛，常与其他贵重宝石一起开采，不同品种的石榴石产地不同，具体情况如下：

镁铝榴石主要产地有捷克、南非、美国、中国、斯里兰卡、巴西等。

铁铝榴石主要产地有印度、美国、斯里兰卡、缅甸、澳大利亚、巴西等。

锰铝榴石主要产地有斯里兰卡、缅甸、巴西、美国、马达加斯加等。

钙铝榴石主要产地有斯里兰卡、墨西哥、巴西、加拿大、肯尼亚、坦桑尼亚、南非、巴基斯坦、新西兰及我国南部。

钙铁榴石主要产自乌拉尔地区。

钙铬榴石主要产地有南非、美国、加拿大、缅甸、中国。

【技能要求】

石榴石的鉴定

1．折射率测定

（1）刻面型石榴石，采用近视法。将宝石放置在折射仪上，会观察到一条阴影边界，RI 从 1.714 开始至折射仪无法读出数值（折射率值记为 > 1.78）。

（2）弧面型的石榴石宝石，采用远视法。将宝石放置在折射仪上，观察折射油滴半明半暗的分界线，进行读数，近似折射率值从 1.71 开始至油滴影像全暗无法读出数值（折射率值记为 > 1.78）。

2．偏光镜观察

在偏光镜的正交偏光下转动石榴石 360°时可观察到视域全暗的现象，常见异常消光。

3．二色镜观察

无多色性。

4．查尔斯滤色镜观察

在查尔斯滤色镜下，水钙铝榴石、沙弗莱石呈粉红色—红色，翠榴石呈淡粉红色—红色，其他品种石榴石不变色。

5．发光性特征观察

在紫外荧光灯下呈惰性，不发光。

6．相对密度测定

使用电子密度天平，运用静水称重法可测得各品种石榴石的相对密度值。

7. 10 倍放大镜观察

石榴石的颜色千变万化，这与类质同象代替有关，常见的颜色有红色系列，主要呈红色、粉红、紫红、橙红等；黄色系列，主要呈黄色、橘黄、蜜黄和褐黄色；绿色系列，主要呈翠绿、橄榄绿和黄绿色（见图 5—109）。

光泽较强，呈玻璃光泽，断口为油脂光泽。放大观察可见石榴石的各种矿物包体、奇特的波状裂隙（见图 5—110）。

图 5—109　石榴石常见颜色

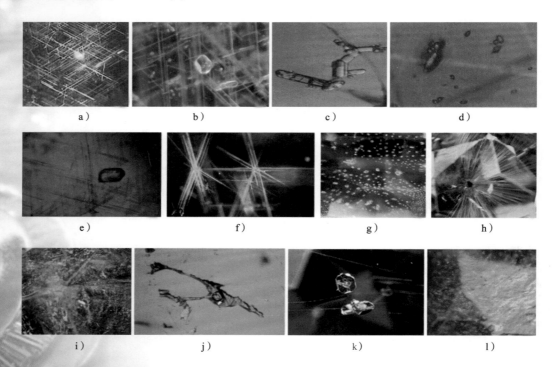

图 5—110　石榴石的特征内含物

a）铁铝榴石中的针状金红石包裹体　b）铁铝榴石中的磷灰石晶质包裹体

c）石榴石中的磷灰石　d）晶质锆石，由体积增加造成的张力光环

e）铁铝榴石中的针状包体和磷灰石包体　f）金红石同生星状物从原生磷灰石中心射出

g）沙弗莱石指示性包体－微晶、流体包体　h）翠榴石中的"马尾"状包裹体

i）奇特的波状裂隙　j）锰铝榴石中的三相包体　k）溶蚀的磷灰石包体

l）钙铝榴石中的热浪效应

第 10 节　水　　晶

【学习目标】

了解水晶的基本性质

了解水晶的主要品种及产地

掌握水晶的主要鉴定方法

【知识要求】

石英是地球上最常见的造岩矿物，它有多种结晶形态，其中单晶石英在珠宝界统称为水晶。水晶以其纯洁、晶莹而被誉为二月的生辰石。

一、基本性质

1．矿物名称

矿物名称为石英，属于石英族。

2．化学成分

化学成分为 SiO_2，可含有 Ti、Fe、Al 等其他微量元素，这些微量元素形成的色心可使水晶产生不同的颜色。

3．结晶形态

水晶属三方晶系，六方柱状晶体，柱面横纹发育。水晶的理想晶体形态如图 5—111 所示，实际晶体形态如图 5—112 所示。

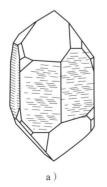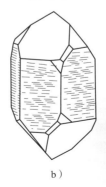

a）　　　　　　　　　　b）

图 5—111　水晶的理想晶体形态

a）左形　b）右形

4．光学性质

（1）颜色。水晶的颜色有无色，浅至深的紫色，浅黄，中至深黄色，浅至深褐、棕色，绿至黄绿色，浅至中粉红。

（2）光泽。光泽为玻璃光泽。

（3）透明度。透明—半透明。

图 5—112　水晶的实际晶体形态

（4）光性。非均质体，一轴晶正光性。

（5）折射率及色散

折射率：1.544 ~ 1.553。

双折射率：0.009。

色散：0.013。

（6）多色性。多色性较弱，颜色深浅变化。

（7）发光性。在长短波紫外光照射下，均无荧光、磷光反应。

5．力学性质

（1）解理。无，有典型的贝壳状断口。

（2）硬度。摩氏硬度为 7。

（3）密度。2.66（+0.03，−0.02）g/cm^3。

二、水晶的主要品种

（1）根据颜色的不同，将水晶划分为水晶、紫晶、黄晶、烟晶、芙蓉石、绿水晶（见表 5—19）。

表 5—19　　　　　　　　　　　　　水晶的不同颜色品种

图　片	品　种
	水晶 　　无色透明的水晶称为水晶，透明度高，10 倍放大镜下有时可见内部的气液包体、矿物包体
	紫晶 　　紫色的水晶称为紫晶，透明度高，10 倍放大镜下常常可见紫色色带或者色块
	黄晶 　　黄色的水晶称为黄晶，透明度高，10 倍放大镜下常常可见黄色色带或者色块
	烟晶 　　烟色水晶称为烟晶，透明度从半透明到不透明，10 倍放大镜下有时可见内部的气液包体
	芙蓉石 　　一种淡红色至蔷薇红色石英，也称"蔷薇水晶"。透明度较低，多为云雾状或半透明状。芙蓉石的颜色不稳定，加热可褪色；长时间日晒，颜色会变淡
	绿水晶 　　一种绿色至黄绿色的水晶，天然品稀少，一般多为紫晶加热变为黄晶过程中的中间产物

（2）根据水晶中所含包体的包体可将水晶划分为发晶、幻影水晶等。

1）发晶（见图5—113）。水晶中含有纤维状如发丝般包体的称为发晶，发晶包体颜色常见的有黑色、金黄色、铜红色、绿色等。

图5—113　不同颜色的发晶饰品

2）幻影水晶（见图5—114）。幻影水晶（又称异象水晶）是指在水晶的生长过程中，包含了不同颜色的火山泥等矿物质，在通透的白水晶里，浮现如云雾、水草、旋涡甚至金字塔等天然异象。因火山泥灰颜色的改变，也会形成"红色幻影水晶""白色幻影水晶"或是多色而又多包含物的"异象水晶"。内包物颜色为绿色的称为"绿幽灵"水晶。同样道理，因火山泥灰颜色的改变，也会形成"红幽灵""白幽灵""紫幽灵""灰幽灵"水晶等。

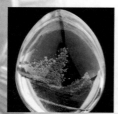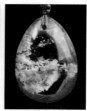

图5—114　幻影水晶

（3）根据特殊的光学效应又可将水晶划分为星光水晶、石英猫眼。

1）星光水晶（见图5—115）。当水晶中包含有两组或两组以上的针状、纤维状包体时，其弧面型宝石表面可显示星光效应。有六射星光，也可有四射星光。

2）石英猫眼（见图5—116）。当水晶中含有大量平行排列的纤维状、针状包裹体时，其弧面型宝石表面可显示猫眼效应，称石英猫眼。

图 5—115　星光水晶

图 5—116　石英猫眼

三、主要鉴定特征（见表 5—20）

表 5—20　　　　　　　　　　水晶的主要鉴定特征

折射率	光性（正交偏光）	相对密度	多色性	发光性	10 倍放大镜观察
1.544～1.553	四明四暗	2.66	多色性较弱，随体色而有变化，体色越深，多色性越明显	无	玻璃光泽，10 倍放大镜下检查可见水晶中的气液包体，紫晶、黄晶可见色带或者色块，发晶中可见如发丝状的固态包体

四、主要产地

　　水晶在世界各地都有产出，最著名的产地主要有巴西、美国和俄罗斯。江苏是我国优质水晶的主要产地。

【技能要求】

水晶的鉴定

1．折射率测定

（1）刻面型水晶，采用近视法。将宝石放置在折射仪上，会观察到两条阴影边界，转动宝石时数值小的阴影边界不动，数值大的阴影边界则上下移动（一轴晶，正光性），RI 为 1.544 ～ 1.553，DR 为 0.009。

（2）弧面型、小刻面型水晶，采用远视法。将宝石放置在折射仪上，观察折射油滴半明半暗的分界线，进行读数，测得近似折射率为 1.54。

2．偏光镜观察

在偏光镜正交偏光下转动水晶 360°，水晶—轴晶干涉图为黑十字图案"牛眼干涉图"。

3．二色镜观察

有色水晶可有多色性，一般与体色深浅有关，颜色越深，多色性越明显。

4．发光性特征观察

在紫外荧光灯的长短波紫外光下均无发光现象。

5．相对密度测定

用电子密度天平，采用静水称重法测得水晶的相对密度值为 2.66。

6．10 倍放大镜观察

水晶的颜色可有无色、紫色、黄色、粉红色、不同程度的褐色直到黑色（见图 5—117）。

图 5—117　不同颜色的水晶饰品

a）水晶　b）黄晶　c）烟晶　d）芙蓉石　e）紫晶　f）绿水晶

呈玻璃光泽，水晶中的气液包体、负晶，紫晶、黄晶可见色带或者色块。发晶中可见如发丝状的固态包体（见图 5—118）。

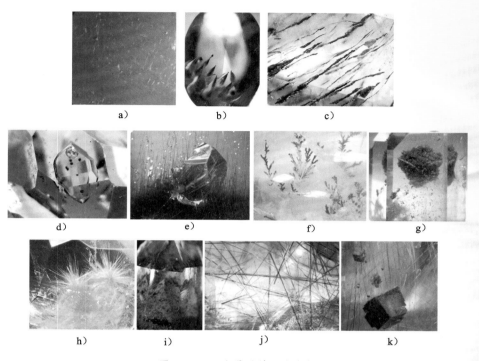

图 5—118　水晶的特征内含物

a）气液两相包体　b）色带及针铁矿包体　c）赤铁矿包体　d）水晶负晶　e）水晶及针状金红石包体

f）"水草"状包体　g）鳞片状绿泥石包体　h）针状金红石包体　i）金属氧化物包体

j）针状阳起石包体　k）方解石自形晶及针状金红石包体

第 11 节　长　　石

■【学习目标】

了解长石的基本性质

了解长石的主要品种及产地

掌握长石的主要鉴定方法

■【知识要求】

长石的英文名称为 Feldspar。Spar 是裂开的意思，准确揭示了长石具有完全

解理这一特性。自然界中的长石种类很多，但是用来做宝石的主要有月光石、日光石、拉长石、天河石等。月光石是长石中的一个常见品种，被列为"六月生辰石"。

一、基本性质

1．矿物名称

矿物名称为长石，属于长石族。

矿物学中将长石分为钾长石（碱性长石）、斜长石、钡长石三个亚族，与宝石学有关的是前两类。

2．化学成分

化学成分为 $XAlSi_3O_8$；X 为 Na、K、Ca-Al。

钾长石系列：$KAlSi_3O_8$；可含有 Ba、Na、Rb、Sr 等元素。

斜长石系列：$NaAlSi_3O_8 - CaAlSi_3O_8$。

3．结晶形态

晶质体。

月光石、天河石为单斜或三斜晶系；日光石、拉长石为三斜晶系。

长石通常呈板状、短柱状（见图5—119、图5—121），双晶发育（见图5—120）。

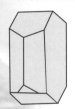

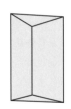
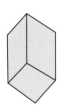

图5—119 长石的理想晶体形态

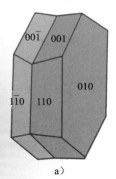
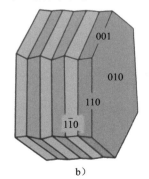

图5—120 长石的双晶

a）卡氏双晶 b）聚片双晶

图 5—121　长石晶体形态

a）、b）透长石　c）、e）天河石　d）日光石　f）、i）月光石　g）、h）拉长石

4．光学性质

（1）颜色。常见无色至浅黄色、绿色、橙色、褐色。

（2）光泽。光泽为玻璃光泽。

（3）透明度。透明—不透明。

（4）光性。非均质体，二轴晶，正光性或负光性。

（5）折射率及色散

折射率：1.51～1.57。

双折射率：0.005～0.010。

色散：0.012。

（6）多色性。通常无，也可有无至浅黄。

（7）发光性。无至弱，呈白、紫、红、黄等色。

5．力学性质

（1）解理。两组近90°夹角的完全解理。

（2）硬度。摩氏硬度为6～6.5。

（3）密度。2.55～2.75 g/cm³。

6．特殊光学效应

具有月光效应、晕彩效应、猫眼效应、砂金效应、星光效应。

二、长石的主要品种

长石的主要品种有月光石、天河石、日光石、拉长石等。

1．月光石

月光石（见图5—122）的颜色为无色至白色，常见蓝色、无色或黄色等晕彩。月光石具有月光效应，随着样品的转动，在某一角度，可以见到白至蓝色的发光效应，好似朦胧月光。

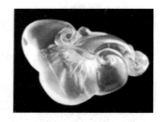

图5—122　月光石

月光石的密度为2.58（±0.03）g/cm^3，折射率为1.518～1.526（±0.010），双折射率为0.005～0.008。

2．天河石

天河石（见图5—123）又称为"亚马逊石"，其颜色为亮绿或亮蓝绿至浅蓝色，常见绿色和白色的格子状色斑。

图5—123　天河石

天河石的密度为2.56（±0.02）g/cm^3，折射率为1.522～1.530（±0.004），双折射率为 0.008（通常不可测）。

3．日光石

日光石（见图5—124）又称"太阳石"，常见黄、橙黄至棕色，具有红色或金色砂金效应。砂金效应是由宝石内部细小片状矿物包体对光的反射所产生的闪烁现象。

日光石的密度为2.65（+0.02，-0.03）g/cm^3，折射率为1.537～1.547（+0.004，-0.006），双折射率为0.007～0.010。

4．拉长石

拉长石（见图5—125）的颜色为灰至灰黄、橙色至棕、棕红色、绿色，具

图 5—124　日光石

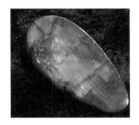

图 5—125　拉长石

有晕彩效应。晕彩效应是由于光的干涉、衍射等作用，致使某些光波减弱或消失，某些光波加强而产生的颜色现象。拉长石可显示蓝色、绿色及橙色、黄色、金黄色、紫色和红色的晕彩。

拉长石的密度为 2.70（±0.05）g/cm³，折射率为 1.559 ~ 1.568（±0.005），双折射率为 0.009。

三、主要鉴定特征（表 5—21）

表 5—21　　　　　　　　　　　　长石的主要鉴定特征

品种	颜色	折射率	光性（正交偏光）	相对密度	10 倍放大镜下检查
月光石	无色至白色，常见蓝色、无色或黄色等晕彩	1.52 ~ 1.53（点测法）	四明四暗	2.58（±0.03）	玻璃光泽，月光效应，"蜈蚣"状包体、针状包体
天河石	亮绿或亮蓝绿至浅蓝色	1.53（点测法）	四明四暗	2.56（±0.02）	玻璃光泽，常见绿色和白色的格子状、条纹状色斑
日光石	黄、橙黄至棕色	1.53 ~ 1.54（点测法）	四明四暗	2.65（+0.02，−0.03）	玻璃光泽，日光效应，片状金属矿物包体
拉长石	灰至灰黄、橙色至棕、棕红色、绿色	1.55 ~ 1.56（点测法）	四明四暗	2.70（±0.05）	玻璃光泽，晕彩效应，双晶纹、针状或板状包体

四、主要产地

月光石的重要产地是斯里兰卡和印度，其他产地还有缅甸、马达加斯加、坦桑尼亚等。

天河石主要产于印度和巴西，我国新疆、甘肃、云南等地也出产天河石。

日光石主要产自挪威、俄罗斯、加拿大、印度、美国等。

拉长石的主要产地为加拿大、美国、芬兰。

【技能要求】

长石的鉴定

1．折射率测定

长石多为弧面型，折射仪测试采用远视法。将宝石放置在折射仪上，观察折射油滴半明半暗的分界线，进行读数，即为长石宝石的近似折射率值。

2．偏光镜观察

在偏光显微镜正交偏光下可以观察到长石宝石转动360°时出现四明四暗的现象。

3．二色镜观察

多色性不明显，黄色及其他颜色的斜长石可显示多色性。

4．发光性观察

紫外荧光灯下呈无至弱的白色、紫色、红色、黄色、粉红色、黄绿色、橙红色等颜色的荧光。

5．相对密度测定

使用电子密度天平，采用静水称重法测得长石的相对密度为 2.55 ～ 2.75。

6．10 倍放大镜观察

颜色呈无色、白色、绿色、蓝绿色、褐、灰黑色等。玻璃光泽，可见月光效应、砂金效应、晕彩效应、猫眼效应（见图 5—126a、b）、星光效应（见图 5—126c）。

a）　　　　　　　　b）　　　　　　　　c）

图 5—126　长石的特殊光学效应

a）月光石猫眼　b）日光石猫眼　c）星光长石

可见固相、气相和液相包体，月光石中常见"蜈蚣"状包体，由两组近于直角的解理构成，拉长石中常见多组定向排列的针状或板状包体，日光石具有红色或金色的金属矿物片状包体，天河石中可见网格状或条纹状白色色斑（见图5—127）。

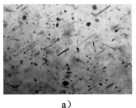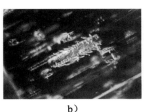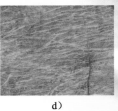

a)　　　　　　　b)　　　　　　　c)　　　　　　　d)

图 5—127　长石的特征内含物

a）拉长石中多组定向排列的针状或板状包体　b）月光石中"蜈蚣"状包体

c）日光石中的赤铁矿薄片状包体　d）天河石中网格状、条纹状白色色斑

第 12 节　坦　桑　石

■■【学习目标】

了解坦桑石的基本性质

了解坦桑石的主要产地

掌握坦桑石的主要鉴定方法

■■【知识要求】

坦桑石（Tanzanite），又名丹泉石，一种含钒（V）的黝帘石，如图5—128所示。近年来，坦桑石越来越受到人们的喜爱。坦桑石颜色美丽，在珠宝界中的地位越来越重要。

图 5—128　坦桑石

一、基本性质

1．矿物名称

矿物名称为黝帘石，属于绿帘石族。

2．化学成分

化学成分为 $Ca_2Al_3(Si_2O_7)(SiO_4)O(OH)$，可含有 V、Cr、Mn 等元素。

3．结晶形态

坦桑石属斜方晶系，呈柱状或板柱状（见图 5—129）。

图 5—129　坦桑石实际晶体形态

4．光学性质

（1）颜色。呈蓝、紫蓝至蓝紫色。

（2）光泽。光泽为玻璃光泽。

（3）透明度。透明。

（4）光性。非均质体，二轴晶，正光性。

（5）折射率

折射率：1.691 ~ 1.700（±0.005）。

双折射率：0.008 ~ 0.013。

（6）多色性：三色性强，绿色的多色性表现为蓝色、紫红色、绿黄色；褐色的多色性为绿色、紫色和浅蓝色；黄绿色的多色性为暗蓝色、黄绿色和紫色。

（7）发光性：在长短波紫外光照射下，均无荧光、磷光反应。

5．力学性质

（1）解理：一组完全解理。

（2）硬度：摩氏硬度为 6 ~ 7。

（3）密度：3.35（+0.10，−0.25）g／cm^3。

二、主要鉴定特征（见表 5—22）

表 5—22　　　　　　　　　　坦桑石的主要鉴定特征

折射率	光性 （正交偏光）	相对密度	多色性	10 倍放大镜下检查
1.691 ~ 1.700 （±0.005）	四明四暗	3.35 （+0.10， −0.25）	三色性强，呈蓝色、紫红色和绿黄色	玻璃光泽，具气液包体，可见阳起石、石墨和十字石等矿物包体

明显的多色性是坦桑石的重要鉴定特征。

三、主要产地

坦桑石的主要产地在坦桑尼亚，优质的坦桑石都产自坦桑尼亚，其余产地还有美国、墨西哥、格陵兰、奥地利、瑞士等国家或地区。

【技能要求】

坦桑石的鉴定

1．折射率测定

（1）刻面型坦桑石，采用近视法。将宝石放置在折射仪上，会观察到两条阴影边界，转动宝石时，数值小的阴影边界上下移动的幅度小于数值大的阴影边界移动幅度。RI 为 1.691 ~ 1.700，DR 为 0.008 ~ 0.013。

（2）弧面型坦桑石，采用远视法。将宝石放置在折射仪上，观察折射油滴半明半暗的分界线，进行读数，测得近似折射率值为 1.69。

2．偏光镜观察

在偏光镜正交偏光下可以观察到坦桑石宝石转动 360° 时出现四明四暗的现象。

3．二色镜观察

三色性强，从三个不同的方向看，坦桑石会分别呈现出蓝色、紫色和黄褐色三种不同色。经过优质的切割，它会稳定地呈现蓝紫色调。坦桑石经过热处理后，失去三色性，但会显二色性，这是鉴定坦桑石是否热处理过的依据之一。

4．发光性特征观察

长、短波紫外光下均显惰性。

5．相对密度的测定

用电子密度天平，采用静水称重法测得坦桑石的相对密度在 3.35 左右。

6．10 倍放大镜观察

坦桑石宝石最重要鉴定特征是明显的多色性（见图 5—130）。放大观察可见玻璃光泽。晶体呈柱状或板柱状，有平行柱状条纹，横断面近于六边形。具气液包体（见图 5—131a），可见阳起石、石墨等矿物包体（见图 5—131b），未加热坦桑石晶体可见色带（见图 5—131c）。

a)　　　　　　　　　　　b)

图 5—130　坦桑石的多色性

a）二色性　b）三色性

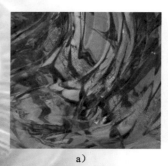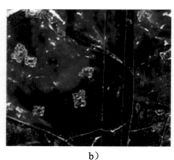

a)　　　　　　　b)　　　　　　　c)

图 5—131　坦桑石的内含物特征

a）气液包体　b）矿物包体　c）晶面纵纹及色带

第6章
常见玉石

第1节 翡 翠

【学习目标】

了解翡翠的基本性质
了解翡翠的主要品种及产地
掌握翡翠的主要鉴定方法

【知识要求】

翡翠（见图 6—1）的英文名称是 jadeite。翡翠的本义是指小鸟、漂亮的羽毛或者漂亮的红和绿色。作为翡翠的主要产地缅甸，当地的玉石有红有绿有紫，与翡翠鸟相似，故用鸟羽的名称来称呼具有鲜艳色彩的玉石，将这种玉石称为"翡翠"。翡翠是最重的一种玉石，同时它细腻润透的特征也深受人们的喜爱，因此其价值和市场上的普及率都位居众玉之首。

 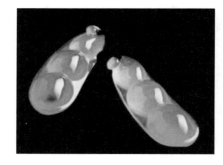

图 6—1 翡翠

一、基本性质

1. 矿物组成

主要由硬玉或由硬玉及其他钠质、钠钙质辉石（如钠铬辉石、绿辉石）组成，可含少量角闪石、长石、铬铁矿等矿物。

2. 化学组成

主要成分：硬玉 $NaAlSi_2O_6$；可含有 Cr、Fe、Ca、Mg、Mn、V、Ti 等元素。

3．晶系及结晶习性

晶质集合体，常呈纤维状、粒状或局部为柱状的集合体。

4．结构

（1）纤维交织结构：又称为纤维变晶结构，是一种最常见的结构，颗粒细、透明度高、致密、细腻。

（2）粒状纤维结构：颗粒较粗，透明度较差。

5．光学性质

（1）颜色：呈白色、各种色调的绿色、黄、红橙、褐、灰、黑、浅紫红、紫、蓝等。

（2）光泽：光泽为玻璃光泽至油脂光泽。

（3）透明度：透明度又可称为"水头"，半透明至不透明。

（4）光性：非均质集合体。

（5）折射率：$1.666 \sim 1.680$（± 0.008），点测法常为 1.66。

（6）发光性：紫外荧光灯下翡翠通常无荧光，个别有微弱的绿色、白色或黄色荧光。充填处理翡翠在紫外荧光灯下呈无至弱的蓝绿色或黄绿色。染色处理的红色翡翠可有橙红色荧光。

6．力学性质

（1）解理：硬玉具两组完全解理，集合体可见微小的解理面闪光，称为"翠性"。

（2）硬度：摩氏硬度为 $6.5 \sim 7$。

（3）密度：3.34（$+ 0.06$，$- 0.09$）g/cm^3。

二、主要品种

根据翡翠颜色、透明度、质地等品质因素的综合评价，可细分为表6—1中的品种。

表6—1　　　　　　　　　　翡翠的主要品种

老坑种 颜色正、浓、阳、均，质地细腻而透明	玻璃种 无色透明，结构细腻	冰种 无色或淡色，亚透明至透明，结构细腻，肉眼少见棉、石花等絮状物

续表

		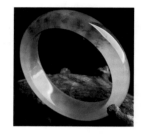
芙蓉种 　一般为淡绿色，颜色纯正，分布均匀，质地较细腻，透明度较好，半透明至亚透明	**金丝种** 　绿中略带黄色，透明度较好，颜色呈一丝丝状分布，有粗有细，可连可断	**飘蓝（绿）花** 　内有蓝色或绿色的絮状、脉状物，底色为白色或无色，半透明至透明

白地青 　翡翠中分布较广泛的一种。质地较细，纤维结构；底色一般较白，绿色较鲜艳。大都不透明	**花青种** 　绿色分布呈脉状，质地可粗可细，是一种非常不规则的翡翠，半透明至不透明	**油青种** 　绿色较暗，不是纯的绿色，渗有灰色或带点蓝色，不够鲜艳。半透明，纤维状结构，表面似油脂光泽

豆种 　浅绿色，半透明至微透明，晶体呈短柱状，形似一粒一粒的豆子，颗粒粗	**干青种** 　满绿色，颜色浓正，不透明，常含有黑点，质地较粗、干	**铁龙生** 　颜色绿、浓，但分布深浅不一，微透明至半透明，质地较粗，有白色石花

续表

马牙种	乌鸡种	雷劈种
质地虽较细，但是不透明，像瓷器一样。大部分为绿色，有色无种，绿色当中有很细一丝丝白条	深灰至灰黑色，颜色不均匀，微透明至不透明	满绿，有白色斑点和大量不规则裂纹

三、主要鉴定特征（见表 6—2）

表 6—2　　　　　　　　　　　翡翠的主要鉴定特征

折射率	光性（正交偏光）	相对密度	发光性	10 倍放大镜观察
1.66（点测）	全亮	3.34（+ 0.06，− 0.09）	紫外荧光下呈无至弱的绿色、白色、黄色	透射光下常见纤维交织结构至粒状纤维交织结构，反射光下可见"翠性"

四、翡翠的鉴定（见表 6—3、表 6—4）

表 6—3　　　　　　　　　　漂白、充填、染色处理翡翠的鉴定

处理方法	发光性	10 倍放大镜观察	红外光谱仪
漂白、充填处理翡翠	紫外荧光无至弱的蓝绿色或黄绿色	表面明显可见分布均匀呈沟渠状的裂纹	根据充填物的不同羟基的结构不同，呈现不同的吸收谱带。充填抛光蜡是属于优化，红外吸收峰在 3 000 cm^{-1} 以内；充填树脂是属于处理，苯环在 3 050 cm^{-1} 左右有两个特征吸收峰
染色处理翡翠	紫外荧光有些翡翠发黄绿色或橙红色	染色的颜色呈丝网状分布，表面的裂隙中可见染料富集	不特征

表 6—4   覆膜处理翡翠的鉴定

	折射率	10 倍放大镜观察
覆膜处理翡翠	薄膜的折射率 （点测法 1.56 左右）	多为树脂光泽，无颗粒感，局部可见气泡，边缘部位可见薄膜脱落

五、主要产地

世界上 95% 以上的宝石级的商业翡翠产于缅甸北部克钦邦的帕岗—道茂一带。危地马拉、日本、俄罗斯和哈萨克斯坦也有产出。但与缅甸的翡翠相比，产出的产量和质量都不具优势。

【技能要求】

翡翠的鉴定

1．折射率测定

通常采用远视法。将翡翠放置在折射仪上，观察折射油滴半明半暗的分界线，进行读数，测得折射率近似值在 1.66（点测）左右。

2．偏光镜观察

在偏光镜正交偏光下转动翡翠 360°，可观察到视域全亮。

3．发光性特征观察

天然翡翠基本无荧光（见图 6—2a、b），只有部分白色的翡翠在长波紫外光下有弱的橙色荧光。翡翠上蜡后会出现弱的蓝白色荧光，若翡翠结构不致密，有较多的蜡浸入内部，蓝白色的荧光会随之增强。少数染绿色的翡

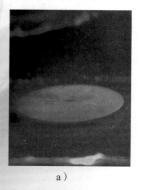
a）

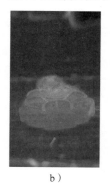
b）

c）

图 6—2　翡翠的发光性特征

a）、b）天然翡翠　c）充胶翡翠

翠会有极强的荧光。充胶翡翠都有由弱到强的蓝白色荧光。早期的充胶翡翠有很强的蓝白色荧光（见图6—2c）。

4．查尔斯滤色镜观察

早期的染绿色翡翠在查尔斯滤色镜下观察常会变成紫红色调（见图6—3）。

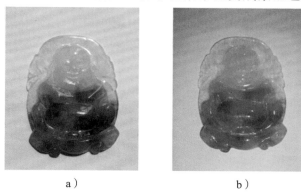

a）　　　　　　　　　　b）

图6—3　染绿色翡翠在查尔斯滤色镜下的特征

a）染绿色翡翠　b）查尔斯滤色镜下的特征

5．相对密度测定

用电子密度天平，采用静水称重法测得翡翠的相对密度一般在3.20～3.40，多数在3.33以上。

6．10倍放大镜观察

翡翠的抛光面呈玻璃光泽至油脂光泽。天然翡翠颜色非常丰富，自然界中存在的颜色大多数可在翡翠中见到，归纳起来有白色、绿色、紫色、黄红、黑色五大系列。天然翡翠的色彩分明，颜色呈斑状、条带状、细脉状分布。染色翡翠的颜色混浊，色形边界模糊，颜色沿颗粒边缘和裂隙分布，类似于不规则的"蜘蛛网纹"（见图6—4）。天然翡翠在透射光下常见纤维交织结构至粒状纤维交织结构，反射光下可见"翠性"（见图6—5b），反射光下观察表面，天然翡翠可出现橘皮纹，表现为一个个较浅凹凸不平的凸起和凹陷（见图6—5a）；充填处理翡翠颜色过于鲜艳、分明，不同色间晕雾状渐变，反光带蜡感，反光观察表面有龟裂纹（表现为网状的细裂纹）和酸蚀坑，充胶凹坑的抛光较差，反射率较低。透射光观察，结构松散、颗粒破碎、边缘界限模糊、晶体错开、解理不连贯，充胶翡翠的表面特征如图6—6所示。表面镀膜翡翠的绿色分布均匀，正面和背面的颜色一样，没有明显的颜色分布特点，橘皮效应不明显，粒间界线不明显，表面有毛丝状的小划痕（牛毛纹）（见图6—7），翡翠饰品边角部分经常有膜层脱落的现象。有时膜层与翡翠之间产生空隙并形成晕彩。

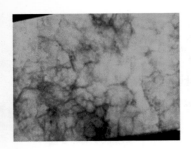

图6—4　染色翡翠的颜色呈网状、丝网状分布

a)　　　　　　　　　　　　b)

图6—5　天然翡翠的特征

a）翡翠表面的橘皮纹特征　b）翡翠的"翠性"

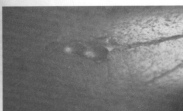
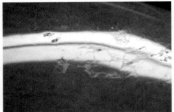

图6—6　充胶翡翠的表面特征

图6—7 镀膜翡翠的表面特征

第2节 软 玉

【学习目标】

了解软玉的基本性质
了解软玉的主要品种及产地
掌握软玉的主要鉴定方法

【知识要求】

软玉（见图6—8）的英文名称是nephrite，源于希腊语，有肾脏之意，认为将软玉挂在腰间可以治疗肾病。自古以来，光泽柔美、质地细腻的软玉就深受中国人的喜欢。在古代它是财富、权力的象征，常用作日常用品、饰品、祭器、礼器甚至葬器。这些使它蒙上了一层人们难以揭开的神秘面纱，我国玉器在世界文化宝库中独树一帜，闪烁着迷人的光彩。

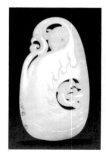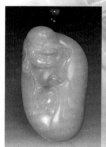

图6—8 软玉饰品

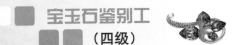

一、基本性质

1. 矿物组成

主要由透闪石、阳起石组成，以透闪石为主。

2. 化学组成

主要成分：$Ca_2(Mg, Fe)_5Si_8O_{22}(OH)_2$。

3. 晶系及结晶习性

晶质集合体，常呈纤维状集合体。

4. 结构

（1）毛毡状交织结构（显微隐晶质结构）：主要结构，轮廓模糊，犹如毛毡状交织在一起，均匀集中分布。

（2）显微叶片变晶结构：常见结构，颗粒呈片状。

（3）显微纤维变晶结构：矿物呈纤维状，定向分布。

（4）显微纤维状隐晶质结构：由纤维状矿物和显微隐晶质的矿物组成。

（5）显微片状隐晶质结构：由片状和显微隐晶质矿物组成。

（6）显微放射状或帚状结构：矿物呈放射状或帚状分布。

5. 光学性质

（1）颜色：浅至深绿色、黄色至褐色、白色、灰色、黑色。主要矿物为白色透闪石，则软玉呈白色，Fe 的含量越高，绿色越深。

（2）光泽：光泽为玻璃光泽至油脂光泽。

（3）透明度：绝大多数为微透明。

（4）光性：非均质集合体。

（5）折射率：$1.606 \sim 1.632$（$+0.009$，-0.006），点测法：$1.60 \sim 1.61$。

（6）发光性：紫外线下软玉荧光为惰性。

（7）特殊光学效应：具有猫眼效应，软玉猫眼（见图 6—9）主要产自我国台湾。

图 6—9　软玉猫眼

6．力学性质

（1）解理：透闪石具两组完全解理，集合体通常不见，断口为参差状。

（2）硬度：摩氏硬度为 6 ～ 6.5。

（3）密度：2.95（＋0.15，－0.05）g/cm^3。

（4）韧性：常见宝玉石品种中韧度最高的宝石。

二、主要品种

1．按产出状态划分

（1）山料（见图 6—10）：又称"原生矿"，呈不规则块状，棱角分明，无磨圆和皮壳。

a）　　　　　　　　　　b）　　　　　　　　　　c）

图 6—10　软玉山料

a）碧玉　b）青玉　c）糖白玉

（2）山流水（见图 6—11）：为"次生矿"，一般距原生矿较近，块度较大，次棱角状，磨圆度差，通常有薄的皮壳。

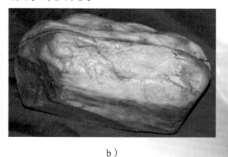

a）　　　　　　　　　　b）

图 6—11　软玉山流水

a）白玉　b）青白玉

（3）子料（见图 6—12）：为"次生矿"，一般距原生矿较远，呈浑圆状，磨圆度好，外表可有厚薄不一的皮壳，表面有大小不一的撞击坑（俗称"毛孔"）。

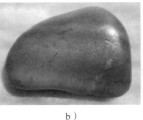

a） b） c） d）

图 6—12　软玉子料

a）白玉　b）青白玉　c）碧玉　d）墨玉

（4）戈壁料（见图 6—13）。戈壁料为次生矿，从原生矿自然剥离经过风蚀、搬运至戈壁滩。一般距原生矿较远，磨圆度较差，无皮壳，表面有风蚀痕迹。

a） b） c）

图 6—13　软玉戈壁料

a）白玉　b）青玉　c）糖玉

2．按颜色及花纹划分（见表 6—5）

表 6—5　　　　　　　　　　和田玉的颜色品种

  白玉	  青白玉
白玉 颜色呈白色，均匀柔和。可略泛灰、黄、青等杂色，有时带少量糖色或黑色	**青白玉** 颜色介于白玉和青玉之间，以白色为基础色，均匀柔和。有时带少量糖色或黑色

续表

青玉	翠青玉	黄口料	烟青玉

青玉

　　颜色呈青灰—深灰绿色，色调较闷暗发黑，半透明，质地细腻、均匀，可略带灰、黄、紫等杂色调，有时呈翠绿色（翠青玉，产自青海）、黄绿色（黄口料）、灰紫色、烟灰色、紫黑色（烟青玉，产自青海）

墨玉 颜色以黑色为主，黑色占整件玉石的60%以上。颜色主要是软玉中含有的细微鳞片状石墨所致，颜色多不均匀，呈云雾状、叶片状、条带状聚集	青花玉 颜色以青白白色为主，呈夹杂点状、条带状不均匀的黑色	碧玉 颜色绿色为主，通常略带灰、黄、黑等色调，均匀柔和。常含有黑色点状矿物	黄玉 颜色以黄色为主，可略带绿色调，均匀柔和。十分稀少

糖玉	糖白玉	糖青玉

糖玉

　　糖色常见的颜色为黄色、褐黄色和褐红色等。糖色占整件玉石的80%以上。如果糖色占整件样品30%～80%时，可称为糖白玉、糖青玉等

三、主要鉴定特征（见表 6—6）

表 6—6　　　　　　　　　　　软玉的主要鉴定特征

折射率	光性（正交偏光）	相对密度	发光性	10 倍放大镜观察
点测法 1.60 ~ 1.61	全亮	2.95（+ 0.15， − 0.05）	紫外荧光惰性	可见毛毡状交织、叶片状变晶、纤维变晶、纤维隐晶质、片状隐晶质、放射状或帚状结构

四、主要产地

　　软玉主要产自中国、俄罗斯、加拿大、澳大利亚、新西兰等国家。中国主要产自新疆和青海等地区，新疆昆仑山和阿尔金山地区的软玉最为著名，产出以子料为主。青海软玉主要以山料为主，透明度较高，可见细脉状的"水线"。俄罗斯贝加尔湖地区的软玉多为山料，品质不高。

【技能要求】

软玉的鉴定

1. 折射率测定

采用远视法，将软玉放置在折射仪上，观察折射油滴半明半暗的分界线，进行读数，测得近似折射率为 1.60 ~ 1.61（点测范围）。

2. 偏光镜观察

正交偏光下，转动软玉 360°，视域全亮。

3. 发光性特征观察

长、短波紫外光下均显惰性。

4. 查尔斯滤色镜观察

在查尔斯滤色镜下不变色。

5. 相对密度测定

用电子密度天平，采用静水称重法测得软玉的相对密度值为 2.95。

6. 10 倍放大镜观察

软玉颜色呈浅至深绿色、黄色至褐色、白色、灰色、黑色。多为油脂光泽，有时为蜡状光泽，有滋润感，质地细腻，颜色均一，略具透明感。可见有白色石脑、僵花、灰白色絮状棉绺、灰色半透明至透明的"水线"及黑褐色至黄褐色斑点状、树枝状的黟点、黟花等内含物（见图6—14）。软玉子料的皮色与内部玉质过渡自然。

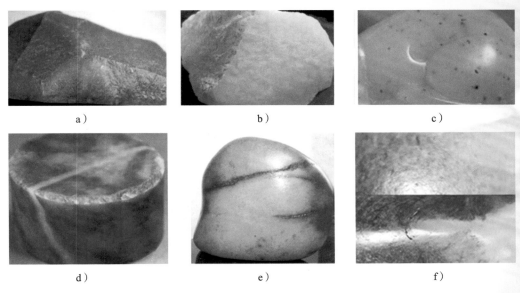

图6—14　软玉的表面特征、结构及内含物

a）参差状断口　b）"粥"样结构　c）黑色黟点、黟花　d）"水线"
e）子料的"毛孔"及皮色　f）子料的皮色与内部玉质过渡自然

第3节　欧　　泊

【学习目标】

了解欧泊的基本性质

了解欧泊的主要品种和主要产地

掌握欧泊的主要鉴定方法

【知识要求】

欧泊以其特殊的变彩效应闻名于世，古罗马自然科学家普林尼曾说："在一块欧泊石上，你可以看到红宝石的火焰，紫水晶般的色斑，祖母绿般

的绿海，五彩缤纷，浑然一体，美不胜收。"欧泊被尊为十月的生辰石和结婚14周年的纪念宝石，寓为希望和安乐之石。在欧洲，欧泊被认为是幸运的代表。象征彩虹，带给拥有者美好的未来。因为它清澈的表面暗喻着纯洁的爱情，罗马人称欧泊石为丘比特之子。现今，欧泊更因同时具备矿物、宝石、化石三种属性，从而广泛被博物馆、收藏爱好者、科学家所关注，成为近年来国际顶级矿物宝石展会的新宠（见图6—15）。

图6—15 欧泊饰品

一、基本性质

1．矿物组成

欧泊的组成矿物为蛋白石，另有少量石英、黄铁矿等次要矿物。

2．化学组成

欧泊的化学成分为 $SiO_2 \cdot nH_2O$，含水量一般为 4% ～ 9%，最高可达 20%。

3．结晶状态

非晶质体，无结晶外形，常为致密块状（见图6—16）。

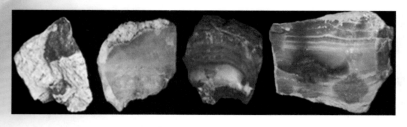

图6—16 欧泊原石

4．光学性质

（1）颜色。可出现各种体色。白色变彩欧泊可称为白欧泊；黑、深灰、蓝、绿、棕或其他深色体色欧泊，可称为黑欧泊；橙色、橙红色、红色欧泊，可称为火欧泊。

（2）光泽。光泽为玻璃光泽至树脂光泽。

（3）透明度。透明度为透明至不透明。

（4）光性。均质体，火欧泊常见异常消光。

（5）折射率和双折射率

1）折射率：1.450（＋0.020，－0.080），火欧泊可低达1.37，通常为1.42～1.43。

2）双折射率：集合体不可测。

（6）多色性。集合体不可测。

（7）发光性。黑色或白色体色欧泊发无至中等的白到浅蓝色，绿色或黄色荧光，可有磷光。其他体色黑欧泊发无至强的绿或黄绿色，可有磷光。火欧泊发无至中等的绿褐色，可有磷光。

（8）特殊光学效应。欧泊具有典型的变彩效应，在光源下转动可见到五彩的色斑。变彩效应是指宝石的某些特殊结构对光的干涉或衍射作用而产生的颜色，随光源或观察方向的变化而变化的现象。此外，欧泊偶尔还具有猫眼效应（见图6—17a）、月光效应（见图6—17b）、星光效应（见图6—17c），这些特殊的光学效应是比较罕见的。

 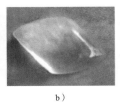 

a）　　　　　　b）　　　　　c）

图6—17　欧泊的其他特殊光学效应

a）猫眼效应　b）月光效应　c）星光效应

5．力学性质

（1）解理。无。

（2）硬度。摩氏硬度为5～6。

（3）密度。密度为2.15（＋0.08，－0.90）g/cm³。

二、欧泊的主要品种

欧泊主要分为黑欧泊、白欧泊、火欧泊、"晶质"欧泊及果冻欧泊等主要品种（见表6—7）。

表 6—7　　　　　　　　　　　　　　欧泊的主要品种

图　示	品　种
	**黑欧泊** 　体色为黑、深灰、蓝、绿、棕或其他深色，变彩深而鲜艳
	白欧泊 　体色为白色的欧泊，变彩较浅
	火欧泊 　体色为橙色、橙红色、红色，无变彩或者变彩很少。火欧泊的折射率也较一般欧泊低，为 1.37 左右
	"晶质"欧泊 　具有变彩效应的无色透明至半透明的欧泊。所谓"晶质"是一种误称，它仍然是非晶质的，只因其透明感强，而造成人们的误解
	果冻欧泊 　英文名称 jelly opal，相当于玉滴石或水显欧泊。是一种无色或具浅色调的透明至半透明的欧泊，与另一种相类似的"晶质欧泊"的区别在于无明显的变彩或需浸入水中才显示变彩

三、主要鉴定特征（见表6—8）

表6—8　　　　　　　　　　欧泊的主要鉴定特征

折射率	光性 （正交偏光）	相对密度	发光性	多色性	10倍放大镜观察
通常为1.42～1.43，火欧泊可低达1.37	全暗	2.15	紫外荧光下，黑色或白色体色欧泊发无至中等的白到浅蓝色，绿色或黄色荧光，可有磷光。其他体色黑欧泊发无至强的绿或黄绿色，可有磷光。火欧泊发无至中等的绿褐色，可有磷光	集合体不可测	玻璃光泽至树脂光泽，具有变彩效应，随光源的转动，可见五颜六色的色斑。色斑呈不规则片状，边界平坦且较模糊

四、欧泊与拼合欧泊的鉴别

1．欧泊的主要鉴别特征

欧泊根据色斑的形态、结构、低折射率、低相对密度等来鉴别，色斑特点为主要鉴别特征（见图6—18）。

（1）色斑具有丝绢状外表，沿一方向延长。

（2）色斑为不规则薄片。

（3）色斑与色斑之间界限模糊。

（4）色斑沿一个方向具有纤维状或条纹状结构。

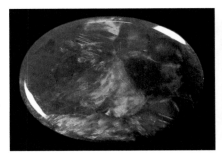

图6—18　黑欧泊的变彩色斑的特征

2．拼合欧泊的主要鉴别特征

拼合欧泊（见图6—19）主要有双层石和三层石，双层石是以薄片的欧泊为上层，底层是玛瑙、石英等其他材料，中间用黑色胶粘接，同时作为黑色背景。三层石是以玻璃或透明石英为顶层，中间是欧泊薄层，底层是其他材料，以黑色胶粘接。有时以有彩虹珍珠层的贝壳作为底层，以增加光彩。

对于一些形状不好的欧泊边角料，同样可以拼合成一定形态（见图6—20），用于首饰创作，创造出较高的价值。

图6—19　拼合欧泊（双层石、三层石）　　图6—20　拼合欧泊（边角碎料拼合）

拼合欧泊石有较大的欺骗性，主要鉴定特征为：具有明显的拼接缝、角粒结构，接合面（拼接面）上可见气泡，且光泽有变化。

五、主要产地

澳大利亚是世界上最重要的欧泊产地，新南威尔士州所产的优质黑欧泊最为出名。火欧泊主要产自墨西哥。近年来，在非洲的埃塞俄比亚发现的欧泊与合成欧泊非常相似，将在更高级别的教材中予以论述。

【技能要求】

欧泊的鉴定

1．折射率测定

欧泊都是弧面型宝石，因此采用远视法测量其折射率。观察折射油滴半明半暗的分界线，进行读数，读数至小数点后第二位。

2．偏光镜观察

在偏光镜正交偏光下转动翡翠360°，视域全亮。

3．发光性特征观察

在长波紫外线照射下，不同种类的欧泊发出不同颜色的荧光。

4．相对密度测定

用电子密度天平，采用静水称重法测得欧泊的相对密度一般在 2.15 左右。

5．10 倍放大镜观察

天然欧泊呈玻璃光泽至树脂光泽，具有变彩效应，随光源的转动，可见五颜六色的色斑，色斑呈不规则片状，边界平坦且较模糊（见图 6—21），合成欧泊的外观与天然欧泊较为接近（见图 6—22），其主要鉴别特征仍然是色斑特点。色斑之间边界明显（镶嵌状色斑）、色斑呈变彩一致的柱状色斑柱状（见图 6—23a、b）、柱状体镶嵌形成蜂窝构造（蜥蜴皮构造）（见图 6—23c）、色斑排列成焰火状（焰火状构造，俄罗斯合成欧泊的独特特征）（见图 6—23d）。

图 6—21　不同的观察角度变彩的颜色发生变化

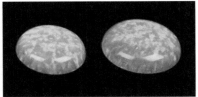

图 6—22　合成欧泊

糖酸处理欧泊的色斑呈破碎的小块，并局限在欧泊的表面，结构为粒状，可见小黑点状碳质染剂在裂隙中聚集。烟熏处理欧泊的黑色仅局限于表面，且表面可见很多小的黑（碳）斑点（见图 6—24、图 6—25）。染色处理欧泊的颜色不自然，多局部聚集在裂隙及表面凹坑处。拼合欧泊未镶嵌时可见拼合面（见图 6—26），强顶光下放大检查可见拼合面气泡、黏结剂中的半球形凹坑和近表面气泡。拼合边界可有凹坑、气泡及光泽变化。欧泊层根据不同材料结构色斑来区分。顶层不带变彩，玻璃顶层可见气泡和旋涡纹。

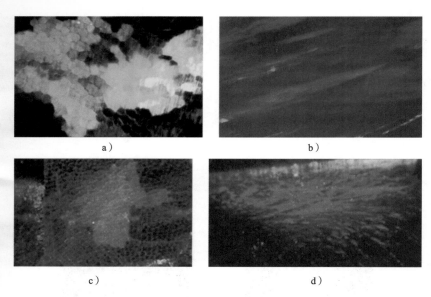

图6—23 合成欧泊的鉴别特征

a）镶嵌状色斑 b）柱状色斑 c）蜥蜴皮构造 d）焰火状构造

图6—24 处理欧泊

a）糖酸处理欧泊 b）烟熏处理欧泊 c）、d）染色处理欧泊

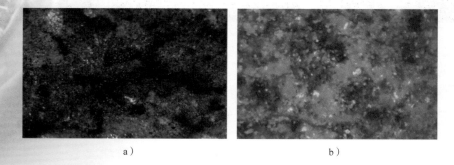

图6—25 处理欧泊的鉴别特征

a）糖酸处理欧泊 b）烟熏处理欧泊

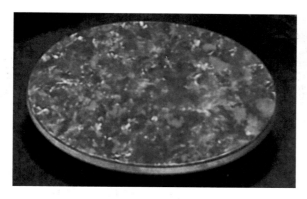

图 6—26　拼合欧泊

第 4 节　石英岩质玉石

【学习目标】

了解石英岩质玉石的基本性质

了解石英岩质玉石的主要品种和主要产地

掌握石英岩质玉石的主要鉴定方法

【知识要求】

石英岩质玉石种类繁多，包括显晶质石英岩质玉石（石英岩、东陵石、木变石等）和隐晶质石英岩质玉石（玉髓、玛瑙等）（见图 6—27）。玛瑙是我国的传统玉石，在新石器时代就已开始被使用。

一、基本性质

1．矿物组成

石英岩质玉石的组成矿物为石英，另有少量云母类矿物、绿泥石、褐铁矿、赤铁矿、针铁矿、黏土矿物等。

2．化学组成

石英岩质玉石的化学组成主要为 SiO_2，另外还含有少量 Ca、Mg、Fe、Mn、Ni、Al、Ti、V 等元素。

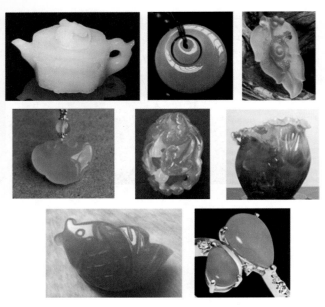

图6—27　石英岩玉

3．晶系

石英岩质玉石的组成矿物石英属于三方晶系。

4．结构、构造

石英岩质玉石呈显微隐晶质至显晶质集合体。具有粒状结构、纤维状结构、隐晶质结构及块状、团块状、条带状、皮壳状、钟乳状构造。

5．光学性质

（1）颜色。常见呈白色、绿色、灰色、黄色、褐色、橙红色、蓝色等。

（2）光泽。光泽为玻璃光泽、油脂光泽或者丝绢光泽。

（3）透明度。透明度为微透明至透明。

（4）光性。非均质集合体。

（5）折射率和双折射率

1）折射率。折射率为1.544～1.553，点测常为1.53或1.54。

2）双折射率。集合体不可测。

（6）多色性。集合体不可测。

（7）发光性。一般无。

6．力学性质

（1）硬度。摩氏硬度为6.5～7。

（2）密度。密度为2.55～2.77 g/cm³。

二、石英岩质玉石的主要品种

根据结构、构造、矿物组合、矿物成因特点等可以分为以下几种：

1．隐晶质石英岩质玉石

隐晶质石英岩质玉石主要包括玉髓和玛瑙两个品种。在现行国家标准中，对于玉髓和玛瑙的染色统一认定为优化，也就是说在鉴定时对玉髓和玛瑙的颜色无须说明是否染色。

（1）玉髓（见图 6—28）。呈致密块状，也可呈球粒状、放射状或微细纤维状集合体。玉髓可以有各种颜色，包括红、白、绿、蓝及黄色等，其中黄色的玉髓也就是通常所说的"黄龙玉"。

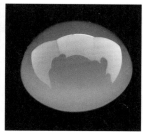

图 6—28　玉髓

（2）碧玉（见图 6—29）。含高岭石等杂质的隐晶质石英集合体，不透明，颜色多呈暗红色、绿色或杂色。按颜色命名可称红碧玉、绿碧玉等。有时也可按特殊花纹和色斑进行命名，如风景碧玉和血滴石。

a）

b）

图 6—29　碧玉

a）原石　b）饰品

（3）玛瑙。具环带状或条带状构造的玉髓。按照颜色、环带条纹和所含杂质或包裹体特点及奇特外观等可细分为许多品种。

1）按条带或条纹分类

①缟玛瑙。亦称条带玛瑙，一种颜色相对简单、条带相对平直的玛瑙，常见的缟玛瑙可有黑、白相间条带，或红、白相间条带。

②缠丝玛瑙（见图6—30）。当缟玛瑙的条带变得十分细窄即成条纹状时，称为缠丝玛瑙。较名贵的一种缠丝玛瑙是由缠丝状红、白或黑相间的条纹组成。

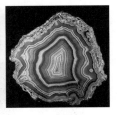

图6—30 缠丝玛瑙

2）按颜色分类（见图6—31）

①白玛瑙。灰白色，大部分需烧红或染色后使用。

②红玛瑙。浅褐红色，Fe^{3+} 致色。

③绿玛瑙。淡灰绿色，由所含绿泥石致色。少见。

④蓝玛瑙。巴西产，蓝白相间条纹界线十分清楚。少见。

⑤紫玛瑙。以葡萄紫色为佳。少见。

⑥黑玛瑙。少见。

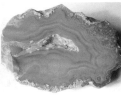

图6—31 各色玛瑙

3）按杂质或包裹体分类

①苔藓玛瑙（见图6—32）。也称水草玛瑙。它是半透明至透明无色或乳白色的玛瑙中，含有不透明的铁锰氧化物和绿泥石等杂质，其杂质组成形态似苔藓、水草、柏枝状的图案，颜色以绿色居多，也有褐色、褐红色、黄色、黑色等单颜色或不同颜色的混杂色等，构成各种美丽的图案。

图 6—32 水草玛瑙

② 火玛瑙（见图 6—33）。呈层状，层与层之间含有薄层的液体或片状矿物等包裹体，当光线照射时，可产生薄膜干涉效应，会闪出火红色或五颜六色的晕彩。

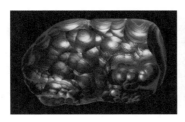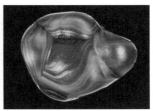

图 6—33 火玛瑙

③ 水胆玛瑙。玛瑙中有封闭的空洞，其中含有水，摇动时可见其流动，且能听见响声。以"胆"大"水"多为佳。

4）其他商业品种。主要有雨花石（见图 6—34）、南红玛瑙（见图 6—35）、葡萄玛瑙（见图 6—36）、葡萄干玛瑙（见图 6—37）、金丝玉（见图 6—38）等。

图 6—34 雨花石

图 6—35 南红玛瑙

图 6—36 葡萄玛瑙

图 6—37 葡萄干玛瑙

图 6—38 金丝玉

2. 显晶质石英岩质玉石

显晶质石英岩质玉石由粒状石英颗粒集合体组成，主要有东陵石和石英岩两种品种。

（1）东陵石（见图 6—39）。东陵石是一种具有砂金效应的石英岩，因其所含的不同矿物而呈现不同的颜色。含铬云母者呈现绿色；含蓝线石者呈现蓝色；含锂云母者呈现紫色。国内市场最常见的

图 6—39 东陵石

是绿色的东陵石，在放大镜下可以看到粗大的铬云母鳞片，大致定向排列。

（2）石英岩（见图6—40）。石英岩有各种颜色，常见绿色、灰色、黄色、褐色、橙红色、白色、蓝色等。石英岩由粒状石英颗粒集合体组成，在放大镜下可见到粒状的石英颗粒。

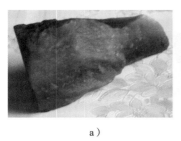  

a） b） c）

图6—40 石英岩

a）密玉 b）贵翠 c）黄龙玉

3．交代假象石英质玉石

这是一种由于 SiO_2 交代作用，保留了原矿物晶形或植物结构的石英质玉石，主要的品种有木变石和硅化木。

（1）木变石。木变石又称为硅化石棉，原来的石棉被二氧化硅所交代后，仍保留着石棉原来的形态，为平直密集排列的纤维状集合体，不透明，丝绢光泽。木变石包括虎睛石、鹰睛石及斑马虎睛石。

1）虎睛石（见图6—41）。棕黄、棕至红棕色，虎睛石可具波状纤维结构。若组成虎睛石的纤维较细、排列较整齐时，弧面型的宝石可出现猫眼效应。

2）鹰睛石（见图6—42）。灰蓝、暗灰蓝色，纤维清晰，也可出现猫眼效应，貌似鹰眼。

图6—41 虎睛石 图6—42 鹰睛石

3）斑马虎睛石。斑马虎睛石是黄褐色、蓝色呈斑块状间杂分布的木变石。

（2）硅化木。硅化木是真正的木化石，是几百万年或更早以前的树木被迅速埋葬地下后，被地下水中的 SiO_2 交代而成的树木化石。它保留了树木的木质结构和纹理。颜色为土黄、淡黄、黄褐、红褐、灰白、灰黑等，抛光面可具玻璃光泽，不透明或微透明（见图 6—43）。

图 6—43　硅化木

根据 SiO_2 的结晶情况和程度，硅化木通常可分为三个品种。若木质被交代成胶质 SiO_2 即蛋白石，则称蛋白石硅化木；若被交代成隐晶质石英（即玉髓或玛瑙），则称为玉髓或玛瑙硅化木；若被交代成微粒的石英，则称为普通硅化木。

三、主要鉴定特征（见表 6—9）

表 6—9　　　　　　　　石英岩质玉石的主要鉴定特征

品种名称	常见颜色	折射率（点测）	光性（正交偏光）	相对密度	紫外荧光	10 倍放大镜检查
玉髓、碧玉	红色、白色、绿色、蓝色及黄色	常为 1.53 或 1.54	全亮	2.55 ~ 2.77	无	油脂光泽至玻璃光泽，隐晶质集合体，放大镜下见不到石英颗粒
玛瑙	白色、红色、绿色、黑色	常为 1.53 或 1.54	全亮	2.55 ~ 2.77	无	油脂光泽至玻璃光泽，放大镜下可见同心层状和规则的条带状构造

续表

品种名称	常见颜色	折射率（点测）	光性（正交偏光）	相对密度	紫外荧光	10 倍放大镜检查
东陵石	绿色、蓝色、紫色	常为 1.53 或 1.54	全亮	2.55 ~ 2.77	无	油脂光泽至玻璃光泽，放大镜下可以看到粗大的铬云母鳞片，大致定向排列
石英岩	绿色、灰色、黄色、褐色、橙红色、白色、蓝色等	常为 1.53 或 1.54	全亮	2.55 ~ 2.77	无	油脂光泽至玻璃光泽，放大镜下可见到粒状的石英颗粒
木变石	虎睛石：棕黄色、棕至红棕色；鹰睛石：灰蓝色、暗灰蓝色	常为 1.53 或 1.54	全亮	2.55 ~ 2.77	无	丝绢光泽，放大镜下可见平直密集排列的纤维状包体
硅化木	浅黄至黄色、褐色、红色、棕色、黑色、白色、灰色	常为 1.53 或 1.54	全亮	2.55 ~ 2.77	无	油脂光泽至玻璃光泽，在放大镜下可见到木质纤维结构及木纹

四、主要产地

石英岩质玉石产地很多，几乎世界各地都有产出。但是绿玉髓主要产自澳大利亚，条纹玛瑙主要产自巴西。

【技能要求】

石英岩质玉石的鉴定

1. 折射率测定

石英岩质玉石几乎都是弧面型宝石，因此通常采用远视法测量其折射率。将宝石弧面向下放置在棱镜的接触液上，观察折射油滴半明半暗的分界线，进行读数，读数至小数点后第二位，RI 为 1.54（点测）。

2．偏光镜观察

在偏光镜正交偏光下转动翡翠360°，视域全亮。

3．发光性特征观察

长、短波紫外光下均显惰性。

4．查尔斯滤色镜观察

在查尔斯滤色镜下不变色。

5．相对密度测定

用电子密度天平，采用静水称重法测得石英岩质玉石的相对密度值一般在2.55～2.77之间。

6．10倍放大镜观察

此类玉石多呈油脂光泽至玻璃光泽，木变石具丝绢光泽。玉髓在放大镜下见不到石英颗粒；玛瑙在放大镜下可见同心层状和规则的条带状构造；东陵石在放大镜下可以看到粗大的铬云母鳞片，大致定向排列（见图6—44a）；石英岩在放大镜下可见到粒状的石英颗粒；木变石在放大镜下可见纤维状石棉晶形假象平直密集排列（见图6—44b）；硅化木在放大镜下可见木质纤维结构及木纹（见图6—44c）。

 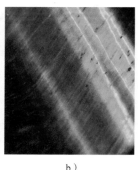 

a） b） c）

图6—44 石英岩的结构特征

a）东陵石中定向排列的铬云母 b）木变石的纤维状结构 c）硅化木中残留的木质年轮纹

第5节 蛇纹石玉

【学习目标】

了解蛇纹石玉的基本性质

了解蛇纹石玉的主要品种和主要产地

掌握蛇纹石玉的主要鉴定方法

【知识要求】

蛇纹石玉是由片状、纤维状蛇纹石集合体所组成的蛇纹岩。蛇纹石玉分布广泛，从新石器时代开始已广泛使用。在浙江余杭的良渚文化中出土大量的蛇纹石玉制品，河南殷墟妇好墓中也出土了四十多件蛇纹石玉制品。时至今日，蛇纹石玉仍是我国利用最广泛的玉种之一。

一、基本性质

1．矿物组成

蛇纹石玉的主要组成矿物为蛇纹石，还含有透闪石、透辉石、菱镁矿、水镁石、滑石、白玉石等次要矿物。

2．化学组成

蛇纹石玉的化学成分为 $(Mg，Fe，Ni)_3Si_2O_5(OH)_4$，常见伴生矿物方解石、滑石、磁铁矿等。

3．结晶状态

晶质集合体，常呈细粒叶片状或纤维状。

4．光学性质

（1）颜色。常见绿至绿黄、白色、棕色、黑色，常有白斑，俗称"石花"。

（2）光泽。光泽为蜡状光泽至玻璃光泽。

（3）透明度。透明度为透明至不透明。

（4）光性。非均质集合体。

（5）折射率和双折射率

1）折射率。折射率为 $1.560 \sim 1.570（+0.004，-0.070）$。

2）双折射率。集合体不可测。

（6）多色性。集合体不可测。

（7）发光性。在长波紫外光照射下呈无至弱绿色；在短波紫外光照射下无色。

5．力学性质

（1）解理。无。

（2）硬度。摩氏硬度为 $2.5 \sim 6$。

（3）密度。密度为 $2.57（+0.23，-0.13）g/cm^3$。

二、蛇纹石玉的主要品种

蛇纹石玉主要按照其产地进行分类，根据国内外的不同产地，可将蛇纹石玉分为以下品种。

1. 国外品种

（1）鲍文玉（见图6—45a）。产自新西兰，呈微白绿色至淡黄绿色，半透明，质地细腻。

（2）威廉斯玉（见图6—45b）。产自美国宾夕法尼亚州，主要由镍蛇纹石组成并含有铬铁矿斑点，浓绿色，半透明。

（3）朝鲜玉（高丽玉）（见图6—45c）。产自朝鲜，为鲜黄绿色，近透明，质地细腻。

a）　　　　　　　　　　b）　　　　　　　　　c）

图6—45　蛇纹石玉的国外主要品种

a）鲍文玉　b）威廉斯玉　c）朝鲜玉

2. 国内品种

（1）岫岩玉（见图6—46a、b）。我国辽宁岫岩县所产的蛇纹石玉称为岫岩玉或者岫玉。岫岩县所产的蛇纹石玉为世界质量最优，产量最大。透明度好，硬度接近4～5，质地细腻。但是随着现代的大量开采，岫岩县的保有储量已接近枯竭。

（2）祁连玉（见图6—46c）。甘肃酒泉所产的蛇纹石玉称为祁连玉或酒泉玉，是一种含有黑色斑点或黑色团块的暗绿色蛇纹石玉。透明度较差，硬度一般为3～4。

（3）南方玉（见图6—46d）。广东信宜所产的蛇纹石玉称为南方玉。颜色以翠绿至黄绿色为主，色不均匀，孔隙度大，易染色。玉质细腻，硬度低，易磨损。

（4）昆仑玉（见图6—46e）。产自新疆昆仑山，以暗绿色为主，也呈淡绿、淡黄、黄、绿、灰、白等色。玉质细腻，油脂光泽。

（5）台湾玉（见图6—46f）。产自台湾花莲，通常为暗绿色、黄绿色，有黑色及黑色条纹等杂色。

图6—46　蛇纹石玉的国内主要品种

a）、b）岫岩玉　c）祁连玉　d）南方玉　e）昆仑玉　f）台湾玉

三、主要鉴定特征（见表6—10）

表6—10　　　　　　　　　　蛇纹石玉的主要鉴定特征

折射率	光性（正交偏光）	相对密度	紫外荧光	10倍放大镜观察
点测法测量，通常为1.56～1.57	全亮	2.57	长波：无至弱绿 短波：无	蜡状光泽至玻璃光泽，通常为带黄的绿色，但也有白、黄、黑等颜色，质地细腻，在放大镜下常见白色"石花"

四、主要产地

在上文中根据产地对蛇纹石玉进行了分类，由此可知蛇纹石玉的主要产地有新西兰、美国、朝鲜、中国等。

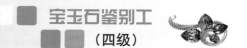

【技能要求】

蛇纹石玉的鉴定

1．折射率测定

蛇纹石玉都是弧面型宝石，因此采用远视法测量其折射率。将宝石弧面向下放置在棱镜的接触液上，观察折射油滴半明半暗的分界线，进行读数，读数至小数点后第二位，测得其折射率近似值在1.56（点测）左右。

2．偏光镜观察

在偏光镜正交偏光下转动蛇纹石玉360°，视域全亮。

3．发光性特征观察

长、短波紫外光下均显惰性。

4．查尔斯滤色镜观察

在查尔斯滤色镜下不变色。

5．相对密度测定

用电子密度天平，采用静水称重法测得蛇纹石玉的相对密度值为2.57。

6．10倍放大镜观察

呈蜡状光泽至玻璃光泽，通常为带黄的绿色，但也有白、黄、黑等颜色，质地细腻，半透明至不透明（见图6—47a）。在放大镜下常见黑色、白色"石花"（见图6—47b）。经染色处理的蛇纹石的颜色全部集中在裂隙中，放大检查很容易发现染料的存在（见图6—47c）。

 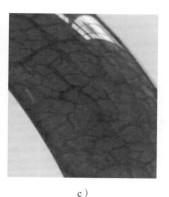

a）   b）   c）

图6—47 蛇纹石玉的特征

a）质地细腻，微透明   b）呈斑点状、团块状分布的金属矿物

c）染色蛇纹岩玉颜色集中于裂隙处

第6节 大理岩玉

【学习目标】

了解大理岩玉的基本性质

了解大理岩玉的主要品种和主要产地

掌握大理岩玉的主要鉴定方法

【知识要求】

大理石是指主要由方解石（$CaCO_3$）或白云石［$CaMg(CO_3)_2$］矿物组成的玉石。地质上通常属于大理岩、灰岩或白云岩。其变种很多。在我国以云南大理所产的大理石最佳，故名大理石。除用于建筑装饰材料外，大量被用于玉雕材料，近年来大理岩玉（见图6—48）在珠宝市场上越来越常见。

图6—48 大理岩玉

一、基本性质

1．矿物组成

大理岩玉的主要组成矿物为方解石，可有白云石、菱镁矿、蛇纹石、绿泥石等矿物。蓝田玉为蛇纹石化大理岩。

2．化学组成

方解石的化学成分为 $CaCO_3$，可含有 Mg、Fe、Mn 等元素。

3．结晶状态

晶质集合体。

4．光学性质

（1）颜色。呈各种颜色，常见有白色、黑色及各种花纹和颜色，白色大理石常称为汉白玉。

（2）光泽。光泽为玻璃光泽至油脂光泽。

（3）透明度。透明度为透明至不透明。

（4）光性。非均质集合体。

（5）折射率和双折射率

1）折射率。折射率为 1.486 ～ 1.658，点测在 1.60 左右。

2）双折射率。集合体不可测。

（6）多色性。集合体不可测。

（7）发光性。多变。

5．力学性质

（1）解理。具三组完全解理。

（2）硬度。摩氏硬度为 3。

（3）密度。密度为 2.70（±0.05）g/cm^3。

6．特殊性质

大理岩玉遇冷稀盐酸明显起泡。

二、大理岩玉的主要品种

大理岩玉的主要品种有汉白玉、蓝田玉、米黄玉等。

1. 汉白玉

汉白玉是我国一种著名的纯白色大理石（其矿物成分为方解石）（见图6—49）。因其颜色洁白，质地细致均匀，透光性较好，历来是优良的玉雕材料和高级建筑装饰石。北京房山周口店产汉白玉最为著名。

2. 蓝田玉

蓝田玉（见图6—50）以产自蓝田而得名，为我国古代的名玉之一。蓝田玉为蛇纹石化大理岩，其颜色主要有白色、米黄色、黄绿色、绿色、绿白色等，玻璃光泽至油脂光泽，微透明至半透明，质地细腻。

图 6—49　汉白玉

图6—50　蓝田玉

3．米黄玉

一般米黄玉（见图6—51）主体颜色以黄色为主，不透明至半透明，粒状结构，硬度为4.3～4.5，性非常脆，易碎，好的米黄玉质地较细腻。

图6—51　米黄玉

三、主要鉴定特征（见表6—11）

表6—11　　　　　　　　　　大理岩玉的主要鉴定特征

折射率	光性（正交偏光）	相对密度	紫外荧光	10倍放大镜观察
1.486～1.658，点测在1.60左右	全亮	2.70	多变	玻璃光泽至油脂光泽，在放大镜下可见粒状结构及各种花纹和颜色

四、主要产地

大理岩玉在世界各国都有产出，国外优质的大理岩玉产自冰岛和德国，而我国优质的大理岩玉产自云南大理。

【技能要求】

大理岩玉的鉴定

1．折射率测定

通常采用远视法测量其折射率。将其弧面向下放置于折射仪棱镜的接触液上，观察折射油滴半明半暗的分界线，进行读数，读数至小数点后第二位，测得其折射率近似值在 1.60（点测）左右。

2．偏光镜观察

在偏光镜正交偏光下转动大理岩玉 360°，视域全亮。

3．发光性特征观察

在长、短波紫外光下不同的品种发光特征不定。

4．查尔斯滤色镜观察

在查尔斯滤色镜下不变色。

5．相对密度测定

用电子密度天平，采用静水称重法测得大理岩玉的相对密度值为 2.70左右。

6．10 倍放大镜观察

大理岩玉通常呈玻璃光泽至油脂光泽，具有粒状结构（见图 6—52a）、条带状构造（见图 6—52b、c）及各种花纹和颜色。

a） b） c）

图 6—52 大理岩玉

a）粒状结构 b）、c）条带状构造

第7节 青 金 石

【学习目标】

了解青金石的基本性质
了解青金石的主要品种及主要产地
掌握青金石的主要鉴定方法

【知识要求】

青金石的英文名称是 lapis lazuli，意为"蓝色的宝石"，历史悠久，是天然蓝色颜料的主要原料（见图6—53）。青金石与绿松石、锆石同为十二月的生辰石，象征着胜利、好运、成功。

一、基本性质

1．矿物组成

主要组成矿物为青金石、方钠石，次要矿物有方解石、黄铁矿和蓝方石，有时含透辉石、云母、角闪石等矿物。

方解石总以白色细脉状或斑状出现，粒度粗时较常见，而在细粒致密的青金岩中往往不明显。黄铁矿几乎总是出现，若呈浸染状星散分布，可成为高档玉料；若呈较粗粒状分布或脉状、斑状分布，则质量较差。

图6—53 青金石摆件

2．化学组成

主要成分为青金石 $[(NaCa)_8(AlSiO_4)_6(SO_4,Cl,S)_2]$。

3．晶系及结晶习性

属等轴晶系，晶形为菱形十二面体，晶质集合体。

4．结构、构造

具有粒状结构和块状构造（见图6—54）。

5．光学性质

（1）颜色。呈中至深微绿蓝色至紫蓝色，常有铜黄色黄铁矿、白色方解石、墨绿色透辉石、普通辉石的色斑。

（2）光泽。抛光面呈玻璃光泽至蜡状光泽。

（3）透明度。透明度为半透明至不透明。

（4）光性。均质集合体。

（5）折射率。折射率一般为 1.50，有时因含方解石，可达 1.67。

（6）发光性。长波紫外灯光下方解石包体可发粉红色荧光；短波紫外灯光下发弱至中等绿色或黄绿色荧光。

6．力学性质

（1）解理。集合体无解理，韧性差。

（2）硬度。摩氏硬度为 5 ～ 6。

（3）密度。密度为 2.75（±0.25）g/cm^3。

图 6—54 青金石原石

二、主要品种

1．青金石

无黄铁矿或少有黄铁矿，杂质极少，质地纯净，含青金石矿物 99% 以上。呈浓艳、均匀的深蓝色（见图 6—55），是优质上品。

2．青金

含少量黄铁矿，无白斑。质地较纯且致密细腻，含青金石矿物 90% 以上。颜色浓艳均匀，为深蓝、天蓝和藏蓝色（见图 6—56），是青金石中的上品。

图 6—55 青金石

图 6—56 青金

3．金格浪

含大量黄铁矿的致密块体，通常黄铁矿含量多于青金石，且黄铁矿不呈星散状，而是集结成团。含方解石白斑或白花，质地不均匀。抛光后如同金龟子外壳一样金光闪闪（见图6—57）。该品种密度较大，可达4 g/cm³以上。

图 6—57　金格浪

4．催生石

不含黄铁矿而混杂较多方解石的青金岩品种。青金石矿物和方解石混杂在一起，表现为蓝白二色混杂（见图6—58a）。以白色方解石为主、青金石为辅者，称为"雪花催生石"（见图6—58b），在我国较多见。

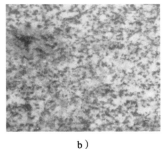

a） **b）**

图 6—58　催生石

a）催生石　b）雪花催生石

三、主要鉴定特征（见表6—12）

表 6—12　　　　　　　　　　　　青金石的主要鉴定特征

折射率	光性（正交偏光镜）	相对密度	紫外荧光	10倍放大镜观察
一般为1.50，有时因含方解石，可达1.67	全暗	2.75	长波：方解石包体可发粉红色荧光短波：弱至中等绿色或黄绿色	粒状结构，常含黄色黄铁矿斑点、白色方解石团块

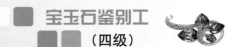
四、主要产地

青金石主要产自阿富汗、贝加尔地区、智利、缅甸和美国等国家和地区。其中最著名的优质青金石产地是阿富汗。贝加尔地区的青金石常含黄铁矿，质量较好。智利所产的青金石含有较多的白色方解石，品质较差。

【技能要求】

青金石的鉴定

1．折射率测定

通常采用远视法测量。将青金石放置在折射仪上，观察折射油滴半明半暗的分界线，进行读数，测得的折射率为1.50（点测）。

2．偏光镜观察

在偏光镜正交偏光下转动青金石360°，视域全暗。

3．发光性特征观察

长波紫外灯光下方解石包体可发粉红色荧光；短波紫外灯光下发弱至中等绿色或黄绿色荧光。

4．相对密度测定

用电子密度天平，采用静水称重法测得青金石的相对密度值为2.75左右。

5．10倍放大镜观察

青金石颜色呈中至深微绿蓝色至紫蓝色，抛光面呈玻璃光泽至蜡状光泽。可见粒状结构，常含黄色黄铁矿斑点（见图6—59）、白色方解石团块。

图6—59　青金石的粒状结构和黄铁矿斑点

第 8 节　绿　松　石

【学习目标】

了解绿松石的基本性质

了解绿松石的主要品种和主要产地

掌握绿松石的主要鉴定方法

【知识要求】

绿松石（见图 6—60）的英文名称是 turquoise，历史悠久，是我国传统玉石。作为高中档的玉石，古今中外都将绿松石用作驱魔辟邪的护身符。绿松石是十二月的生辰石，象征着胜利、好运和成功。

图 6—60　绿松石

一、基本性质

1．矿物组成
主要组成矿物为绿松石。

2．化学组成
绿松石的主要成分为铜铝磷酸盐 $[CuAl_6(PO_4)_4(OH)_8 \cdot 5H_2O]$。

3．晶系及结晶习性
属三斜晶系，晶体极少见，通常见到绿松石多为隐晶质至非晶质集合体。

4．结构、构造

通常呈块状或脉状、结核状（豆状、肾状、姜状、葡萄状等）、皮壳状隐晶质集合体（见图6—61）。

图 6—61　绿松石原石

5．光学性质

（1）颜色。绿松石常见颜色为浅至中等蓝色、绿蓝色至绿色，常有斑点、网脉或暗色（黑色，褐色）杂质。

（2）光泽。抛光面具有蜡状光泽、油脂光泽,抛光好的优质品种可达玻璃光泽。

（3）透明度。透明度为不透明。

（4）光性。非均质集合体。

（5）折射率。折射率为$1.610 \sim 1.650$，点测法通常为1.61。

（6）发光性。长波紫外灯光下绿松石可发无至弱黄绿色荧光；短波紫外灯光下无荧光。

6．力学性质

（1）解理。集合体无解理，多为块状、结核状集合体。

（2）硬度。摩氏硬度为 $5 \sim 6$。

（3）密度。密度为 $2.76 (+0.14, -0.36)$ g/cm^3。

7．其他性质

（1）绿松石是含水、多孔的矿物，稳定性较差。

（2）受热后（如过热抛光、用火烘烤、阳光暴晒）会造成脱水，而发生褪色、炸裂。

（3）易吸收液体或杂色物质（如重液、浸油、茶水、皂水、香水、污油、铁锈等），而使其自身褪色或变色。

（4）在盐酸中会缓慢溶解。

因此，绿松石在加工、检测、使用或存放过程中要注意保养，避免受热和与上述物质接触。

二、主要品种

1．瓷松

呈天蓝色，质地致密细腻，摩式硬度大（5.5～6），断口呈贝壳状，抛光面光泽较强，光亮如同上釉的瓷器，是绿松石中最上品。

2．绿松

颜色从蓝绿到豆绿色，摩式硬度为4.5～5.5，比瓷松略低。是一种中等质量的绿松石。

3．泡松

呈淡蓝色至月白色，摩式硬度在4.5以下，用刀能刻划。因为这种绿松石软而疏松，只有较大块才有使用价值，为质量最次的绿松石。但在绿松石原料日益缺乏的今天，常采用注塑、注蜡及染色等人工处理方法，改善其质量及外观，因而也可"废物利用"。

4．铁线松

铁线松是绿松石中有黑色褐铁矿细脉，呈网状分布，使蓝色或绿色绿松石呈现有黑色龟背纹、网纹或脉状纹的绿松石品种。其上的褐铁矿细脉被称为"铁线"。铁线纤细，黏结牢固，质坚硬，和绿松石形成一体，使绿松石上有如墨线勾画的自然图案，美观而独具一格。具美丽蜘蛛网纹的绿松石也可成为佳品。但若网纹为黏土质细脉组成，则称为泥线绿松石。泥线绿松石胶结不牢固，质地较软，基本上没有使用价值。

三、主要鉴定特征（见表6—13）

表6—13 绿松石的主要鉴定特征

折射率（检测时一般不用）	光性（正交偏光镜）	相对密度	紫外荧光	10倍放大镜观察
折射率为1.610～1.650，点测法通常为1.61	非均质集合体	2.76	长波：无至弱的绿黄色短波：无	可见蜡状光泽，块状构造。常有斑点、网脉或暗色杂质

四、主要产地

绿松石主要产自伊朗、美国、埃及、俄罗斯、中国等地。中国绿松石主要集中在湖北、陕西、河南交界处。以湖北的绿松石最为著名。另外在中国的新疆、安徽也有产出。

【技能要求】

绿松石的鉴定

1．折射率测定检测时一般不用

通常采用远视法。将绿松石放置在折射仪上，观察折射油滴半明半暗的分界线，进行读数，测得折射率为 1.61（点测）。

2．发光性特征观察

长波紫外光下呈无至弱的黄绿至蓝色荧光。

3．相对密度测定

用电子密度天平，采用静水称重法测得绿松石的相对密度值为 2.40 ～ 2.90。

4．10 倍放大镜观察

绿松石以其特有的不透明天蓝色、淡蓝色、绿蓝色、绿色及其在底色上常有的白色斑点及褐黑色铁线为主要鉴别特征（见图 6—62）。不同产地的绿松石特点不完全相同。

图 6—62　颜色深浅不同的绿松石及其中的铁线、白斑

第 9 节　独　山　玉

【学习目标】

了解独山玉的基本性质

了解独山玉的主要品种和主要产地

掌握独山玉的主要鉴定方法

【知识要求】

独山玉的英文名称是 dushan yu。独山玉是我国特有的玉石品种，因产自我国河南南阳市而得名，又名"南阳玉"（见图6—63）。与新疆和田玉、湖北绿松石、辽宁岫玉一起，号称中国四大名玉。

图6—63 独山玉摆件

一、基本性质

1. 矿物组成

主要组成矿物为斜长石（钙长石）、黝帘石等。

2. 化学组成

独山玉化学组成变化较大，随组成矿物比例而变化。

3. 晶系及结晶习性

晶质集合体。

4. 结构、构造

独山玉（见图6—64）具细粒状结构，集合体为致密块状。

图6—64 独山玉原石

5. 光学性质

（1）颜色。独山玉的颜色丰富，主色有白色、绿色、紫色、蓝绿色、黄色、黑色。

（2）光泽。光泽为玻璃光泽。

（3）透明度。透明度为半透明至不透明。

（4）光性。非均质集合体。

（5）折射率。受组成矿物的影响，点测范围为 1.560 ~ 1.700。

（6）发光性。紫外灯光下独山玉通常无荧光，有的品种有微弱的蓝白、褐黄、褐红色荧光。

6．力学性质

（1）解理。集合体无解理。

（2）硬度。摩氏硬度为 6 ~ 7。

（3）密度。密度为 2.70 ~ 3.09 g/cm³，一般为 2.90 g/cm³。

二、独山玉的品种

独山玉主要依据颜色划分品种，见表6—14。由于所含有色矿物和多种色素离子，使独山玉的颜色复杂、变化多端。其中50%以上为杂色独玉，30%为绿独玉，10%为白独玉。玉石成分中含铬时呈绿或翠绿色；含钒时呈黄色；同时含铁、锰、铜时，呈淡红色；同时含钛、铁、锰、镍、钴、锌、锡时，多呈紫色等。

表6—14　　　　　　　　　　　　独山玉的品种

图　　示	品　　种
	**白独玉** 　　主要由斜长石、黝帘石，少量绿帘石、透辉石和绢云母组成。总体为白色、乳白色，质地细腻，具有油脂般的光泽，常为半透明至微透明或不透明，依据透明度和质地的不同又有透水白、油白、干白三种称谓，其中以透水白为最佳，白独玉约占整个独山玉的10%
 	**绿独玉** 　　主要由斜长石和铬云母组成，呈翠绿、绿和蓝绿色。绿至翠绿色，包括绿色、灰绿色、蓝绿色、黄绿色，常与白色独玉相伴，颜色分布不均，多呈不规则带状、丝状或团块状分布。质地细腻，近似翡翠，具有玻璃光泽，透明至半透明表现不一，其中半透明的蓝绿色独玉为独山玉的最佳品种，在商业上亦有人称之为"天蓝玉"，或"南阳翠玉"。近年矿山开采中，这种优质品种产量渐少。而大多为灰绿色的不透明的绿独玉。绿独玉占整个独山玉的30%

续表

图　　示	品　　种
	**紫独玉** 主要由斜长石、黝帘石和黑云母组成，呈淡紫、紫和亮棕色，质地细腻，坚硬致密，玻璃光泽，透明度较差。俗称亮棕玉、酱紫玉、棕玉、紫斑玉、棕翠玉。紫独玉不常见
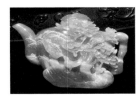	**黄独玉** 主要由斜长石、黝帘石，少量绿帘石、榍石和金红石组成，为不同深度的黄色或褐黄色，常呈半透明分布，其中常常有白色或褐色团块，并与之呈过渡色。黄独玉较少见
	**红独玉** 玉石为强黝帘石化斜长岩，黝帘石为主，占50% ~ 80%，次为斜长石30% ~ 40%，有少量的绿帘石和透辉石，又称"芙蓉玉"。常表现为粉红色或芙蓉色，深浅不一，一般为微透明至不透明，质地细腻，光泽好，与白独玉呈过渡关系。此类玉石的含量少于5%
	**青独玉** 玉石为黝帘石化斜长岩，斜长石45%，黝帘石45%，绿帘石10%。呈青色、灰青色、蓝青色，常表现为块状、带状，不透明，为独山玉中常见品种
	**黑独玉** 玉石为辉石斜长岩，斜长石为主，其次为辉石。呈黑色、墨绿色，不透明，颗粒较粗大，常为块状、团块状或点状，与白独玉相伴，该品种为独山玉中最差的品种，偶有发现

续表

图　示	品　种
 	杂色独玉 　　玉石为黑云母铬云母化斜长岩或绿帘石化斜长岩。在同一块标本或成品上常表现为上述两种或两种以上的颜色，特别是在一些较大的独山玉原料或雕件上常出现四至五种或更多颜色品种，如绿、白、褐、青、墨等多种颜色相互呈浸染状或渐变过渡状共存于同一块体上，甚至在不足 1 cm 的戒面上亦会出现褐、绿、白三色并存，这种复杂的颜色组合及分布特征对独山玉的鉴别具有重要的指导意义。杂色独玉是独山玉中最常见的品种，占整个储量的50%以上

三、主要鉴定特征（见表 6—15）

表 6—15　　　　　　　独山玉的主要鉴定特征

折射率	光性 （正交偏光镜）	相对密度	紫外荧光	10 倍放大镜检查
1.560 ~ 1.700	全亮	2.70 ~ 3.09， 一般为 2.90	呈无至弱的蓝 白、褐黄、褐红	具有玻璃光泽，纤维粒状结构，可见蓝色、蓝绿色或紫色色斑

四、主要产地

独山玉仅产于我国河南，是我国特有的玉石品种。由于颜色丰富，成为利用较广的玉雕材料。

【技能要求】

独山玉的鉴定

1. 折射率测定

通常采用远视法测量。将独山玉放置在折射仪上，观察折射油滴半明半暗的分界线，进行读数，独山玉的折射率大小受组成矿物影响，用点测法测到的折射率值位于 1.56 ~ 1.70 之间。

2．发光性

在紫外灯光下，独山玉表现为荧光惰性。有的品种可有微弱的蓝白、褐黄、褐红色荧光。

3．相对密度测定

用电子密度天平，采用静水称重法测得独山玉的相对密度值在 2.70 ～ 3.09 之间。

4．10 倍放大镜观察

特殊的结构特点和颜色变化极为丰富，这使它与别的玉石较容易区分。独山玉颜色主色有白色、绿色、紫色、蓝绿色、黄色、黑色。独山玉绿色偏蓝，常夹有暗色矿物的黑点，可见纤维粒状结构和蓝色、蓝绿色或紫色色斑（见图 6—65、图 6—66）。抛光面呈玻璃光泽。

图 6—65　独山玉在透射光下的特征

图 6—66　独山玉的结构及色斑

第 10 节　孔　雀　石

◤【学习目标】

了解孔雀石的基本性质

了解孔雀石的主要产地

掌握孔雀石的主要鉴定方法

◤【知识要求】

孔雀石（见图 6—67）的英文名称是 malachite，由于颜色酷似孔雀的羽毛而得名。质地细腻、颜色鲜艳、造型独特的孔雀石可制成首饰、雕件、观赏石、盆景石、印章、高级颜料和建筑物内部装饰材料。

一、基本性质

1．矿物组成
主要组成矿物为孔雀石。

2．化学组成
主要成分为含铜的碳酸盐矿物 $[Cu_2CO_3(OH)_2]$。

3．晶系及结晶习性
属单斜晶系，单晶体呈细长柱状、针状。单晶体极罕见。

4．结构、构造
通常呈纤维状集合体及钟乳状、葡萄状、肾状、皮壳状、同心环带状或层状集合体产出。具有纹带或同心环状构造，纹带或同心环由深浅不同的绿色构成（见图6—68）。

图6—67　孔雀石

图6—68　孔雀石原石

5．光学性质
（1）颜色。颜色呈鲜艳的微蓝绿至深绿、墨绿色，常有杂色条纹。

（2）光泽。光泽为丝绢光泽至玻璃光泽。

（3）透明度。透明度为半透明至不透明。

（4）光性。二轴晶，负光性。非均质集合体。

（5）折射率。折射率为 $1.655 \sim 1.909$。

（6）发光性。紫外灯光下无荧光。

6．力学性质
（1）解理。集合体无解理，具有参差状断口。

（2）硬度。摩氏硬度为 3.5 ～ 4。

（3）密度。密度为 3.95（＋ 0.15，－ 0.70）g/cm³。

7．其他性质

孔雀石遇酸起泡，易溶解，具有可溶性。

二、主要鉴定特征（见表 6—16）

表 6—16 孔雀石的主要鉴定特征

折射率	光性（正交偏光）	相对密度	紫外荧光	10 倍放大镜检查
1.655 ～ 1.909	全亮	3.95	无	可见丝绢光泽至玻璃光泽，集合体呈条纹状、放射状、同心环状构造

三、主要产地

孔雀石著名产地主要有赞比亚、澳大利亚、津巴布韦、纳米比亚、俄罗斯、美国、智利等。智利把孔雀石作为国石。我国的孔雀石主要产地为广东、湖北、江西、内蒙古、西藏、甘肃和云南等地。

【技能要求】

孔雀石的鉴定

1．折射率测定

采用远视法测量，将孔雀石放置在折射仪上，观察折射油滴半明半暗的分界线，进行读数，折射率为 1.655 ～ 1.909（点测范围）。

2．相对密度测定

用电子密度天平，采用静水称重法测得孔雀石的相对密度为 3.95。

3．10 倍放大镜观察

孔雀石颜色呈鲜艳的微蓝绿至深绿、墨绿色，具有特征的孔雀绿色、美丽的花纹和条带（即颜色分层或弯曲的同心条带）等特点，常有杂色条纹，抛光面呈丝绢光泽至玻璃光泽。常呈柱状（见图 6—69a），纤维、放射状（见

图 6—69b）、葡萄状（见图 6—69c），钟乳状（见图 6—69d），同心环带状（见图 6—69e），肾状（见图 6—69f），皮壳状或层状集合体产出。具有纹带或同心环状构造，纹带或同心环由深浅不同的绿色构成。

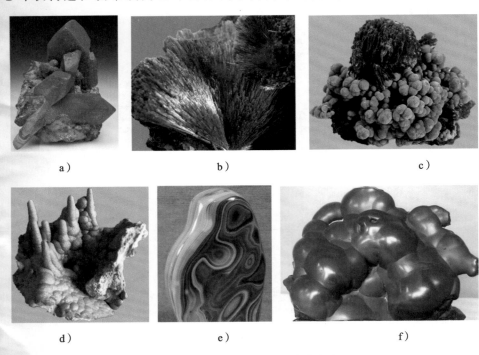

a）   b）   c）

d）   e）   f）

图 6—69   孔雀石的不同形态集合体

a）柱状集合体   b）纤维、放射状集合体   c）葡萄状集合体

d）钟乳状集合体   e）同心环带状集合体   f）肾状集合体

第 11 节   常见相似玉石的鉴别

【学习目标】

了解常见相似玉石的基本性质

掌握常见相似玉石的鉴定方法

【知识要求】

一、绿色相似玉石的鉴别（见表 6—17）

表 6—17　　　　　　　　　　　　　　　　绿色相似玉石的鉴别特征

宝石名称	折射率	光性（正交偏光）	相对密度	发光性	10 倍放大镜观察
翡翠	1.66（点测）	全亮	3.34（+0.06，−0.09）	紫外光下呈无至弱的绿色、白色、黄色	透射光下常见纤维交织结构至粒状纤维交织结构，反射光下可见"翠性"
软玉	1.60～1.61（点测）	全亮	2.95（+0.15，−0.05）	紫外光惰性	可见毛毡状交织、叶片状变晶、纤维变晶、纤维隐晶质、片状隐晶质、放射状或帚状结构
玉髓	1.53 或 1.54（点测）	全亮	2.55～2.77	无	可见油脂光泽至玻璃光泽，隐晶质集合体，放大镜下见不到石英颗粒
东陵石	1.53 或 1.54（点测）	全亮	2.55～2.77	无	可见油脂光泽至玻璃光泽，放大镜下可以看到粗大的铬云母鳞片，大致定向排列
蛇纹石	1.56～1.57（点测）	全亮	2.57	长波：无至弱绿色　短波：无	可见蜡状光泽至玻璃光泽，通常为带黄的绿色，质地细腻，在放大镜下常见白色"石花"
独山玉	1.56～1.70（点测）	全亮	2.70～3.09，一般为 2.90	呈无至弱的蓝白、褐黄、褐红	可见玻璃光泽，纤维粒状结构和蓝色、蓝绿色或紫色色斑

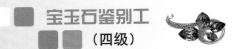
二、白色相似玉石的鉴别（见表 6—18）

表 6—18　　　　　　　　　　　　白色相似玉石的鉴别特征

宝石名称	折射率	光性（正交偏光）	相对密度	发光性	10 倍放大镜观察
翡翠	1.66（点测）	全亮	3.34（＋0.06，－0.09）	紫外光下呈无至弱的绿色、白色、黄色	透射光下常见纤维交织结构至粒状纤维交织结构，反射光下可见"翠性"
软玉	1.60～1.61（点测）	全亮	2.95（＋0.15，－0.05）	紫外光惰性	可见毛毡状交织、叶片状变晶、纤维变晶、纤维隐晶质、片状隐晶质、放射状或帚状结构
石英岩玉	1.53 或 1.54（点测）	全亮	2.55～2.77	无	可见油脂光泽至玻璃光泽，放大镜下可见到粒状的石英颗粒
大理岩玉	1.48～1.65（点测）	全亮	2.70	多变	可见玻璃光泽至油脂光泽，在放大镜下可见粒状结构及各种花纹和颜色
蛇纹石	1.56～1.57（点测）	全亮	2.57	长波：无至弱绿色　短波：无	可见蜡状光泽至玻璃光泽，质地细腻，在放大镜下常见白色"石花"
独山玉	1.56～1.70（点测）	全亮	2.70～3.09，一般为 2.90	呈无至弱的蓝白、褐黄、褐红	可见玻璃光泽，纤维粒状结构，可见蓝色、蓝绿色或紫色色斑

三、褐色相似玉石的鉴别（见表 6—19）

表 6—19　　　　　　　　　　　　　　　　褐色相似玉石的鉴别特征

宝石名称	折射率	光性 （正交偏光）	相对密度	发光性	10 倍放大镜观察
翡翠	1.66 （点测）	全亮	3.34 （＋0.06， －0.09）	紫外光下呈无至弱的绿色、白色、黄色	透射光下常见纤维交织结构至粒状纤维交织结构，反射光下可见"翠性"
软玉	1.60～1.61 （点测）	全亮	2.95 （＋0.15， －0.05）	紫外光惰性	可见毛毡状交织、叶片状变晶、纤维变晶、纤维隐晶质、片状隐晶质、放射状或帚状结构
蛇纹石	1.56～1.57 （点测）	全亮	2.57	长波：无至弱绿色 短波：无	可见蜡状光泽至玻璃光泽，质地细腻，在放大镜下常见白色"石花"
独山玉	1.56～1.70 （点测）	全亮	2.70～3.09，一般为 2.90	呈无至弱的蓝白、褐黄、褐红色	可见玻璃光泽，纤维粒状结构和蓝色、蓝绿色或紫色色斑
石英岩玉	1.53 或 1.54 （点测）	全亮	2.55～2.77	无	可见油脂光泽至玻璃光泽，放大镜下可见到粒状的石英颗粒

四、黄色相似玉石的鉴别（见表 6—20）

表 6—20　　　　　　　　　　　　　　　　黄色相似玉石的鉴别特征

宝石名称	折射率	光性 （正交偏光）	相对密度	发光性	10 倍放大镜观察
翡翠	1.66 （点测）	全亮	3.34 （＋0.06， －0.09）	紫外光下呈无至弱的绿色、白色、黄色	透射光下常见纤维交织结构至粒状纤维交织结构，反射光下可见"翠性"

续表

宝石名称	折射率	光性 （正交偏光）	相对密度	发光性	10 倍放大镜观察
软玉	1.60 ~ 1.61 （点测）	全亮	2.95 （+ 0.15， - 0.05）	紫外光惰性	可见毛毡状交织、叶片状变晶、纤维变晶、纤维隐晶质、片状隐晶质、放射状或帚状结构
蛇纹石	1.56 ~ 1.57 （点测）	全亮	2.57	长波：无至弱绿色 短波：无	可见蜡状光泽至玻璃光泽，质地细腻，在放大镜下常见白色"石花"
独山玉	1.56 ~ 1.70 （点测）	全亮	2.70 ~ 3.09， 一般为 2.90	呈无至弱的蓝白、褐黄、褐红色	可见玻璃光泽，纤维粒状结构和蓝色、蓝绿色或紫色色斑
石英岩玉	1.53 或 1.54 （点测）	全亮	2.55 ~ 2.77	无	可见油脂光泽至玻璃光泽，放大镜下可见到粒状的石英颗粒
大理岩玉	1.48 ~ 1.65 （点测）	全亮	2.70	多变	可见玻璃光泽至油脂光泽，在放大镜下可见粒状结构及各种花纹和颜色

第7章
有机宝石

第1节　珍　　珠

■■【学习目标】

了解珍珠的基本性质
了解珍珠的主要品种和主要产地
掌握珍珠的主要鉴定方法

■■【知识要求】

珍珠（见图7—1）圆润晶莹，自古以来就受到人们的喜爱。我国早在3 000年前就有了珍珠的记载，在古埃及，4 000年前就有了珍珠制品。珍珠是我国佛教的七宝之一，历代帝王都将珍珠视为珍贵的珍宝。珍珠除了做饰品外，还是名贵的中药材，具有镇心安神、去翳明目、美容养颜的功效。

图7—1　珍珠、海水珍珠

基本性质

1. 化学组成

化学成分组成：无机成分为 $CaCO_3$，海水珍珠中含较多的 Sr、S、Na、Mg 等微量元素，而 Mn 等微量元素相对较少；淡水珍珠中 Mn 等微量元素相对富集，Sr、S、Na、Mg 等微量元素相对较少。有机成分为 C、H 化合物。

2. 结晶状态

无机成分：斜方晶系（文石），三方晶系（方解石），放射状集合体。
有机成分：非晶态。

3．结构、构造

珍珠具有同心环状结构。珍珠从内到外可分为珠核和珍珠层两大部分。最里层为珠核，珍珠层是在养殖或生长过程中珠母贝分泌物在珠核或异物表面形成的角质蛋白和碳酸钙的结晶体。一般来说，天然珍珠和淡水无核珍珠的珍珠层很厚，有核珍珠的珍珠层较薄。

（1）有核珍珠（见图7—2）的结构。有核珍珠的最里层为珠核，珠核是用一种厚贝壳或其他物质作为原料制成球形珠核。次内层为无定形基质层，一般紧贴于珠核表面，厚度变化较大，其化学组成为有机物质，也可混有无机物结晶颗粒，为珍珠囊早期分泌产物。次外层为方解石结晶层（也称棱柱层），在贝壳中普遍存在。最外层为文石晶层（又称珍珠层），是珍珠的主要成分，直接影响珍珠的质量好坏。

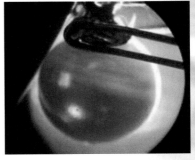

图7—2 有核珍珠

（2）无核珍珠的结构。淡水无核养殖珍珠几乎全由珍珠层构成，一般来说，它们的半径基本就是整个珍珠层的厚度。

（3）珍珠的表面特征。放大可见珍珠表面层纹及瘤刺、斑点。

4．光学性质

（1）颜色。珍珠的颜色由体色和伴色两部分组成。体色也就是珍珠的本体颜色，由珍珠本身所含的各种元素和微量致色元素决定；伴色是附在体色之上的由珍珠表面透明层状结构对光的反射和干涉作用形成的特有晕色，伴色常见玫瑰色、蓝色、绿色和多彩色。常见的珍珠体色有无色至黄色、绿色、粉红色、紫色、黑色、蓝色等。

（2）光泽。光泽为珍珠光泽。

（3）透明度。透明度为不透明。

（4）光性。非均质集合体。

（5）折射率和双折射率

1）折射率。天然珍珠为 $1.530 \sim 1.685$。

养殖珍珠为 $1.500 \sim 1.685$，多为 $1.53 \sim 1.56$。

2）双折射率。集合体不可测。

（6）多色性。集合体不可测。

（7）发光性。紫外荧光灯下，黑色；长波，弱至中等，红色、橙红色；无至强，浅蓝色、黄色、绿色、粉红色。

5．力学性质

（1）解理。无。

（2）硬度。摩氏硬度为 2.5 ~ 4.5。

（3）密度。

天然海水珍珠：2.61 ~ 2.85 g/cm³。

天然淡水珍珠：2.66 ~ 2.78 g/cm³，很少超过 2.74 g/cm³。

海水养殖珍珠：2.72 ~ 2.78 g/cm³。

淡水养殖珍珠：大于大多数天然淡水珍珠。

6. 特殊性质

珍珠遇酸起泡，表面摩擦有砂感。

二、珍珠的主要品种

根据珍珠的形成原因，可将珍珠分为天然珍珠和养殖珍珠。根据天然珍珠和养殖珍珠产出的水域又可将天然珍珠和养殖珍珠划分为天然海水珍珠、天然淡水珍珠、海水养殖珍珠和淡水养殖珍珠。

1. 天然珍珠

（1）天然海水珍珠。天然海水珍珠是指在自然环境下，海洋贝体内产生的珍珠。这类珍珠在目前的市场上已经十分罕见。

（2）天然淡水珍珠。天然淡水珍珠指在自然环境下，淡水江湖中蚌类体内所产的珍珠。

2. 养殖珍珠

（1）海水养殖珍珠（见图 7—3a）。海水养殖珍珠是指用人工培育的方式，在海洋贝体内产生的珍珠。

（2）淡水养殖珍珠（见图 7—3b）。淡水养殖珍珠是指用人工培育的方式，在淡水江湖中蚌类体内所产的珍珠。

a）   b）

图 7—3　养殖珍珠

a）海水养殖珍珠　b）淡水养殖珍珠

三、珍珠的主要鉴别特征

以下方法除放大检查外，其余均是鉴别天然珍珠和养殖珍珠的方法。

1．放大观察

首先观察珍珠的光泽，其次观察其颜色，珍珠的颜色由体色和伴色两种颜色组成。用 10 倍放大镜观察可见珍珠表面的层纹结构及凸起和凹坑。用牙轻轻摩擦或咬珍珠的表面，有砂质感。

2．强光源观察法

用强光源照射珍珠并慢慢转动珍珠，旋转 360°，在适当的位置可见到养殖珍珠的珠核两次闪光，并可见珠核中间明暗相间的平行条纹。

3．相对密度法

养殖珍珠珠核多用淡水蚌壳磨制而成，因而密度比天然珍珠大，在密度为 2.71 g/cm³ 的重液中 80% 的天然珍珠漂浮，90% 的养殖珍珠下沉。

4．X 射线法

（1）发光性。在 X 射线的照射下，大多数天然海水珍珠无荧光，只有澳大利亚产的银光珠有弱的黄色荧光，而几乎所有的养殖珍珠都能发出中至强的荧光和磷光。

（2）照相术。将被测的珍珠放于能透射 X 射线的容器中，在上面放上一张合适的胶片，然后用 X 射线照射珍珠，这时就能显示出珍珠的内部结构，在胶片上就能留下不同结构的明显差异，可由此分辨天然珍珠和养殖珍珠。

（3）X 射线衍射法。透过珍珠的一束窄 X 射线，在胶片上留下由于衍射作用而形成的图案，此图案可以显示 X 射线通过的晶体的结构，由此来分辨天然珍珠和养殖珍珠。

用照相术和 X 射线衍射法来分辨天然珍珠和养殖珍珠比较可靠，但是需要专业人员进行操作分辨。

四、主要产地

珍珠的主要产地有日本、塔希提、波斯湾、南海及我国的广西合浦、太湖地区等国家和地区。

【技能要求】

珍珠的鉴定

1．折射率测定

将珍珠放置在折射仪棱镜的接触液上。采用远视法，观察折射油滴半明半暗的分界线，进行读数，读数至小数点后第二位，折射率为 1.52～1.68，一般为 1.61（点测）。

2．发光性特征观察

珍珠在长波和短波紫外光下可有明亮的浅蓝白色、浅黄色、粉红色荧光，有时为惰性。天然黑珍珠在长波紫外光下显暗红色荧光。

3．相对密度测定

用电子密度天平，采用静水称重法测定即可得到珍珠的相对密度值，一般为 2.74～2.80；海水养殖珍珠为 2.76～2.80；淡水养殖珍珠为 2.74。

4．10 倍放大镜

可见珍珠光泽，颜色由体色和伴色两种颜色组成，以及由碳酸钙片状晶体相互重叠而构成的台阶状表面（叠瓦状构造）（见图 7—4 和图 7—5）。淡水养殖无核珍珠表面常有收缩纹，海水养殖的珍珠表面很少有收缩纹，但常见隆起和局部不平整的褶皱和尾部隆起。用强光（光纤灯或笔式电筒）透射珍珠，边转动边观察。在合适的角度可以观察到有核养殖珍珠的珠母小珠的层状结构产生的条纹状图案（见图 7—6）。珍珠层厚的有核养殖珍珠可以不显上述图案。从珠孔观察有核养殖珍珠，可见珍珠层下白色的珠母小珠，二者之间有明显界线。无核养殖珍珠或天然珍珠则显示一系列同心层，层与层之间没有明显界线，珍珠内部是浅黄、浅褐或黑色。

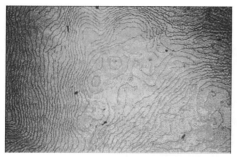

图 7—4　珍珠表面的叠瓦状、等高线状纹理

图 7—5　珍珠的等高线状
生长纹理示意图

图 7—6　有核珍珠在透射光
下的条纹图案

第 2 节　珊　　瑚

【学习目标】

了解珊瑚的基本性质

了解珊瑚的主要品种和主要产地

掌握珊瑚的主要鉴定方法

【知识要求】

　　珊瑚（见图 7—7）是珊瑚虫的骨骼，形态像树枝。珊瑚在我国古代被视为宝物，目前所知珊瑚有 6 000 多个品种，但能用来做宝石的只有 16 种。

图 7—7　珊瑚

一、基本性质

1．化学组成

钙质珊瑚：主要由 $CaCO_3$ 和有机成分等组成。

角质珊瑚：几乎全由有机成分组成。

2．结晶状态

钙质珊瑚：无机成分为隐晶质集合体；有机成分为非晶质集合体。

角质珊瑚：非晶质集合体。

3．光学性质

（1）颜色。钙质珊瑚呈浅粉红色至深红色、橙色、白色及奶油色，偶见蓝色和紫色；角质珊瑚呈黑色、金黄色、黄褐色。

（2）光泽。光泽为蜡状光泽，抛光面为玻璃光泽。

（3）透明度。透明度为不透明。

（4）光性。非均质集合体。

（5）折射率和双折射率。

1）折射率。钙质珊瑚为 $1.486 \sim 1.658$。

角质珊瑚为 $1.560 \sim 1.570$（± 0.010）。

2）双折射率。集合体不可测。

（6）多色性。集合体不可测。

（7）发光性。

1）钙质珊瑚：白色珊瑚呈无至强的蓝白色荧光，浅（粉、橙）红至红色珊瑚呈无至橙（粉）红色荧光，深红色珊瑚呈无至暗（紫）红色荧光。

2）角质珊瑚：无反应。

4．力学性质

（1）解理。无。

（2）硬度。摩氏硬度为 $3 \sim 4$。

（3）密度

1）钙质珊瑚：2.65（± 0.05）g/cm^3。

2）角质珊瑚：1.35（$+0.77$，-0.05）g/cm^3。

5．特殊性质

钙质珊瑚遇盐酸起泡，角质珊瑚遇盐酸无反应。

二、珊瑚的主要品种

根据珊瑚的化学成分，将珊瑚分为钙质珊瑚和角质珊瑚两大类。钙质珊瑚包括红珊瑚、白珊瑚、蓝珊瑚等；角质珊瑚包括金珊瑚和黑珊瑚两种，详见表7—1。

表7—1　　　　　　　　　　　珊瑚的主要品种

品　　种		图　　示
红珊瑚 　市场上最常见的珊瑚品种就是红珊瑚，红珊瑚为浅粉红色至深红色、橙色，放大检查可见横截面的同	阿卡珊瑚（又称牛血红珊瑚） 颜色鲜艳，近玻璃光泽，颜色浓，却不会呈现厚重感，具白心白点。分布于日本南部及我国台湾附近的岛屿，是宝石珊瑚中生长速度最慢的品种，产量也最少	

续表

品　　种	图　　示
心圆状构造，纵切面显示平行波状条纹 沙丁珊瑚 　较浑厚的红色，不具白心白点，光泽稍逊于阿卡珊瑚。产于意大利南部沙丁尼亚岛附近的地中海海域	
桃红珊瑚（又称"莫莫"） 　桃红珊瑚色彩丰富，由浅粉色到深桃红色都有，具白心白点，因体积大于其他种类的珊瑚，常用于珊瑚雕刻。分布于日本南部及我国台湾附近的海域，是所有宝石珊瑚中产量最多的种类	
白珊瑚 白珊瑚为白色及奶油色，大多用于制作盆景，很少用于首饰	
蓝珊瑚 蓝、浅蓝色珊瑚，已经基本绝迹	
金珊瑚 　金珊瑚为呈金黄色、黄褐色的珊瑚。放大检查可见金珊瑚原枝纵面独特的丘疹状外观。	
黑珊瑚 黑珊瑚为呈黑色的珊瑚，放大检查可见年轮构造。	

三、珊瑚主要鉴定特征（见表 7—2）

表 7—2 珊瑚的主要鉴定特征

品种名称	折射率（点测）	光性（正交偏光）	相对密度	发光性	10 倍放大镜观察
钙质珊瑚	1.48 ～ 1.65	不透光	2.65	白色珊瑚呈无至强的蓝白色荧光；浅（粉、橙）红至红色珊瑚呈无至橙（粉）红色荧光；深红色珊瑚呈无至暗（紫）红色荧光	可见蜡状光泽，抛光面可呈玻璃光泽，横截面可见同心圆状构造，纵切面显示平行波状条纹
角质珊瑚	1.56 ～ 1.57	不透光	1.35	无	可见蜡状光泽，抛光面可呈玻璃光泽，金珊瑚原枝纵面独特的丘疹状外观；黑珊瑚放大检查可见年轮构造

四、主要产地

珊瑚的产地较多，白珊瑚主要产自日本和我国台湾地区；红珊瑚主要产于意大利、阿尔及利亚、突尼斯、西班牙、法国及我国的台湾地区等。

【技能要求】

珊瑚的鉴定

1. 折射率测定

珊瑚都是弧面型宝石，因此采用远视法测量其折射率。将宝石弧面向下放置在棱镜的接触液上，观察折射油滴半明半暗的分界线，进行读数（读数至小数点后第二位），测得珊瑚的折射率一般为 1.60（钙质珊瑚，点测）、1.57（角质珊瑚，点测）。

2. 相对密度测定

用电子密度天平，采用静水称重法即可得到珊瑚的相对密度值：钙质珊瑚为 2.65 ～ 2.70（±0.05）。角质珊瑚为 1.30 ～ 1.50。

3. 发光性观察

长、短波紫外光下呈无至弱的白色。

4．10 倍放大镜观察

可见蜡状光泽，抛光面可呈玻璃光泽，钙质珊瑚在放大镜下横截面可见同心圆状、放射状构造及白斑、生长孔洞（见图 7—8a）。纵向生长表面上，微波状且相互平行的脊状生长纹理结构十分发育，并沿珊瑚生长方向连续延伸（见图 7—8b）；黑珊瑚、金珊瑚（见图 7—9）原枝纵面独特的丘疹状外观；黑珊瑚可见年轮构造。染色处理红珊瑚的颜色一般较单一，染料明显聚集在珊瑚微裂隙、孔洞内及其表层（见图 7—10）。

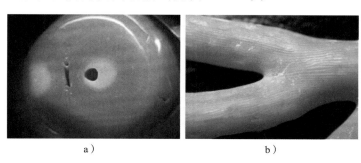

图 7—8　钙质珊瑚的外部特征

a）横截面　b）纵向生长表面

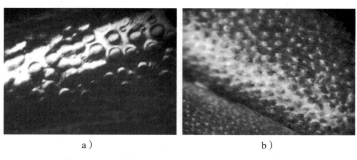

图 7—9　角质珊瑚的纵面独特的丘疹状外观

a）黑珊瑚　b）金珊瑚

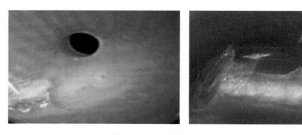

图 7—10　染色处理红色珊瑚

第3节 琥 珀

【学习目标】

了解琥珀的基本性质
了解琥珀的主要品种及主要产地
掌握琥珀的主要鉴定方法

【知识要求】

琥珀（见图7—11）的英文名称是amber，是中生代白垩纪至新生代第三纪松柏科植物的树脂，经地质作用而形成的有机混合物。优质的琥珀可作为雕件、项链、挂件、耳坠等饰品。琥珀还是一种名贵的药材，有安神镇惊、活血化瘀、利尿等功效。

图7—11 琥珀

一、基本性质

1．化学成分

琥珀化学成分为 $C_{10}H_{16}O$，可含 H_2S。微量元素主要有 Al、Mg、Ca、Si、Cu、Fe、Mn 等元素。

2．形态

琥珀为非晶质体，可有结核状、瘤状、水滴状等不同外形。

3．内含物

常见的内含物有动物、植物、气液包体、旋涡纹、杂质、裂纹等类型。

4．光学性质

（1）颜色。常见浅黄色、黄色至深棕红色、橙色、红色、白色，蓝色、浅绿色、淡紫色少见。

（2）光泽。光泽为树脂光泽。

（3）透明度。透明度为透明至半透明、微透明。

（4）光性。均质体，常见异常消光。

（5）折射率。折射率为1.540（+0.005，−0.001）。

（6）发光性。紫外荧光灯下，长波，弱至强，黄绿色至橙黄色、白色、蓝白或蓝色；短波，无荧光。

5．力学性质

（1）硬度。摩氏硬度为2～2.5。

（2）密度：密度为1.08（+0.02，−0.08）g/cm^3。琥珀是已知宝石中最轻的品种。

（3）断口。断口呈贝壳状，韧性差，易碎裂。

6．其他性质

（1）导电性。由于琥珀是电的绝缘体，琥珀与绒布摩擦能产生静电，吸附起细小的碎纸片。

（2）导热性。琥珀的导热性差，有温感，当温度达到250℃时熔融，发出一种松香味。

（3）溶解性。琥珀易溶于硫酸和热硝酸中，乙醇内部分溶解。

二、主要品种

商贸中根据颜色、透明度、成因等特征将琥珀划分为血珀、金珀、蜜蜡、虫珀、金绞蜜、蓝珀等主要品种（见表7—3）。

表7—3　　　　　　　　　　琥珀的主要品种

品　　种	图　　示
血珀 红如血，透明的琥珀	

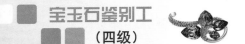

续表

品　种	图　示
金珀 晶莹如同黄水晶，金黄色透明的琥珀	
蜜蜡 金黄色、蛋黄色半透明至不透明的琥珀	
虫珀 包含有动物、植物遗体的琥珀	
金绞蜜 透明的金珀和半透明的蜜蜡绞缠在一起，形成一种黄色的具绞缠状花纹的琥珀	
蓝珀 透视观察琥珀体色为黄、棕黄、黄绿和棕红等色，自然光下呈现独特的不同色调的蓝色，紫外光下蓝色荧光更明显。主要产于多米尼加	

　　除表中所列，琥珀的主要品种还有不加热就具有香味的香珀和硬度比其他琥珀大、有一定石化程度、色黄而坚润的石珀。

三、主要鉴定特征（见表 7—4）

表 7—4　　　　　　　　　　琥珀的主要鉴定特征

折射率	光性 （正交偏光）	相对密度	发光性	10 倍放大镜观察
1.54 （点测）	全暗 常见异常消光	1.08	长波：呈弱至强的黄绿色至橙黄色、白色、蓝白或蓝色 短波：无	可见树脂光泽，常见的内含物有动物、植物、气液包体、旋涡纹、杂质、裂纹等类型

四、主要产地

　　琥珀产地主要是欧洲的波罗的海沿岸国家：波兰、德国、丹麦、俄罗斯等地。我国的琥珀主要产自辽宁抚顺，是优质虫珀的产出地。另外，河南、云南、福建等地也有琥珀产出。

【技能要求】

琥珀的鉴定

　　1．折射率测定

　　采用远视法，将琥珀放置在折射仪上，转动宝石，观察折射油滴半明半暗的分界线，进行读数，测得折射率为 1.54（点测）。

　　2．偏光镜观察

　　在正交偏光下转动琥珀 360°，会出现全暗的现象。常见异常消光。

　　3．发光性观察

　　长波紫外光下具弱到强的浅蓝白色及浅黄色、浅绿色、黄绿色至橙黄色荧光。短波下荧光不明显。

　　4．相对密度测定

　　用电子密度天平，采用静水称重法测定，测得琥珀的相对密度值为 1.08。

　　5．10 倍放大镜观察

　　颜色呈浅黄色、黄色至深棕红色、橙色、红色、白色，抛光面呈树脂光泽。可见动物、植物、气液包体、旋涡纹、杂质、裂纹等内含物，如图 7—12 所示。

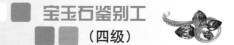
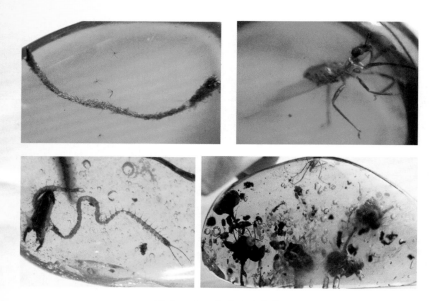

图 7—12　琥珀的内含物

第8章
宝玉石加工

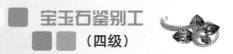
第 1 节　宝玉石加工工艺

【学习目标】

了解宝玉石加工学的原理

了解刻面型宝玉石、弧面型宝玉石的加工方法及工艺流程

【知识要求】

一、概述

宝玉石的加工技术从有文字记载至今已有三四千年的历史。随着生产力水平的不断提高，新工具、新磨料、新工艺的不断涌现，加上人们对各种宝玉石美艳度、光学特性了解的不断深入，千百年来人们加工宝玉石的技术有着长足的进步和发展。从 15 世纪起，欧洲人开始尝试用机械加工各种宝玉石。随着宝玉石加工的机械化程度越来越高，宝玉石加工的工艺也越发复杂。对各种硬度、韧度宝玉石的加工范围也越来越广。

尤其是到了 20 世纪中叶，以计算机技术为标志的新技术革命问世，赋予了宝玉石加工这一传统而古老的产业以新的生命，进而使宝玉石加工技术发生了脱胎换骨般的变化。新的切工、琢型层出不穷，最大限度地把宝玉石的光学、色彩、火彩等美的潜质惊艳地展现在人们眼前。

二、宝玉石加工工艺

宝玉石成品的加工主要有原料选用至成品完工等环节。

选料者必须充分了解各种宝玉石的结晶习性、光学性质、力学性质和化学性质等基础知识。对宝玉石原料进行仔细观察，了解其内在品质、裂纹、包裹体、解理、块体大小、形状及晶体形态等具体情况，确定宝玉石原料的可用部分和剔除部分，按照宝玉石设计要求，对宝玉石进行锯切、琢磨、抛光。尽可能做到提高宝玉石成品率和最大限度展现宝玉石的美感，从而提高宝玉石的经济价值。

三、宝玉石加工的基本方法

1．锯切

锯切也称之为"开料"。开料即对宝玉石原料根据不同的用途进行切割。通常用带有金刚砂圆锯片的宝玉石切割机（见图 8—1）开料。

图 8—1　宝玉石切割机

首先要测量原料的尺寸，并对原料进行称重，仔细观察宝玉石原料的形状特征和内部结构。尽量避开原料内部大的裂缝和瑕疵，最大限度保留宝玉石原料的有效部分，切除不可用的部分，为下道工序的展开做准备。

2．琢磨

宝玉石的琢磨都在专用设备宝玉石琢磨机（见图 8—2）上进行，这道工

图 8—2　宝玉石琢磨机

序是整个宝玉石加工流程中最主要的一道工序，是投入劳动量最大、宝玉石加工技术性最强的工序，同时也是损料率最大的工序。宝玉石色彩最佳展现、光亮程度、火彩体现、宝玉石能否达到最大块度及表面加工质量都取决于这道工序。

3．抛光

抛光是宝玉石加工的最后阶段，主要靠使用抛光粉和抛光盘来完成。通常使用的抛光粉为二氧化硅磨料、刚玉粉和金刚石粉，抛光粉的选用主要取决于所加工宝玉石的不同硬度。

抛光机上所用的抛光盘一般分为软盘和硬盘。

软盘通常用于弧面型和硬度比较低的宝玉石。

硬盘大都适用于刻面型宝石。

四、宝玉石加工的工艺分类

1．刻面型宝石的加工工艺

（1）选料。为了更好地体现宝石的光学效果和色彩效果，通常情况下，单晶体的宝石、透明的宝石原料大都加工成刻面型宝石。

（2）设计。一般来说宝石设计主要从宝石的加工技术、光学色彩效果、宝石品质和宝石成品率四个方面着手，充分考虑保重、面角比例、琢型定向、瑕疵处理等因素，其最终目标是最大限度提高和体现宝石的美感和经济价值，做到工艺性和经济性的高度统一。

（3）加工流程简介。刻面型宝石的加工主要工艺流程为：开料→冲坯→粘胶→圈形→琢磨→抛光。

1）开料。就是按照宝石设计的要求，将原石按照裂纹和瑕疵的部位在开料机上进行切割，如图 8—3 所示。

图 8—3 宝石原料的切割

2）冲坯。把切割好的原石放在研磨盘进行手工打磨（见图8—4），使宝石原石初步做成宝石成品的大致形状，这道工序的宝石称之为石坯。

图8—4　手工打磨宝石

3）粘胶。将研磨盘上加工过的石坯粘贴到粘杆上，以便进入圈型、琢磨、抛光工序。

4）圈型。把石坯按更为精确的形状进行圈型研磨，在研磨时要在磨盘上滴水降温，防止石坯因研磨温度过高而崩裂褪色，如图8—5所示。

图8—5　圈型研磨石坯

5）琢磨。琢磨工序是整个宝石加工工艺流程中耗时最长的一道工序，先要进行台面琢磨，用台面专用工具先把宝石的冠部台面磨平，然后在台面外围再研磨一圈，此时的石坯已具有了成品的雏形，即将进入冠部研磨和抛光。在进行冠部角度琢磨之前要把主要精力放在调整好机械臂架子上。有时调机的时间比磨一颗宝石的时间长得多，这是确保磨好一颗完美宝石的关键性保障工序。这时就会把粘有石坯的粘杆卡在机械臂上，在研磨盘精确无误地磨出宝石的每一个刻面形状，如图8—6所示。

图8—6　琢磨宝石

6）抛光。在另一个抛光盘上涂抹抛光粉，对整个冠部和台面的每一个刻面进行抛光，宝石冠部琢磨抛光完成后，就要把宝石冠部朝下粘在粘杆上，准备进行亭部的加工。和冠部加工一样，先用手工把亭部部分圈成锥形，然后再进行亭部每一个刻面的琢磨和抛光。为使宝石每一个刻面都能完美折射光线，宝石的亭部琢磨是宝石加工的重点工序，力求做到亭角和冠角准确匹配。

宝石加工流程的最后一个工序是腰棱的抛光。

在完成了宝石加工的全部工序后，就要把琢磨好的宝石从粘杆上取下来，一颗宝石原石经历了多道工序最终成了璀璨夺目、色彩绚丽的宝石。

2．弧面型宝玉石的加工工艺

（1）选料。弧面型宝玉石琢型主要适用于各种半透明至不透明的宝石材料、具有特殊光学效应的宝石材料、色泽艳丽的玉石材料。常用的有红宝石、蓝宝石、石榴石、星光宝石、猫眼宝石、月光石、欧泊、翡翠、绿松石、青金石、孔雀石、玛瑙、虎睛石、琥珀、珊瑚等。

（2）设计。弧面型宝玉石设计的总原则是保持和发挥宝玉石本身的优点，去除或掩饰宝玉石的瑕疵，尽可能表现宝玉石美的品质，提高宝玉石的价值。

主要考虑如下因素：

1）重量。尽可能保有宝玉石成品的最大重量仍是体现弧面型宝玉石价值的一个重要因素，高档宝玉石尤其如此。所以，在弧面型宝玉石的设计中要尽可能做到料尽其用。

2）特殊光学效应。猫眼效应、星光效应、月光效应等特殊的光学效应与宝石内部包体定向排列或玉石定向结构有关，只有在特定方向上才能显示出来，因此对这类宝玉石的设计要注意定向和定位。

3）颜色。对于无特殊光学效应的弧面型宝玉石材料，在设计中，应主要考虑如何尽量突出其颜色优势。

4）瑕疵处理。在设计和加工中，针对宝玉石材料中出现的瑕疵要注意"躲脏避绺"，尽可能使瑕疵不出现在弧面型宝玉石顶面，可将其藏于宝玉石的底部或边缘部位。

（3）方法

1）对于小块的宝玉石原料，一般依据原料的形状直接在修整锯上稍稍去除边角余料来考虑设计加工成何种款式，如图8—7所示。

2）对于大块的宝玉石原料，要先考虑如何合理的分割，然后对个体进行设计。

3）在不影响宝石外观美感的前提下，可适当加厚琢型以保留更多的重量。

（4）加工工艺流程简介。弧面型宝玉石的加工，以翡翠戒面为例，大体分为锯料、成型、粘胶、粗磨、细磨、抛光及翻粘杆、琢磨、细磨、抛光等工序。通常磨成素面弧面型的宝玉石大都为矿物集合体的玉石类，例如翡翠、白玉等。

1）锯料（见图8—8）。根据事先设计好的切割方案，把大块状的原石按照划线要求用原石切割机进行片状切割，并尽量做到大块利用。

图8—7　去除小块宝玉石原料的边角余料　　　图8—8　锯料

2）成型（见图8—9）。用成型磨磨出椭圆正面弧面型的外形，尽量去除和避开宝玉石面上的瑕疵和裂缝，对于能产生如猫眼、星光等特殊光学效应的宝玉石，要在此道工序中对这类宝玉石根据其自身包裹体定向排列的方向做出严格的校正。

3）粘胶（见图8—10）。将加工过的已成型宝玉石粘贴到粘杆上，以便进行后道工序的加工。

图8—9　成型

图8—10　粘胶

4）琢磨（见图8—11）。一般是在高速玉石雕刻机上完成。分为粗磨和细磨，是弧面型宝玉石加工中最耗时间的工艺环节。粗磨主要是对宝玉石正面弧面型进行造型琢磨，而细磨则是对粗磨面进行更为精细琢磨，降低粗磨的表面粗糙度。

5）抛光。要根据不同的宝玉石选择抛光材料，对翡翠抛光要最大限度抛亮，体现翡翠"种水"的亮度，而对白玉则只能进行亚光处理，展现白玉的温润、柔和。

图8—11　琢磨

6）翻粘杆。将磨好正面的宝玉石翻面，把正面弧面粘贴到粘杆，准备琢磨抛光底面，方法和琢磨抛光正面大体相同。

"玉不琢，不成器。"通过以上各个工艺环节的实施，一颗形状完美的宝玉石呈现在人们眼前。

第2节　玉石的加工与雕琢

【学习目标】

了解玉雕的工艺、题材的分类
熟悉玉雕的创作程序及其特点

【知识要求】

一、玉雕的定义、属性、特点及创作程序

1．玉雕的定义、属性

玉雕就是指玉石雕刻，是玉石材质与艺术创作相结合的产物。玉雕艺术就是利用玉石雕刻材料通过雕刻、琢磨等手段，使其表现为具有特定形态、动作的人或物的形象，借以表达创作者对世界、对人生的感悟的艺术。

我国的玉器雕刻造型丰富、装饰多变、技法精湛、流派纷呈、绚丽多姿、精美绝伦，在世界上名闻遐迩，素有"东方艺术奇葩"之美誉，与书法、国画、京剧等艺术一样被国人视为国粹。我国近8 000年玉器发展历程里，留下了数以万计的精美作品，而且还在不断发展创造着新的艺术精品。

2．玉雕的特点

玉雕非常注意讲究因材施艺的雕塑设计，充分发挥玉雕师的创造性和艺术风格，每一件玉器精品都是玉雕师灵感迸发、精巧设计、精雕细刻而成的。

3．玉雕的创作过程与顺序

（1）审玉。这是第一道工序，目的是正确合理选用玉石原料，以达到物尽其美。大多数情况下是根据玉料来设计，即所谓的"因材施艺"。玉石品种多、变化大，首先必须判断玉石的种类及其质量，这主要根据质地、颜色、光泽、透明度、硬度、块度、形状等指标来判断，力求优材优用，合理使用，必要时，还要进行去皮、去脏、切开等审查工艺，把玉料吃透，避免或减少玉料的瑕疵。当然玉石好的表皮，不能随意剥去，有时可以利用玉石表面不同的颜色进行设计，雕琢好了可成为玉器的俏色，提高玉器的价值。

（2）设计（见图8—12a）。设计是雕琢玉器的关键。一般来说，设计者往往要根据玉料的颜色、块度、纹理和形状来设计雕琢题材，选择适合玉料特征的题材，从而使玉器造型舒适、流畅和受人喜爱。充分发挥原材料的特点与造型美相结合，突出玉料的不同特点，如质地、光泽、颜色、透明度等。质地美，发挥玉的温润特性；颜色美，注意表现艳美题材。造型设计还要从玉料特性出发，保证工艺技术可以制作，如脆性大的料，不可太玲珑剔透；韧性大的料，可做细工工艺。

设计考虑周密后，要在玉料上绘制图形，有粗绘、细绘两道工序，粗绘是制作以前，把造型和纹样绘在玉石上；细绘是做出粗坯后，把局部细致的要求绘在坯上。设计工作并非只在开始琢磨前进行，往往贯穿制作过程的始终。

设计人员要根据玉料在制作中发生的变化及制作者的能力和水平，随时改动设计稿，逐步引导完成制作。设计者与制作者互相配合，使玉器精益求精。

（3）琢玉（见图8—12b）。琢玉是按设计要求琢出造型的一道大工序，操作时通常分为切割和雕磨两个分工序。切割工序较为简单，即用切割工具除去石皮（若有的话）及设计轮廓以外的边角余料。此外，也要挖去不能用的瑕疵或脏点，剔除有碍设计的"砂丁"或杂石等。最后得到一块初具雏形的玉雕料坯。磨就是利用冲铊和磨铊等，将造型中的余料研磨掉。在基本造型完成后，为清晰细部，还要进行勾、撤、掖、顶撞等工艺。勾是勾线；撤是顺勾线去除小余料；掖是勾撤后的底部清理清楚；顶撞是把底纹平整。打孔、镂空、活环琏等工艺一般是琢磨时一起进行的。琢玉是属于艺术范畴的创造性劳动，琢玉人员的水平是关键一环。我国的琢玉以高超精巧的技艺称誉世界。

（4）传神（细雕与修整）。传神在玉雕创作工艺中称为精细修饰，是使作品增添神采的过程，再进一步需要对人物的面部表情、眼皮、服饰花纹、鸟兽的眼睛、毛发、爪尖、嘴角等最能传达神韵的部位进行逼真的刻画。

（5）抛光。抛光首先是去粗磨细，即用抛光工具除去表面的糙面，把表面磨得很细，使之光滑明亮，具有美感。其次是罩亮，即用抛光粉磨亮；抛光的具体操作过程与琢磨类似，但使用的工具和磨料（即抛光剂）与琢磨时不同。工具一般用树脂、胶、木、布、皮、葫芦皮等制成与琢磨时的铁制工具或钻粉磨头形状类似的工具带动抛光粉进行抛光。也可下浸机抛光。浸机抛光需要时间较长，大约要一星期左右，但一次能抛光很多件。

（6）清洗、过油、上蜡（见图8—12c）。抛光完成后的玉器通常都需上蜡。先用溶液把玉器上的污垢清洗掉；然后是过油、上蜡，以增加玉器的亮度和光洁度。

a）　　　　　　　b）　　　　　　　c）

图8—12　和田玉仿古龙凤佩的制作过程

a）设计、绘图　b）琢玉　c）清洗、过油、上蜡

二、现代玉雕的艺术风格及门派

1. 玉雕的艺术风格

（1）工巧。工巧分两个方面，一是学习古代玉雕的工巧，如薄胎、压丝技术；二是崇尚精雕细琢，如衣纹叠挖飘洒、花卉穿枝过梗、飞禽张嘴透爪等。

（2）用料。非常重视发挥玉石自然美的特点，重视玉石的色彩，尽量用工艺烘托色彩美，使色彩和物像巧妙结合。

（3）写实的艺术造型。十分重视艺术造型美。在造型比例上、表现物像上，都力求真实。

2. 玉雕的门派

我国玉雕艺术流派很多，风格各异，各具特色。经过几千年的探索和积累，形成了当代中国玉雕的四大流派，即京派（宫廷派）、海派（上海派）、扬派（扬州派）、南派（岭南派）。

（1）京派玉雕。北京、天津、辽宁一带玉雕工艺大师形成的雕琢风格的玉雕，也称宫廷派（造办处）。京派玉雕风格淳朴，古色典雅，巧于用色，线条工整凝练；技艺规整工挺，韵味醇厚朴茂，以北京的"四怪一魔"最为杰出。"四怪一魔"即以雕琢人物群像和薄胎工艺著称的潘秉衡，以立体圆雕花卉称奇的刘德瀛，以圆雕神佛、仕女出名的何荣，以"花片"类玉件清雅秀气而为人推崇的王树森和"鸟儿张"——张云和。京派玉雕有庄重大方、古朴典雅的特点。

（2）海派玉雕。既与上海本地区的文化环境及海外文化影响直接发生作用，又与江苏扬州的玉器工艺有深厚的渊源，形成了独特的风格。海派玉雕制作精巧、玲珑剔透，各种人物、动物作品形象生动，秀丽飘逸，有呼之欲出之感。

（3）扬派玉雕。江苏扬州是我国古代和现代玉器的发源地和主要传统产区之一，历史渊源久远而辉煌。扬州玉器亦包括了苏州玉器，苏州玉器誉满天下，自古便有"良工虽集京师，工巧则推苏郡"之说。现代扬州玉器精雕细刻，技法精湛，可以驾驭各种题材，既善雕刻小巧玲珑的小型佩饰，也能制作气势恢弘、大气磅礴的大型山子，如故宫博物院藏的"大禹治水图""会昌九老图"就是当年扬州玉雕工艺大师的杰作。

（4）南派玉雕。南派玉雕即广州派、岭南派，玉雕格调清新、秀丽、潇洒，且镂空技艺为一绝。球雕镂空更是闻名遐迩。

三、玉雕工艺、题材的分类

1. 玉雕工艺的分类

（1）线刻。以单线条刻成花纹图案。用线的方法来表现形象，分为阴刻和阳刻两种。

1）阴刻。在平面上刻有沟槽的线。

2）阳刻。凸起的棱线，是将有线的部位保留，而其余部分用砣轧低，以突出线条部分。

（2）薄意。有画意的极浅的浅浮雕，如图 8—13 所示。

图 8—13　寿山石薄意雕件

（3）内雕。深入玉料内部雕出圆雕及浮雕造型的玉雕手法。内雕是较复杂的工艺。在一块玉料上雕刻里外两层或三层景物，玉雕业称之为"绝活"。20 世纪 70 年代后，玉雕艺人探索内雕技艺，并取得了突破性的成果。

（4）凹雕。与浮雕相反，凹雕是在平面上雕出凹下的图案或造型，又称阴雕。

（5）减地阳纹。减地阳纹也称减地平凸，是指一种浅浮雕，纹饰浅浅地凸出于地（平面）之上。这种阳纹是通过磨削"地"而实现的，即所谓"减地"。这种琢刻手法在商代玉器中就有发现。

（6）俏色玉雕（见图 8—14）。巧用玉料的多种颜色，使不同的颜色恰好分布在玉雕需要部位，使作品有巧作天合之感。一般是以玉石的主色作底，兼色作俏，色不

a)　　　　　　　　　　　　b)

图 8—14　俏色玉雕

a）独山玉　b）和田玉

混、不靠，物像逼真为好。主色是玉石中基本的大体积的色彩，兼色是杂于主色中的其他色。

（7）双沟阴纹。双沟阴纹是商代才出现的雕琢手法，使并列的阴刻双线条，看上去像阳纹线，其实不是，而是将纹线的两侧浅磨去两条凹槽，它们是斜下的浅沟，并非直下的切壁，所以看上去像阳纹浮雕。这种特点与当时的琢磨轮具直接相关。现在的加工工具即便是仿制，在细节上也很容易出破绽。

（8）浮雕（见图8—15）。就是在玉件表面雕刻人物、花卉、鸟虫、山水、楼阁等各种题材，构成深浅不同、凹凸不平的半立体雕琢造型，通过光线的透射变化和明暗差异，使玉器的浮雕效果产生立体感和空间感。浮雕装饰的题材范围相当广泛，除了各种纹样外，还有山水、人物、花卉、鸟兽等。浮雕特别适合表现风景题材玉雕。浮雕的种类较多，通常分为浅浮雕、中浮雕、深浮雕。

图8—15　浮雕玉器

1）浅浮雕。即雕刻较浅，层次交叉少，其深度一般不超过2 mm，浅浮雕对勾线要求严谨。常以线和面结合的方法增强画面的立体感。

2）中浮雕。"地底"比浅浮雕要深些，层次变化也多些，一般地底深度为2～5 mm，可根据膛壁的厚度决定其深度。

3）深浮雕。深浮雕雕琢的形象有些接近圆雕，也可称半圆雕，层次交叉多，立体感强。玉件表面雕琢深度大，形体起伏明显，一些局部基本是采用的圆雕技术，因为这些形体与背景相连，故仍为浮雕。

（9）透雕（见图8—16）。又称为镂空雕，是在浅浮雕或深浮雕的基础上将某些相当于"地"或背景的部位镂空，使玉雕作品层次增多，形象的景象轮廓更加鲜明，花纹图案、景物上下交错，景物远近有别，体现出玲珑剔透、奇巧的工艺效果。

（10）圆雕（见图8—17）。又称"圆身雕"，属三维立体雕刻。前后左右各面均需雕出，可不分正面、侧面，从四周、上下任何角度欣赏，器如实物，只是比例差异而已，有实在的体积。圆雕工艺雕琢的人物、动物、花卉、鸟虫、瓶炉等都是完整的立体状。

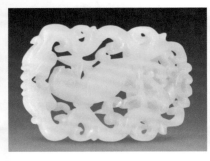

图 8—16　透雕和田玉玉佩

图 8—17　青白玉圆雕动物摆件

（11）玉雕山子（见图 8—18）。多利用玉石自然之形态，因形赋形，雕琢和表现山水、人物题材。成品玉器，小的小巧玲珑，可作为几案陈设；大的可作为摆件置于室内堂馆，气势宏伟。

图 8—18　和田玉山子

（12）薄胎玉器（见图 8—19）。薄胎玉器在古代器皿玉器中就有发现，如唐代玉莲瓣纹杯、明代玉花形杯，在清代这种薄胎作品多了起来。工艺技术吸收了"浪玉"的特点才形成专称。玉器器皿祀胎体做得很薄，是清代引进来的高水平技术，清代名为"痕"玉，"痕"即"痕都斯坦"，痕都斯坦即中印度地区，痕都斯坦玉造型充满浓郁的西域风格，采用独特的水磨雕琢，在加工技术上达到了薄如蝉翼的水平。薄胎玉器以盘、碗居多，瓶、壶之类也多有制作。此类作品因胎薄而变得很轻巧，可使青色玉减退青色返白，可以透光反映玉质的均匀美、透度美。薄胎玉器已成为我国玉器很重要的品种之一。

a）　　　　　　　　b）　　　　　　　　c）

图 8—19　薄胎玉器

a）碧玉盘　b）青白玉耳形双柄碗　c）白玉盖碗

（13）压丝嵌宝。压丝嵌宝技术是在玉器上刻槽线，把金银丝用小锤敲入槽内组成图案，使金银丝与玉表面在一个平面上，出现玉的金银交错效果称为压丝（见图 8—20a）。在玉器上压金银丝、嵌宝石，称为压丝嵌宝（见图 8—20b、c）。

a）　　　　　　　　b）　　　　　　　　c）

图 8—20　压丝、嵌宝玉器

a）青玉嵌金丝单把大罐　b）白玉嵌宝盖盒　c）青玉嵌宝盘

（14）环链玉器（见图 8—21）。环链常见于玉器器皿，其他作品中也有应用。在整块玉石上取出环链要通过对造型的整体研究和玉石性质的研究后才能确定方案。环链的位置、取法、大小、长短都与玉石性质和作品的整体造型紧密关联，例如脆性材料不宜把环链做得太细，韧性材料可以取出秀丽的环链。

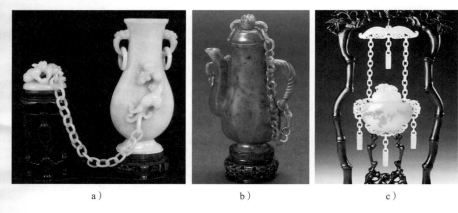

图 8—21　环链玉器

a）翡翠链瓶　b）碧玉链瓶　c）青白玉子玉链瓶

鉴赏环链作品要仔细检查环与环是否大小一致，粗细均匀，相连是否紧凑，然后检查每个环上是否有裂纹和疵点，最后衡量与造型是否般配一致，如提梁和链，两边是否对称，中梁大小纹饰及其他陪衬是否得体等。

　2．玉雕题材的分类

（1）器皿。主要以传统造型的瓶、炉、熏为主，还有以青铜器为蓝本制作的尊、垒、卤、觥、觚、鼎、爵等，另外还有实用器皿，如碗、杯、壶、盘、碟、盒、洗具、酒具、茶具等（见图 8—22）。

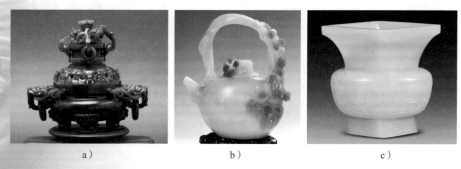

图 8—22　和田玉器皿玉雕摆件

a）青玉香炉　b）白玉壶　c）青白玉尊

（2）人物。玉器人物造型很多，但大致可归为两类：

1）常规造型。这种造型有定式，多以传统古装人物为主，有古典小说中的人物及四大神话爱情传说中的人物，且多以女性为主，神话人物有大量的神、佛、仙、道、飞天等（见图8—23）。

a）　　　　　　　　　　　　　　b）

图8—23　玉石人物雕件

a）和田玉观音摆件　b）翡翠寿星挂件

2）非常规造型。要求有一定的内容和表现一定的思想主题，无论是什么样的人物都要给人以美和欣慰的感受，要求影像清晰，造型准确，比例协调，做工细腻，要注意料、质、色和造型的统一格调（见图8—24）。

图8—24　和田玉人物玉雕摆件

（3）花鸟。玉器花鸟是近几十年来兴盛的产品，以技巧表现写实（陪衬物）为主。玉石料性很脆，单独表现花卉容易折断，所以花卉常傍依瓶身、花插和山石静物等，以傍瓶身的为最多，又称花卉瓶品种。鸟的种类可分为山禽、涉禽、鸣禽、游禽、家禽、猛禽（见图8—25）。

a）　　　　　　　　　　　　　b）

图8—25　花、鸟、蔬菜、水果玉雕摆件

a）独山玉　b）翡翠

（4）动物。按动物的造型分为写实型、传统型及兽型器皿等。写实型动物有马、牛、象、羊、骆驼、鹿、狮、虎等（见图8—26）。传统型动物有蹲狮、貔貅、龙、角觽、麒麟等。兽型器皿有牛罐、羊罐、狮罐、狮尊、牛尊、象尊等。

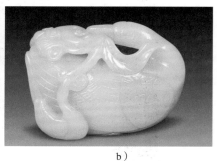

a）　　　　　　　　　　　　　b）

图8—26　动物雕件

a）和田玉马摆件　b）青白玉鹅形摆件

3．真实盆景、玉石镶嵌与其他

（1）真实盆景。即用真正的宝石、玉石做的盆景（见图8—27）。

a)　　　　　　　　　b)　　　　　　　　　c)

图 8—27　故宫珍藏珠宝玉石盆景

a ）宝石灵芝盆景　b ）料石梅花盆景　c ）嵌珍珠宝石齐梅祝寿盆景

（2）玉石镶嵌。

玉石镶嵌组成的艺术品可以包括很多类，范围很广，它可以组成画面，也可以组成图案（见图 8—28），既可平嵌，也可浮嵌，例如屏风、折屏、挂屏、静物、人物、器物等。宝石画是以各种宝石、玉石的边角料、碎料为原料粘贴的画，仿古画、仿名画等（见图 8—29）。

（3）玉佩（玉牌）等小件。"玉佩"顾名思义是指那些佩戴在个人服饰或身体上的小物件。随着历史的演化，人们也将"玉佩"称为"别子"，时至今日，人们对玉佩的称谓更加口语化，称之为"玉牌"，更加形象、上口。

a)　　　　　　　　　b)

图 8—28　玉石镶嵌饰品

a ）翡翠、玉髓　b ）翡翠

图 8—29　宝石画

现代玉牌设计制作更加趋向时尚和便于佩饰，体积向小型化、随性化发展，形态千变万化。不仅如此，一些现代工艺在玉佩上也有体现，如用金、银、铂金、钻石镶嵌，甚至是多种宝石的镶嵌，使之更加富丽奢华。

现代作品一般可分为三大类。

1）第一类：宗教题材，如弥勒佛、观音（见图 8—30）等，此类作品力求面部雕琢生动、完美。

2）第二类：自然界花草鱼虫的形象，要求作品既写实又写意（见图 8—31）。在方寸之间进行完美的刻画。

3）第三类：吉祥图案，借助汉字谐音表达美好的愿望。如一对葫芦上伏两只蜗牛，名为"福禄双至"；一匹马上有一只猴，名为"马上封侯"；一松一鹤名为"松鹤延年"等（见图 8—32）。从此可以看出玉佩具有深厚的文化底蕴。

（4）手镯。玉手镯一直是我们中国文化中最重要的珠宝之一。它是我国玉石类首饰的一个非常重要的品种。手镯的制式不多，以圆形圈口为主，也有方形或椭圆形。条杆横切面一般以圆形为主，也有绳纹手镯或雕花手镯，还有一种扁条杆的或是内方外圆的，此种手镯称之为"蒲镯"。由于古时的生产工具所限，手镯的加工完全是手工操作，所以对称程度及粗细均匀程度有差异。现代加工手镯是将原料切成薄板，在套管机上切割成圆环，然后再将方形条杆磨成圆形条杆，所以现代手镯的特点是手圈各处的圆弧一致，粗细

图 8—30　翡翠观音佩

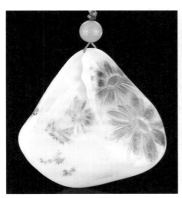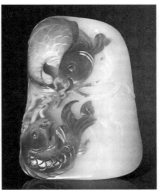

图 8—31 白玉（子玉）佩

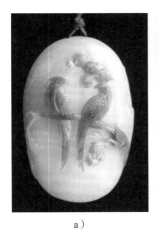

a）　　　　　　　　b）　　　　　　　　c）

图 8—32 吉祥题材玉佩

a）、b）和田玉　c）翡翠

均匀。手镯一般内径 55 ~ 65 mm，条口直径 5 ~ 10 mm，不能太细或太粗。此外，条口直径还必须与手镯圈口相匹配，以求比例协调适中。现今比较常见的手镯样式主要有福镯、平安镯、贵妃镯、南工美人镯、北工方镯、麻花／绞丝镯、鸳鸯镯。

1）福镯（见图 8—33）。内圈圆，外圈圆，条杆圆，因为讲究圆圆满满，所以称为福镯。这种镯子极为经典，流传已久，讲究精圆厚条、庄重正气。

2）平安镯（见图 8—34）。内圈圆，外圈圆，条杆从弓形到半圆不等，因为内圈磨平，称为平安镯，也叫扁口镯。是现在市面上 90% 以上镯子的样式。

图8—33　翡翠福镯

a)　　　　　　　　　　　　　　　　b)

图8—34　玉石平安镯

a）独山玉　b）翡翠

3）贵妃镯（见图8—35）。内圈扁圆，外圈扁圆，条杆从弓形到圆形不等。镯形讲究，刚好贴合手腕（戴和脱都较费劲）。

a)　　　　　　　　　　　　　　　　b)

图8—35　玉石贵妃镯

a）白玉　b）碧玉

4）美人镯（见图 8—36）。是钏的变种，虽然也是内圈圆、外圈圆、条杆圆，但是条杆直径极细，基本是现在镯子的一半到三分之一，因为南方女孩子手小，镯子重了戴起来较累，因此内圈直径偏大，戴着要松垮垮落在手腕上。美人镯胜在娇俏灵动，但不在贵重，所以一般不用太好的种色，大概种在糯以下，色也不用满，要一抹绿或飘花或一抹红（一抹红的更好）为佳。很多单手带一对，起手处环佩叮当。这种镯子形式已不多见了。

图 8—36　翡翠美人镯

5）各式工镯（见图 8—37）。花样繁多，一般一个镯子上出现多种颜色，但是玉种不算上乘，于是就随俏色做出各种吉祥寓意，常见题材有"龙凤抢珠""连年有余（莲叶鲤鱼）""福在眼前（蝙蝠或蝴蝶和铜钱）""玉堂富贵（海棠牡丹）"。由于内圈要贴手腕，所以内圈不上工。镯子或扁或圆没有规定，苏工可用软玉做出镂空花样，北工可在镯子条杆两边整圈雕出精圆珍珠边。

a）　　　　　　　　　　　b）

图 8—37　各式玉石工镯

a）翡翠　b）糖白玉

6）北工方镯（见图 8—38）。此种样式手镯讲究大气，工上常用方形棱角。常见以下几种：

①内圈圆，外圈圆，条杆是矩形的。

②内圈圆，外圈八边形，条杆也是类似矩形的。

③竹镯，这个是将镯子刻成竹子形状，有竹枝、竹叶和竹节做装饰。南方也做这种竹子，但是往往做成圆的，而北方常在竹节处做出棱角，可做八节（就是八边形）、九节（九边形）和十节（十边形）。一般年纪较大的女性佩带，节同女子守节。北工竹节镯常用白地青的玉料，有"清白有节"的寓意。

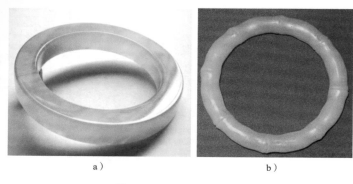

图 8—38　玉石北工方镯

a）翡翠手镯　b）黄玉竹镯

7）麻花／绞丝镯（见图 8—39）。北方称为麻花，南方称为绞丝，属于工镯的一种。这种镯子一开始是仿银镯里的麻花杆式样，只是将福镯表面刻成类似麻绳表面的纹路。后来苏工将这种镯子式样精益求精，把镯子的每一股都分开，并依顺序角度缠在一起。这种镯形把玉工发挥到淋漓尽致，多用软玉加工，可做成 3 股、4 股，甚至可到 6 股或更多股，只是这种太多股的手镯基本不能佩带，只能作为艺术品收藏。

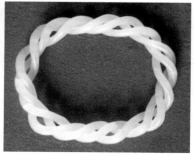

图 8—39　玉石麻花/绞丝镯

a）白玉麻花镯　b）白玉绞丝镯

8）鸳鸯镯（见图8—40）。是指从一个玉料里开出来的两块镯料，或者颜色纹路极为相似；或者色段正好互补（如一个是满春带绿，一个是满绿带春）；或者颜色正好是两个极端（一翡一翠，或者一阴一阳，就是绿偏蓝和绿偏黄）等，由此做成的一对手镯。这种手镯可上工也可不上工，式样也不拘泥。

a）

b）

图8—40　玉石鸳鸯镯

a）翡翠　b）白玉

9）包金镯（见图8—41）。这种手镯包括压丝、包口、接断、套管等多种工艺手段。包金可以对有缺陷的玉石手镯进行修复，使其增添美感、保留适用性。玉石手镯断了、碎了可以用包金工艺修复。

（5）戒指。戒指分为两种类型，一种为马镫形，一种为镶嵌戒面形。

1）马镫形戒指（见图8—42）是指整个戒指都是由玉石一体切磨而成。

图 8—41　包金白玉手镯

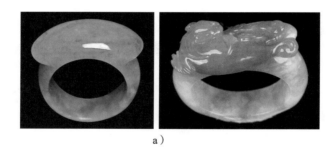

a）

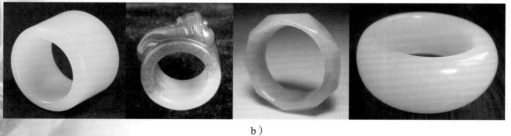

b）

图 8—42　马镫形玉石戒指

a）翡翠　b）和田玉

　　2）镶嵌戒面形的戒面（见图 8—43）有多种形制，常见的素面有椭圆形、圆形、马鞍形、橄榄形、水滴形等，也有各式刻面矩形。

图 8—43　玉石镶嵌戒指

第9章

宝玉石饰品
的制作工艺
及镶嵌方法

第1节　宝玉石饰品常用贵金属基础知识

【学习目标】

掌握宝玉石饰品常用贵金属基础知识

【知识要求】

一、宝玉石常用的贵金属（金、银、铂、钯）

首饰常用的贵金属主要是金和银。20 世纪初以铂元素为代表的铂族元素也日渐成为首饰的主要贵金属。首饰用的贵金属一般具有如下特点，亮丽美观、经久耐用和稀有贵重。

1．金

金（见图 9—1）的化学元素符号为 Au，熔点 1 064.43℃，相对密度19.31（20℃）。质软而重，是电和热的良好导体，仅次于银和铜。延展性极强，其机械加工性能在所有金属中最好，1 g 黄金可拉成 3 000 m 以上的细丝，可碾薄至 0.000 01 mm 厚的金箔。黄金在空气中和水中极稳定，不溶于酸和碱，但溶于王水及氯化钠或氯化钾溶液。目前饰品用金及货币用金约占世界金生产总量的四分之三。除上述用途外，还可用于航空航天工业、电子工业、IT 产业等领域。

世界上主要产金国为南非、美国、澳大利亚、加拿大、俄罗斯等。

近年来，我国的黄金产量已连续数年跃居世界产金首位。

图 9—1　金条图片

2．银

银（见图9—2）的化学元素符号为 Ag，银白色金属。熔点961℃，相对密度10.49（18℃时），摩氏硬度2.5，是导热、导电性能良好的金属。白银同样具有良好的延展性，仅次于黄金。1 g白银可拉成1 800～2 000 m的细丝，可轧成厚度为万分之一毫米的银箔。白银化学性质比较稳定，但遇硫化氢、硫、臭氧变黑。白银用途广泛，主要用于首饰、餐具、银币、感光材料、仪电材料、医疗器械等。

图9—2　银锭图片

世界上主要白银生产国为墨西哥、加拿大、美国、俄罗斯、秘鲁等。

我国的白银资源较为贫乏，在有统计的60多个世界产银国和地区中，排列约为第50位。

3．铂

铂（见图9—3）又称"白金"，是铂族元素之一，化学元素符号为 Pt，银白色金属。熔点1 722℃，相对密度21.35（18℃时），摩氏硬度4～4.5，比金银略硬。质软而富延展性，易加工，能轧成0.002 5 mm厚的白金箔，拉成极细的白金丝。

图9—3　铂锭图片

铂常与钯、铱等铂族元素组成合金材料，以增强硬度，改善光亮度，现已成为重要的首饰用材料。铂的化学性质稳定，但溶于王水和熔融的碱。由于具有耐高温、耐腐蚀、耐氧化、高温强度好、高延展性等特点，因而广泛用于航空、航天工业、仪表电子工业、化学核能工业和汽车制造工业等重要领域。因此铂及铂族金属一直被作为战略物资，世界上各主要发达国家均有大量储备。

4．钯

钯是铂族元素之一，化学元素符号 Pd。银白色金属，外观与铂相似，熔点 1 554℃，相对密度 12.02，轻于铂，延展性强，质地比铂稍硬。化学性质稳定，常态下不易氧化和失去光泽。主要用于印刷电路、电触点等。此外还可用于特种合金，常作为金、银、铂首饰合金的组成部分，近年来已出现了以钯为主体的钯金首饰。

二、常见贵金属饰品及标识

1．金饰品

（1）千足金。千足金是目前我国金饰品中最高纯度，即金含量的千分数不小于 999 的金，也可以用"千足金"表示其纯度。

（2）足金。足金是目前仅次于千足金纯度的一种高纯度金，即金含量的千分数不小于 990 的金，也可以用"足金"表示其纯度。

（3）金合金（K 金）。K 金是由一定纯度的黄金配以钯、银、铜等金属组成的合金。在我国首饰市场上，黄金的纯度一般用纯度的千分数最小值或 K 数表示，"K"为德文 Karat 的缩写，1 K 相当于纯金的 1/24，即 1 K 约等于 4.116%，24 K 的理论纯度为 100%。K 金较之千足金、足金，降低了延展性，增加了强度，K 金质地硬，焊接性能、抛光性能俱佳，适合制作镶嵌首饰和轻盈、光亮性好的素金首饰。目前国内的镶嵌首饰大都用 18 K 金。而在建国以前和建国初期则以 14 K 金为主。根据地域不同和人们审美眼光的差异，北美人较青睐 14 K 金，欧洲人则喜欢 18 K 金，东南亚人和阿拉伯人则更喜欢 22 K 金。在欧美市场 8 K、9 K 的简单加工镶嵌钻石的饰品也较为流行。

根据国家标准《首饰 贵金属纯度的规定及命名方法》（GB 11887—2012）规定 K 金的纯度范围见表 9—1。

表 9—1 　　　　　　　　　　K 金的纯度范围

纯度千分数最小值（‰）	纯度的其他表示方法
375	9 K
585	14 K
750	18 K
916	22 K

（4）彩色 K 金。指金具有不用颜色的合金。在首饰中最容易为大众接受的黄金色，是由黄金、白银、铜配方组合而成。除此之外较常见的彩色 K 金具有白色、玫瑰色、黑色、绿色、蓝色等。通常情况下，白色 K 金是由金、银、钯、铜等组成，而含铜越多颜色就越呈粉色，含银越多就越绿。

目前首饰制造厂配制金合金或彩色 K 金，大都选用不同标号的补口材料而成。补口材料是一种按比例配制好的配金辅助材料。可按照不同的市场需求，利用不同成分、不同颜色的补口材料掺入黄金中，即可配制出不同纯度、不同颜色的金合金或彩色 K 金。除此之外，氧化、加热等表面处理方法也可改变彩色 K 金的颜色。

当下市场较为畅销的彩金首饰一般是指由黄色、白色、玫瑰金三种颜色组合而成，一般采用 18 K 金制成的饰品，通常两种颜色以上的 K 金首饰称为彩金饰品。彩金饰品较之黄金饰品的质量较轻、工艺性强、款式新颖，受到市场的瞩目。

2．银饰品

（1）足银。国家标准 GB 11887—2012 所指的有两种，即 990 银也可表示为足银，以及 999 银，即千足银。

（2）925 银。主要是银和铜组成的合金材料，能显著增加银的硬度，适合加工各种银器和银首饰，目前市场上销售的银器或银首饰的纯度大都为 925 银。

3．铂饰品

（1）足铂。主要有两种，即 990 铂，也可称为足铂、足铂金、足白金。而 999 铂，则可表示为千足铂、千足铂金、千足白金。

（2）铂合金（950 铂）。指铂与其他各种金属按比例配制组成的合金。用于镶嵌首饰的制作，最常见的为铂钯合金。在我国铂合金的纯度范围为850 铂、900 铂和 950 铂。其中，使用最多的是 950 铂和 900 铂。

第 2 节　宝玉石饰品的制作工艺

【学习目标】

掌握宝玉石饰品的制作工艺类别及特点

【知识要求】

一、手工制作（见图 9—4）

图 9—4　手工制作宝玉石饰品

1．特点

手工制作是最传统的首饰制作工艺，迄今已有数千年的历史。即便出现了广为应用的失蜡浇铸、冲压成型、电铸成型等较为先进生产方法的今天，仍然是首饰制造业最基本、最重要的一项工艺。

手工制作主要体现在两方面，一是包括锤、锯、锉、钳、钻、焊、錾、折、剪、镶和修饰等各项工序。二是能充分展示制作者对设计意图的领悟，把握立体造型的能力。因此，手工制作的首饰因其制作精良、造型美观，且各具特性，能充分体现制作者对设计意图的领悟及把握立体造型的能力。

2．手工制作首饰的识别

（1）一般都是单独设计制作的，产品外形有较强的个人风格特征。

（2）从产品的整体外观质量，能看出首饰工匠的制作水平和技艺风格。

（3）饰品表面处理比浇铸首饰更光洁明亮。纹饰等细部处理比浇铸首饰更为细腻。

（4）从饰品内部等不易发现的地方，能依稀看到锤痕、锯痕和焊接痕等加工痕迹。

二、失蜡浇铸

失蜡浇铸设备如图 9—5 所示。

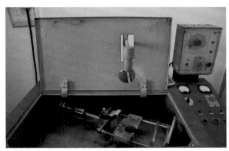

图 9—5　失蜡浇铸设备

1．失蜡浇铸法的步骤

（1）制作金属实样，也叫起版。

（2）依据金属实样开硅橡胶模。

（3）用注蜡机向橡胶模腔内注蜡成型。

（4）将单件首饰蜡模往蜡棒上种蜡树。

（5）翻制石膏模，熔烧失蜡形成的石膏模。

（6）靠离心力将熔融的金属注入石膏模浇铸。

（7）将石膏模放入冷水，使其破裂，取出金属铸件并转入执模工序。

2．失蜡浇铸法的特点

（1）能有效提高首饰生产效率，提高生产率数倍，降低制作成本。

（2）既适用于大批量生产，也适用于较小批量生产。浇铸用的橡胶模具制作成本比冲压成型的钢模要小得多。

（3）能满足空间结构复杂的立体造型需要，对形状复杂的产品更能显示出它的适用性。

（4）铸造产品致密性较差，较之手工制作，冲压成型产品，其内在质量和耐用性也比较差。

（5）失蜡浇铸饰品的浇坯较为粗糙，会给后序执模、打磨带来较大的工作量，从而容易造成饰品贵金属损耗偏高。

三、冲压成型

冲压机如图 9—6 所示。

图 9—6　冲压机

1．制作方法简介

首饰的冲压成型，就是在机械化生产过程中，把金属材料置于特制的钢模之间，然后靠机械冲压使金属材料达到预期的形状。冲压成型的零部件或饰品通常需要通过多种模具和多次冲压才能完成。

2．常见模具

（1）花模。也称之为挤压模，上为凸起的冲头，下模为不穿孔的凹模，通过机械设备产生的冲击力，在金属材料表面或正反两面压上所需要的花纹图案。

（2）落料模。上模为凸模，下模为穿孔模，通过冲压形成的剪切力，将金属材料按预定的形状冲出所需的外形轮廓。

（3）拉伸模。主要将金属材料一次或多次冲压拉伸成管状部件。在冲压拉伸过程中，为便于加工，常需要对金属材料做"退火"处理。

3．冲压成型的特点

（1）产品结构致密，质地坚硬，耐久性好。

（2）表面光洁度优良，可达到镜面效果。

（3）产品的材料厚度、重量便于控制，外观质量精致，具有薄、匀、轻、强的特点。

（4）钢模经久耐用，可以大批量投产，单件产品的制作成本较为低廉。

（5）产品质量受制于模具质量，花纹、图案、造型有千篇一律的感觉，缺少手工制作的神韵。

四、电铸成型

电铸机如图 9—7 所示。

图 9—7 电铸机

1．制作方法简介

电铸成型技术最早是由俄国科学家雅可比于 1837 年发明的。最初是用来复制印刷版，19 世纪末开始用于制造唱片压模和博物馆复制文物摆件。随着电铸液稳定性不断提高，尤其是各类添加剂的广泛应用，逐步扩大了应用范围，如模具制造、金属箔与金属网、雷达、激光器、火箭发动机等高科技产品的重要部件。

20 世纪 70 年代，日本和意大利对电铸成型工艺进行了大量卓有成效的技术改进，并采用了计算机控制技术精确控制整个电铸成型过程，大大提升了这一近代技术在首饰制造领域的技术含量，电铸成型技术已日臻完善。

电铸成型是利用金属的电解沉积原理精确复制造型复杂、形态逼真、精度要求高的金摆件和金首饰，它是电镀技术的特殊应用。

2．主要工艺流程

电铸成型的主要工艺过程为：芯模制造及芯模的表面处理→电镀至规定厚度→脱模和修饰→成品。

3．电铸成型法的特点

（1）用电铸成型法生产出来的产品看似体积较大，但质量较轻，在一定程度上替代了手工制作的摆件，丰富了金饰品的品种。

（2）电铸成型产品的表面能准确显示芯模上的精细图文，既有表面光亮效果，又能产生表面绒面处理的效果。

（3）电铸成型产品的壳体过于单薄，容易凹瘪，而且不易修复。

（4）与失蜡浇铸、冲压成型相比，同等重量下的电铸成型的制造费用相对较高。

第3节　宝玉石饰品的镶嵌方法

【学习目标】

掌握宝玉石饰品的镶嵌方法的种类及主要镶嵌方法的特点

【知识要求】

一、镶嵌工艺

将不同色彩、形状、质地的宝玉石，通过运用镶、锉、錾、掐、焊等方法，组成不同的造型和款式，使其具有较高鉴赏价值工艺品和装饰品的一种工艺技术手段。镶石是一项以手工操作，且技术含量高，操作难度大的工艺。镶嵌工艺以手工为主，强调操作者的技能熟练程度，几乎每一件优质的饰品，都是操作者技能的体现。

二、镶嵌方法

常见的镶嵌方法主要有钉镶、槽镶、包边镶、爪镶、埋镶、隐蔽镶等（见表9—2）。

表9—2　　　　　　　常见宝玉石镶嵌方法

图　　示	镶　嵌　方　法
	钉镶 　　这种镶法大都用于镶嵌小钻石，充分利用贵金属具有良好的延展性这一特点，运用镶嵌专用工具铲起金属小齿，压在钻石腰棱上，能起到金属珠齿光泽与被镶钻石的光彩交相辉映的效果。有两种镶嵌方法可以达到同样效果：一种是用小锤子和錾子结合使用，在已放入孔中的钻石周围的金属坯上硬凿出齿爪，使材料紧压在钻石腰棱上，然后再用向内凹陷的圆錾敲击修整，使爪齿形成圆珠状。这种方法也称为"硬嵌"。另一种方法是手持带柄钢针用力在放入孔中钻石周围金属坯上挑出小齿爪，以此镶住钻石。这种方法大都称为"起钉镶"

续表

图　　示	镶　嵌　方　法
	**槽镶** 槽镶的叫法很多，也有叫夹镶、壁镶、迫镶、轨道镶等。此法大多用于镶嵌小钻石或其他刻面小宝石。它是根据相同直径宝石及镶石的排列长度，在有一定厚度的金属坯上，锯出长方形孔，再用铣刀在两内侧铣槽，靠两槽的夹压镶嵌住钻石。有时两槽之间下方有横梁相连，起到支撑宝石的作用，但宝石排列之间没有金属相隔，也不应露出缝隙 槽镶在首饰制作中应用广泛。用槽镶制成的饰品，线条流畅整齐，与钉镶结合使用，更能突显群镶产品视觉效果
	**包边镶** 也叫包镶、折边镶，是首饰制作中常用的一种传统方法。制作时要求包边光滑牢固，又要尽量显露宝石外形，达到端庄大方的效果。通常是根据宝石的实际尺寸，用金属薄片分别做一个内圈和外框，内圈略低于外框，将其衬入外框内，经过焊接做成齿口（又称镶口），将宝石置于齿口内，然后将齿口上部边缘折弯到宝石上，用平头錾轻轻来回击打、挤压，注意落锤均匀、轻巧，使齿口边逐渐压向宝石腰部直至压紧。用锉刀修整齿口边，用砂纸打磨有痕迹的地方，完成宝石的包边镶嵌 这种镶法大都用于素面宝石，也可用于刻面宝石 包边镶对宝石的净度要求比较高，如果宝石边缘或腰棱处有裂绺瑕疵，就很容易在击打包边时造成宝石的进一步破损
	爪镶 也叫齿镶，是镶嵌饰品中最常见的一种方法。通常是先做好齿口（也叫宝托、镶口），然后焊镶爪。根据被镶宝石的高度确定镶爪的长短，镶爪的数量和形状视宝石大小而定，然后将宝石放进齿口，用平头錾和钳子把镶爪紧压在宝石边缘上 爪镶能够突出宝石效果，并能很好地显示其光学效应。适用于各类镶嵌首饰和各种琢型的宝石
	**埋镶** 也叫"闷镶"，适用于刻面宝石。它的特点是不使用齿口，而是直接在比较宽厚的拱形戒圈上打孔，并在孔口处车出一条细槽，把宝石嵌入，然后将周围的金属挤压住宝石的边缘，这种镶法难度较高。视觉效果显得庄重大方，适用于男士戒指和结婚对戒

续表

图　　示	镶　嵌　方　法
	隐蔽镶 　　隐蔽镶通常是在有规则的圆形、方形、长方形的齿口边框内整齐有序挤压排列着经过特殊加工的刻面宝石。一般用于隐蔽镶的宝石边缘都有边槽，使得宝石之间能够互相交错借力。宝石外形成盾形的，可镶出圆形外框，而长方形宝石则可镶出方形或长方形外框。除了金属齿口边框外，所镶宝石之间看不见任何金属材质 　　这种镶嵌方法的成功运用，取决于娴熟的金属镶嵌技艺和宝石琢磨技艺的密切配合，技术难度高，工效比较低，一般一天最多能镶嵌约 20 颗宝石，但视觉效果极佳

第10章

宝玉石饰品外观质量检验

【学习目标】

了解宝玉石饰品外观质量的主要影响因素
掌握宝玉石饰品外观质量的检验方法

【知识要求】

一、镶嵌宝玉石饰品外观质量的主要影响因素及检验方法

镶嵌宝玉石饰品就是要根据设计的要求，将不同色彩、形状、质地的宝石、玉石，通过镶、锉、錾、掐、焊等方法，组成不同的造型和款式，使其具有较高鉴赏价值的工艺品和装饰品的一种工艺技术手段。镶嵌工艺是制作镶嵌宝石饰品中的一个重要环节，镶嵌工艺的好坏，直接影响到首饰成品的质量。根据首饰镶嵌工艺特点，主要对镶嵌宝玉石饰品的整体造型、镶石、图案錾刻、焊接、结构配件、表面处理（光洁度、抛光和电镀）等进行外观质量的检验。

1．整体造型

在对首饰进行品质分级时，给人的第一印象就是整体造型（见图10—1）。

图10—1　不同造型镶嵌宝玉石饰品

作为艺术形象塑造，就是要把握住首饰的外部形貌和刻画特征，充分展现出首饰的三维立体形象。具体来说，首饰的整体造型就是要使造型端庄典雅，比例恰如其分，层次分明丰富，整体效果良好完美。对一件首饰要做出准确的品质评价，从整体造型着手能起到提纲挈领的作用。

2．镶石

珠宝镶嵌首饰中的镶嵌（见图 10—2）质量好坏是至关重要的。多数情况下，镶嵌在饰品上的珠宝玉石承载着绝大部分的价值，珠宝镶嵌首饰的基本要求，就是要使珠宝与贵金属之间的镶嵌牢固而又美观，使齿爪、包边、槽镶的边线等贵金属部分，与被镶宝石之间产生浑然一体、相得益彰的装饰视觉效果。

图 10—2 饰品的宝玉石镶嵌

所镶嵌的宝玉石表面应该加工得十分光洁，尺寸、角度和弧度也要准确无误。宝玉石表面的加工质量的检验和评价，通常都是凭肉眼或借助 5 ～ 10 倍放大镜进行的，一般要求在最后一道工序（抛光）完成后，宝玉石表面应该达到在 10 倍放大镜下，见不到可分辨的划痕毛面和微裂纹。加工质量的评价主要有以下内容：

（1）外形的规整性。

（2）加工的准确程度，切磨角度和比例是否正确，是否有漏光现象。

（3）加工的精密程度，小面的对称性，有无多余小面，有无畸形，边棱线是否交于一点。

（4）抛光的光滑程度，表面有无砂眼和划痕，是否抛出宝玉石应有的光泽等。

（5）镶好的宝玉石不能有斜石、高低石、甩石、松石、烂石等现象。

（6）石与石之间高低应根据饰品的外形而定，同一直线上的石与石之间不能出现高低不平的现象。

3．贵金属及合金材料

（1）贵金属及合金材料符合成分设计要求。

（2）冷加工后要进行退火处理，以保持材料的韧性和强度。

（3）贵金属饰品和托架的内部不含气孔或裂缝，外形及尺寸必须符合造型、款式设计要求。

（4）表面无凹凸不平粗糙感觉，表面处理的效果符合设计要求。

（5）焊接处的强度、连接和颜色，也应该符合设计要求等。

（6）钉镶的钉头要圆，不能压扁及钉边不能出现"金屑"。钉不能过长或过短，过长易勾住衣服，过短易甩石。爪镶的爪头要圆，爪外侧与内侧高度一致。包镶的包边与宝石之间应当严密没有空隙，均匀流畅，光滑平整。

4．图案錾刻

首饰大多有图案纹样和錾刻花纹（见图 10—3）。图案纹样常见于冲压成型饰品和浇铸成型饰品；錾刻花纹多见于手工錾刻饰品。图案花纹应用于首饰上，能起到提高装饰美感和丰富艺术内涵的作用，图案花纹作为视觉形式美的表现，讲究布局和章法，追求线条的清晰和流畅，它是体现首饰艺术性的重要标志。

图 10—3　饰品贵金属材料的图案錾刻

5．焊接

焊接工艺（见图 10—4）在首饰生产制作中应用广泛。绝大多数的首饰都需要焊接，主要用于首饰的结构组装和零部件焊接，是保证首饰整体牢固的关键保障性工艺。

6．结构配件

首饰中常见具有固定、连接、开启、闭合等功能的结构配件（见图 10—5），这些配件的使用大大丰富了首饰佩戴使用的功能性和实用性。如项链、

图 10—4 饰品的贵金属材料的焊接

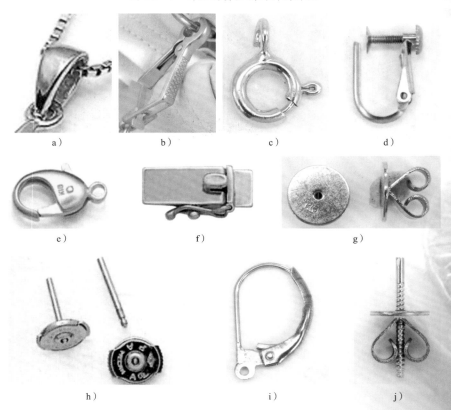

图 10—5 镶嵌宝玉石饰品的结构配件

a）瓜子扣　b）鱼钩扣　c）机织链弹簧扣　d）螺钉弹片耳拍　e）龙虾扣

f）盒子扣　g）耳逼　h）飞碟耳逼　i）活动弹片耳拍　j）螺钉耳针耳迫

手链的盒形钩扣、弹簧扣、胸针的跳针及多功能首饰的活动暗扣等。但是，这些配件必须牢固可靠，有些高档首饰的配件，常做了独具匠心的艺术处理，在一定程度上提升了首饰的附加值。

7．表面处理（光洁度、抛光和电镀）

表面处理是首饰制作中非常重要的最后一道工序，视不同饰品的具体情况可进行抛光或抛光加电镀处理。整个首饰制造过程中产生的加工痕迹，经过表面处理中的酸洗、抛光、电镀等工序将荡然无存（见图10—6），并显现出光彩夺目、华贵美丽的外观。对新首饰进行品质分级时，尤其要注意表面处理的效果，要求首饰外观不变形，表面光亮如镜，内部适度抛光，镀色纯正鲜艳，镀层均匀附着好。通常，手工抛光钗亮的质量高于滚抛机等机械抛光的质量。

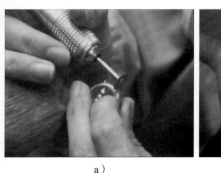

a）   b）

图10—6　镶嵌宝玉石饰品成品的表面处理

a）执边　b）铲边

二、玉雕饰品外观质量的主要影响因素及检验方法

1．玉料的质量评价

古人辨玉就讲究玉质，《说文解字》中就有"首德次符"之说，即先质而后色。现在讲的玉质有两种意思，其一是指玉的种类，其二是指同种玉的质量差异。玉以质地细腻、晶莹剔透、色彩浓淡均匀、洁净无瑕为好。一般来说，质地越细腻，其透明度也越高，或称水头足，雕出的玉件显得水灵而有生气，而质地粗糙疏松者，则水头差，其雕件显得凝滞死闷。

（1）质地的评价。无论何种玉石制作的玉器，其质地都以细腻均匀为优，质地越细腻越好。由于绝大多数玉石是多晶质矿物集合体，也就是说都以很多矿物小晶体颗粒或纤维构成，那么晶体颗粒大小就决定了玉质的粗糙或细腻程度，晶体颗粒越小越细则玉石越细腻。

（2）颜色的评价。评价一件玉器的好坏，其颜色是一个重要的因素。首先要求玉器颜色是正、阳、浓、匀、特。正，即玉器材料的颜色纯正；浓，指颜色的饱和度，在保证透明度的前提下，要求玉料的颜色越浓越好；阳，指颜色的明亮度，要求材料特别是成品的颜色越鲜明越好；匀，指颜色均匀程度，要求玉石材料或成品的颜色越均匀越好；特，即要求材料或成品有奇特的光学效应，如星子砚石金黄色的星点、玛瑙的晕彩、孔雀石的丝绢光泽等。再者，玉石的颜色要和玉器作品的内容一致，什么样颜色的玉石表现什么样风格的作品，适用于哪方面的题材内容，有一般的基本规律。

（3）光泽和透明度的评价。光泽是玉石对光的反射能力。每一种玉石所能表现的光泽是一定的，由于各种玉石的质地不同、硬度不同，以及对光的吸收、反射程度不同，所以表现的光泽也不同。玉器作品有光泽显得晶莹可爱，才能反映玉石的质地、颜色、透明度，它可以烘托玉石的内在美。光泽也受抛光质量的影响。

玉石的透明度，就是玉石透过光线强弱的表现。玉器行中将透明度看成是检验玉质的重要指标之一。透明度好，可以把材料的质细、色美烘托得更好，反之就减弱质细、色美的光彩。

（4）净度的评价。净度是相对玉石上不好看的黑点、斑点、脏色、脏斑及裂纹等杂质而言。评价一件玉器的净度，就是看玉器是否干净，如果没有影响观感的杂质和裂纹存在，那么这件玉器就是纯净的，其价值相对较高。玉质中布满黑点、脏斑，则会极大地影响玉器的完美感，因而降低其价值。

2．工艺评价

（1）玉器琢磨质量的评价。琢磨，就是具体制作玉器，必须真切、全面，甚至创造性地发挥创作设计意图。玉器加工制作中的琢磨，主要通过减法出造型，因此，减法的准确对保证作品质量关系很大。做工不细，造型含混不清，就表现不出玉器的美。

根据玉器琢磨工艺的要求，好的琢磨工艺应该做到规矩，有力度，轮廓要清晰，且细节突出。规矩就是要体现出玉器的造型美；有力度则是指玉器在线条上要表现得棱角分明；轮廓清晰、细节突出，是要求玉器在整体造型的基础上，鲜明地突出玉雕的细节，以求达到玉器整体的完美。

（2）玉器抛光质量的评价。抛光，就是把磨制后的玉器表面磨细至镜面状态，使光照射其表面有尽可能多的规律性反射，达到光滑明亮的程度。玉器经抛光处理后会呈晶莹美丽的玉质光泽，这是玉器艺术的主要特点之一。因此，玉器抛光处理的优劣，将直接影响到作品艺术效果的好坏。评价玉器的抛光，要看其是否明亮、圆润、清晰。明亮，是指对光照能产生充分的规律反射；圆润，是指亮度要透明，即水头要足；清晰，是指经过抛光后不影响玉器本身各细节的表现程度。

（3）玉器整体装潢质量的评价。玉器的整体包括玉器主体器物和以外的附件，如玉器的座、匣等包装装潢，它是多种物质材料和工艺的结合。玉器装潢整体上要求做到协调，座、匣等要陪衬出主体，更好地表现作品的美。特定玉料所做的玉器，应该配什么颜色、什么纹样、什么质料的座和匣，是有讲究的。

3．形式评价

玉器形式的评价是指对其造型和纹饰设计的评价。

（1）玉器造型及纹饰的多样与统一。多样统一或称变化统一，是一切艺术形式美的一般规律和基本原理。它是对立统一这一辩证法的根本规律在美学中的表现。

玉器造型及纹饰是由相互关联的各部分组成的，各部分之间都有内在的和形式上的相互联系，通过一定的方式，组成一个完整的造型及纹饰样式。就造型及纹饰各部分之间的联系和整体性而言，是玉器造型及纹饰的统一。

玉器造型及纹饰在形式处理上应该既多样变化，又有整体的统一。多样变化是为了达到丰富耐看的效果，整体统一是为了获得和谐、含蓄的目的。玉器造型及纹饰如果没有变化，会使人感觉杂乱无章。只有在变化与统一取得完美结合的玉器才能称得上是佳品。

（2）玉器造型及纹饰的对称与平衡。玉器作为一种立体工艺品，无论从正面观、侧面观或者顶面观，不是呈对称状，便是呈平衡状。所以，对称和平衡这两种形式美法则的恰当运用，对于玉器的多样化及统一和谐的装饰效果将起到重要的作用。

对称与平衡在同一件玉器造型及纹饰中往往同时应用。但在应用中，两者应该有所调剂，有所节制。有时以对称为主，使局部处于平衡；有时以平衡为主，但必须加强对称性的因素。一件好的玉器，其造型及纹饰应该在视觉上合理调整对称与平衡两者的关系，给人以美的享受。

（3）玉器造型及纹饰的稳妥与比例。玉器在设计制作时，必须注意稳妥及比例。因此，在评价玉器时，应周密慎重地审视稳妥和比例这一法则在玉器造型及纹饰中的运用和表现。

稳妥，即在玉器造型上体现出安定与力的均衡。一般，平放的立体物都有其一定面积的平底，这样才能保持器物整体的重心。通常来说，平底面积越大就越稳，越小就越不稳。正立者稳定但又单调笨拙，倒立者又显得恍惚不安。稳妥的原则就是中和两个极端。

玉器造型及纹饰的比例，一是指器物本身各部分的比例关系；二是指器物与器物之间的比例关系。玉器工艺各部分之间的比例应构成美的感觉，如同一个人，头、身、四肢和躯干各部分，都有一定的比例，玉器摆设品也同样要求各部分的比例要适度配合，如此才能产生美感，相反，比例失调会给玉器产品带来严重缺陷。

（4）玉器造型及纹饰的反复与节奏。反复是图案的一种有条理装饰形式。所谓的反复，就是以一个纹样为基本单元，反复排列连接。反复的条理性，构成了图案的节奏与韵律，从而获得图案造型的装饰美。节奏是指一种节律整齐的流动。在图案造型中，一个基本单元纹样或某一局部的反复和连续展现，是图案产生节奏效果的主要原因。一个造型要想取得统一的效果，节奏变化的处理是重要的手段之一。

玉器造型及纹饰设计，应通过运用重复的手法，使造型及纹饰的节奏表现在作品外形轮廓的高低起伏、体积空间的分布及线条的直曲、动静等方面。

（5）玉器造型及纹饰的对比与调和。在玉器造型及纹饰的各种因素（如线型、体量、空间、质地、色彩等）中，把同一因素有差别的部分组织在一起，产生对照和比较，称其为对比；而调和则是通过一定的处理方法，把对比的各部分有机地结合在一起，使造型有完整一致的效果。适当地运用对比、调和，能使玉器造型及纹饰更加富于变化，使得造型及纹饰图案以一个为主，在视觉上比较突出，起到对比的作用。

（6）玉器造型及纹饰的空间与层次。空间分布在玉器中起很大的作用。玉器大多是以圆雕为主的工艺品，它具有高、宽、深的三度空间，在制作中，无论是独立性的或组合性的造型，都必须对玉器各组成部分的体积、线条的空间分布，以及它们的方向、动势、节奏，做出合理的安排。比如对仕女头部、胸、腹各体块的动向，衣纹飘动的动势，花头的方向，雀鸟头部的动向，花叶的正、侧、背面等，都必须在空间分布中做出恰当的、合乎情理的安排。

4．题材评价

玉器产品的题材很多，主要有人物、器具、兽类、鸟类、花卉、山子等，对不同题材的玉器评价是有所不同的。

（1）人物题材玉器的评价。人物要具有时代特征，人体各部分的结构、比例要安排适当，合乎解剖要求（成人一般以头部大小为准，按立七、坐五、盘三半的比例为宜），动作要自然，呼应传神。头脸的刻画，要合乎男女老少的特征。要根据不同人物的身份、性格和动态情节进行创作。五官安排合情合理，比如一般仕女的面目，要求秀丽灵动，传统佛人的面目要鼻正、口方、垂帘倾视、两耳垂肩。手型结构准确，比如仕女手型要纤细自然，手持的器物和花草要适当。服饰衣纹要随身合体，有厚薄软硬的质感，比如仕女的衣带，线条要交代清楚，翻转折叠要利落，动态要自然而飘洒。陪衬物要真实，富有生活气息，要和人物主体相协调，使主题内容更加充实而突出，避免喧宾夺主的现象出现。

（2）器具题材玉器的评价。器具造型周正、规矩、对称、美观、大方、稳重、比例得当。仿古产品古雅、端庄，尽可能按原样仿制。器具的膛肚要串匀串够，子母口要严紧。身盖颜色要一致。环链基本规矩、协调、大小均匀、活动自如。纹饰自然整齐，边线规矩，地子平展，深浅一致。透空纹饰，眼地匀称、干净利落；浮雕纹饰，深浅浮雕的层次要清楚，合乎透视关系。

（3）兽类题材玉器的评价。造型生动传神，肌肉丰满健壮，骨骼清楚，各部分的比例合乎基本要求，五官形象和立、卧、行、奔、跃、抓、挠、蹬地各种姿态要富有生活气息。"对兽"产品要规矩、对称，颜色基本一致，成套产品的造型，应根据要求配套琢制。变形产品的造型，要敢于夸张，又要具有动态的合理性。鬃毛勾彻要求深浅一致，不断不乱，根根到底，大面平顺，小地利落。

（4）鸟类题材玉器的评价。造型准确，特征明显，形态动作要生动活泼，呼应传神。一般要做到张嘴、悬舌、透爪。羽毛勾撤挤压均匀，大面平顺，小地利落。"对鸟"产品，高低大小和颜色基本相同。盒子类产品，子母口严紧，对口不旷。陪衬物适当，要以鸟为主，主次分明。

（5）花卉题材玉器的评价。花卉的整体构图要丰满、美观、生动、真实、新颖，要反映出生机盎然的艺术效果，主体和陪衬要协调自然。花要丰满，枝叶茂盛，布局得当。花头花叶翻卷折叠自然，草本藤木、老嫩枝要区分清楚，符合生长规律。傍依的瓶身或静物要美观、别致、大方，颜色要协调一致。其他陪衬物要真实自然，产品的整体和细部力求玲珑剔透。

（6）山子题材玉器的评价。用料以块度大为显著特征，以保留整玉天然浑朴的外形原貌为特点。取材多为人文景观和历史场景，人物、山水、花鸟虫鱼、珍禽异兽、亭台楼阁应有尽有。布局讲究层次有序，要求气势壮观意境深远。

5．艺术评价

玉器艺术风格是通过作品表现出来的，相对稳定、内容深刻，从而更为本质地反映出时代、民族或玉雕艺人个体的思想观念、审美理想、精神气质

等内在特性的外部印记。

不同时代的玉器艺术风格是玉器作品在整体上呈现出的具有代表性的独特时代面貌。如新石器时代玉器表现的神秘风格，商代玉器表现的礼制化风格，汉代玉器表现的雄浑豪放与迷信化风格，辽、金、元代时期玉器表现的民族化与地域化风格，明清玉器所表现的生活化与精品化风格。

对于现代中国玉器来说，俗与雅是衡量玉器作品艺术风格的一个很重要的标准。玉器作品在思想内容和形式风格上不但要为人们所接受，并且能有益于人们的身心健康，使人的感情得到净化，思想得到提高。

玉器艺术韵味反映在一件玉器作品的设计、构思乃至主题的确立，都显示出独特的个性，表现为一件玉器作品是否充满灵气、内涵丰富、给人留下无限的想象空间。

玉雕艺术是一门传统工艺美术，玉雕艺术要继承传统，更要创新以求发展，玉器创新表现在对新材料、新工艺、新题材的创新。玉雕作品要突破传统玉雕主要表现神话传说、宗教典故的取材范围，要更多地关注现实生活，反映重大历史题材，揭示人性、自然之美，以表达人类对幸福、自由的渴望与追求，以及对罪恶渊源的揭露与批判。

第11章

宝玉石饰品相关计量知识与鉴定证书

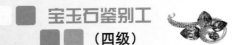

第 1 节　法定计量单位

【学习目标】

掌握法定计量单位概念

【知识要求】

一、基本概念及构成

1．基本概念

（1）计量单位。公认数值为 1 的一个量的值称为计量单位。

一个量的计量单位是固定的，并能与同一个量的不同值之间进行定量比较。

（2）计量单位符号。代表计量单位的约定符号称为计量单位符号，如 m 为米的符号。

（3）法定计量单位。由国家规定强制使用或允许使用的计量单位，称之法定计量单位。

（4）中华人民共和国法定计量单位。1984 年 2 月 27 日国务院发布的法定计量单位以国际单位制为基础，并选用少数其他单位制的计量单位组成。

2．构成

中华人民共和国法定计量单位共由六部分组成：

（1）国际单位制的基本单位。

（2）国际单位制的辅助单位。

（3）国际单位制中具有专门名称的导出单位。

（4）国家选定的非国际单位制单位。

（5）由以上单位构成的组合形成的单位。

（6）由词头和以上单位所构成的十进倍数和分数单位。

二、珠宝专业常用的计量单位及换算

1．法定计量单位

（1）国际单位制的基本单位，见表 11—1。

表 11—1　　　　　　　　　　国际单位制的基本单位

物理量	单位名称	单位符号
长度	米	m
质量	千克（公斤）	kg
时间	秒	s
电流	安 [培]	A
热力学温度	开 [尔文]	K
物质的量	摩 [尔]	mol
发光强度	坎 [德拉]	cd

（2）国际单位制的辅助单位，见表 11—2。

表 11—2　　　　　　　　　　国际单位制的辅助单位

物理量	单位名称	单位符号
平面角	弧度	rad
立体角	球面度	sr

（3）用于构成十进倍数和分数单位词头，见表 11—3。

表 11—3　　　　　　　用于构成十进倍数和分数单位词头

物理量	单位名称	单位符号
10^{18}	艾 [可萨]	E
10^{15}	拍 [它]	P
10^{12}	太 [拉]	T
10^{9}	吉 [咖]	G
10^{6}	兆	M
10^{3}	千	k
10^{2}	百	h
10^{1}	十	da
10^{-1}	分	d
10^{-2}	厘	c
10^{-3}	毫	m
10^{-6}	微	μ
10^{-9}	纳 [诺]	n
10^{-12}	皮 [可]	p
10^{-15}	飞 [母托]	f
10^{-18}	阿 [托]	a

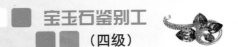
2．常用单位

（1）常用质量单位，见表11—4。

表11—4 　　　　　　　常用质量单位及换算表

常用质量单位	换算关系式
千克（kg）	1 kg=1 000 g；1 g=0.001 kg
克（g）	1 g=1 000 mg；1 mg=0.001 g
毫克（mg）	1 mg=0.005 ct；1 ct=200 mg
克拉（ct）	1 ct=0.2 g；1 g=5 ct
分（point）	1 point=0.01 ct；1 ct=100 point
金衡盎司（oz tr）	1 oz tr=31.103 5 g；1 ct=0.032 15 oz tr
常衡盎司（oz）	1 oz=28.349 5 g；1 g=0.035 27 oz
珍珠格林（pearl grain）	1 pearl grain=0.25 ct；1 ct=4 pearl grain

（2）常用长度单位，见表11—5。

表11—5 　　　　　　　常用长度单位及换算表

常用长度单位	换算公式
米（m）	1 m=1 000 mm；1 mm=0.001 m
毫米（mm）	1 mm=1 000 μm；1 μm=0.001 mm
微米（μm）	1 μm=1 000 nm；1 nm=0.001 μm
纳米（nm）	1 nm=10^{-3} μm；1 nm=10^{-6} mm
英寸（in）	1 in=25.4 mm；1 mm=0.039 37 in

（3）常用容量单位，见表11—6。

表11—6 　　　　　　　常用容量单位及换算表

常用容量单位	换算关系式
升（L，l）	1 L=1 000 mL
毫升（mL）	1 mL=0.001 L
英制加仑（UK gal）	1 UK gal=4.546 L；1 L=0.220 0 UK gal
美制加仑（US gal）	1 US gal=3.785 L；1 L=0.264 2 US gal

（4）常用温度单位，见表11—7。

表11—7 常用温度单位及换算表

常用温度单位	换算关系式
摄氏度 t（℃）	$\dfrac{t}{℃} = \dfrac{T}{K} - 273.15$
华氏度 θ（°F）	$\dfrac{t}{℃} = \dfrac{5}{9}\left(\dfrac{\theta}{°F} - 32\right)$
开尔文 T（K）	$\dfrac{T}{K} = \dfrac{5}{9}\left(\dfrac{\theta}{°F} + 459.6\right)$

第2节 误差理论与数据处理基础知识

【学习目标】

掌握误差理论及数据处理基础知识，提高计量测试精度

【知识要求】

一、误差概论

误差是在测量过程中所发生的一个差值。它存在于每次计量测试过程中。可以这样理解，任何计量测试，都存在着测量误差，简称误差。

1. 误差的定义及类型

（1）误差的定义。在测量过程中，测得值与真值之间的差值定义为误差。可用下式表示：

$$误差 = 测得值 - 真值$$

进一步理解这个公式，可得以下启示：

1）真值是指在计量测试一个量时，该量本身所具有的真实大小。真值是一个理想的概念，又是客观存在的。在实际测量过程中，一般是不知道的，也是无法确定的。

但在某些特定情况下，真值是可知的。如三角形三个内角之和恒等于180°、一个整圆周角为360°等。

2）测得值是每次测量过程中实际所测得的值。统计学上，当测量次数

非常大时（趋于无穷大），测得值的算术平均值（数字期望）接近于真值。

检定工作中，常用高一等级精度的标准所测得的量值（称为实际值）来替代真值。

（2）误差的类型。按误差的特点与性质，误差分为三个类型：系统误差、随机误差及粗大误差。

1）系统误差。在同一条件下，多次测量同一量值时，绝对值大小及符号保持不变，或在条件改变时，按一定规律变化的误差称为系统误差。如标准量值不准确、仪器刻度不正确引起的误差。

2）随机误差。在同一条件下，多次测量同一量值时，绝对值大小及符号以不可预计方式变化的误差称为随机误差。

当测量次数增多时，误差将遵循一定的统计规律。

3）粗大误差。超出在规定条件下预期的误差称为粗大误差。

此类误差绝对值大，明显偏离测量结果，系测量者的疏忽大意或环境条件突然变化所引起。

2.误差的表示方法

测量误差的表示方法有两种：绝对误差和相对误差。

（1）绝对误差。绝对误差是测量过程中测得值与真值之差，简称为误差。

$$\Delta = X - Q$$

式中　Δ——绝对误差；

X——测得值；

Q——真值。

由于测得值 X 可能大于或小于真值 Q，因此，绝对误差 Δ 可能呈现正值或负值。可表示为：

$$Q = X \pm |\Delta|$$

式中　$|\Delta|$——绝对误差的绝对值。

绝对误差可表示相同测量过程中，误差值大小，精度高低；但不能用作不同测量过程中精度的比较。

（2）相对误差。相对误差定义为绝对误差与被测量的真值之比值。

$$\nabla = \frac{\Delta}{Q}$$

式中　∇——相对误差；

Δ——绝对误差；

Q——真值。

根据公式，相对误差有正、负值。相对误差是无名数，通常用百分数（%）来表示。相对误差可以评定不同测量过程中精度的高低。

3．测量精度

（1）测量精度概念。一次测量过程中，测得值与真值的接近程度，称为精度。

精度与误差的大小相对应，因此，可用误差的大小来表示精度的高低，误差小则精度高，误差大则精度低。

（2）精度的分类。精度的分类有多种定义，本书依据全国高校测控技术与仪器专业教学指导委员会审编教材《误差理论与数据处理》（费业泰主编）中的观点，定义为三类：

1）准确度。它反映测量结果中系统误差的影响程度。

在规定的条件下，测量过程中所有系统误差的综合。系统误差小，则其准确度高。

2）精密度。它反映测量结果中随机误差的影响程度。

在一定的条件下，进行多次测量，所有测量结果彼此之间符合的程度。测量过程中随机误差小，则其精密度高。

3）精确度。它反映测量结果中系统误差与随机误差综合的影响程度。

精确度实质上表征了测量过程中测量结果精密准确的程度及测量结果与真值的一致程度。

测量过程中，随机误差、系统误差都很小，则其精确度高。

如图11—1所示为反映枪支打靶结果的弹点落靶图。

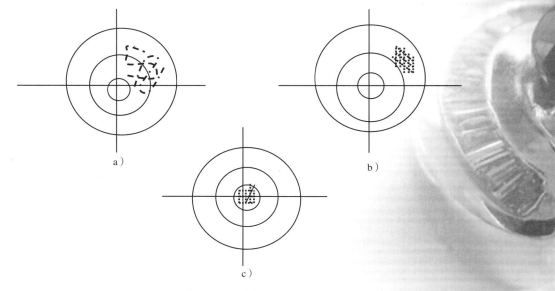

图11—1 弹点落靶图

a）弹点散落在靶心一侧　b）弹点集中在外环一处　c）弹点集中在靶心

图 11—1a：弹点散落在靶心一侧，表示系统误差小，随机误差大，则准确度高，精密度低。

图 11—1b：弹点集中在外环一处，表示系统误差大，随机误差小，则准确度低，精密度高。

图 11—1c：弹点集中在靶心，表示系统误差与随机误差都小，即精确度高。

图 11—1c 是测量过程中最希望得到的精确度高的结果。

一般意义上所说的精度高，实质上是指精确度高。

4．测量不确定度

（1）概述。在测量一个数值时，由于测量误差的存在，被测量的真值难以确定，测量结果带有不确定性。

人们正在不断摸索提高对测量结果质量评定。1993 年国际标准化组织颁布实施《测量不确定度表示指南》，世界各国积极执行和广泛应用。

我国国家质量技术监督局在 1999 年发布了中华人民共和国国家计量技术规范《测量不确定度评定与表示》（JJF 1059—1999），2012 年 12 月 3 日发布了更新版本 JJF 1059.1—2012，2013 年 6 月 3 日实施。

（2）测量不确定度定义

测量不确定度是表征合理地赋予被测量值的分散性，与测量结果相联系的参数。

从定义可获得如下信息：

1）测量不确定度是一个参数，它与测量结果密切相关。

2）测量不确定度表征了被测量值的分散性，是分散性参数。

3）测量不确定度与被测量值及测量结果可用一个公式表示，测量结果 = 被测量的估计值 ± 不确定度，即

$$Y = y \pm U$$

式中　Y——测量结果；

　　　y——被测量的估计值；

　　　U——不确定度。

（3）测量不确定度的评定方法

A 类评定：通过对一系列观测数据的统计分析来评定，并可用标准偏差表征。

B 类评定：基于经验或其他信息所认定的概率分布来评定，也用标准偏差表征。

B 类评定基于以下信息：权威机构发布的量值；有证标准物质的量值；校准证书；仪器的漂移；经鉴定的测量仪器的准确度等级；根据人员经验推

断的极限值等。

（4）测量不确定度与误差关系。测量不确定度与误差是误差理论中两个重要概念。

1）相同点

①都是评价测量结果质量高低的重要指标，都是测量结果精度的评定参数。

②都是以误差理论为基础。

2）相异点

①误差以真值或约定真值为中心；不确定度以被测量的估计值为中心。

②误差是一个理想的概念，一般不能准确得到，难以定量。

用不确定度代替误差表示测量结果，易于理解，便于评定，具有合理性和实用性。

二、数据处理

在测量过程中，对测量结果和数据运算处理时，含遇到一个现实问题，用几位数字来表示测量的结果最为合适？数据有小数位，是否小数位越多，数据精度越高？

对这个问题的正确回答，涉及两个方面内容。一是与数据运用的单位有关，如长度单位 m 和 mm。一件宝石用 m 作为单位，测得长度为 0.008 5 m，用 mm 作为单位，长度为 8.5 mm。两种表达方法，精度完全相同。

二是与测量的方法和仪器精度有关。测量结果精度受测量方法本身及仪器精度制约。

有效数字能正确表达测量结果和数据运算的精度。

1. 有效数字概念

（1）概念。含有误差的任何近似数，如果其绝对误差界是最末位数的半个单位，那么从这个近似数左方起的第一个非零的数字，称为第一位有效数字。从第一位起至最末一位数字止的所有数字，不论是零或非零的数字，都称为有效数字。有几个有效数字，就称为有几位有效数字。

如：0.002 5　　　二位有效数字

　　250　　　　　三位有效数字

　　25.53　　　　四位有效数字

（2）"0"的位置。判断有效数字时，注意"0"的位置，例如：

0.001 56，前面 3 个"0"不是有效数字，与精度无关。该数为三位有效数字。

156.00，后面 2 个 "0" 是有效数字，与精度有关。该数为五位有效数字。

2．数值修约规则

（1）数值修约定义。通过省略原数值的最后若干位数字，调整所保留的末位数字，使最后所得到的值最接近原数值的过程称为数值修约。经数值修约后的数值称为修约值。

（2）修约间隔。修约值的最小数值单位称为修约间隔。

修约间隔的数值一经确定，修约值即为该数值的整数倍。

1）修约间隔为 10^{-n}（n 为正整数），或指明将数值修约到几位小数。

2）修约间隔为 1，或指明将数值修约到"个"位数。

3）修约间隔为 10^{n}（n 为正整数），或指明将数值修约到 10^{n} 数位，或指明将数值修约到十、百、千……数位。

（3）修约进舍规则

1）拟舍弃数字的最左一位数字小于 5，则舍去，保留其余各位数字不变。

例如，数字 34.149 8，修约到个数位，得数字 34。修约到 1 位小数，得数字 34.1。

2）拟舍弃数字的最左一位数字大于 5，则进 1，即保留数字的末位数字加 1。

例如，数字 1 268，修约到"百"数位，得数字 1 300。

3）拟舍弃数字的最左一位数字是 5，且其后有非 0 数字时进一，即保留数字的末位数字加 1。

例如，数字 10.500 2，修约到个数位，得数字 11。

4）拟舍弃数字的最左一位数字是 5，且其后无数字或皆为 0 时，若所得保留的末位数字为奇数（1、3、5、7、9）则进一；若所保留的末位数字为偶数（2、4、6、8、0）则舍去。

例 1：修约间隔为 0.1。

数字：1.050　　修约值：1.0。

数字：0.35　　修约值：0.4

例 2：修约间隔为 1 000。

数字：2 500　　修约值：2 000

数字：3 500　　修约值：4 000

三、实验原始记录

实验原始记录是一次测量测试过程中最为重要的资料，它如实反映了待测材料的性质、特征，是进一步研究分析的物质基础。

历来测量测试及研究人员十分重视实验原始记录。因而规范原始记录是十分重要、必要的工作。

1. 实验原始记录内容

原始记录应有统一标准格式，格式由实验室自行设计。

原始记录主要内容有实验名称、实验内容、实验日期、实验设备、实验条件、实验材料、实验过程、实验指导、实验讨论及签名等。

（1）实验名称。本次实验的名称。

（2）实验内容。本次实验具体的内容。

（3）实验日期。本次实验日期，年、月、日，有时需要记录时间。

（4）实验设备。进行测试的设备名称。

（5）实验条件。通常指环境温度、湿度及实验设备所设置条件。

（6）实验材料。实验时所使用的材料。

（7）实验过程。详细记录实验过程中所出现的具体情景、参数记录，有时记录动态变化特点。

（8）实验指导。记录实验获得的结果，包括现象、物理参数、化学反应产物等。

（9）实验讨论。对实验结果进行分析、讨论，提出实验者对本次实验的结论。

（10）签名。实验人、复核人及审核人签名。

至此，完成一次测量测试实验的原始记录。

2. 实验原始记录的管理要求

（1）真实、如实反映实验进程中情景，不能杜撰、猜想，严禁伪造。

（2）用统一格式带有页码编号的实验记录本记录。记录本页码必须连续、完整，不得撕页。

（3）记录用字规范，数字书写清晰。

（4）记录不得随意删除、修改、增减，如必须修改，需在修改处画两条斜线，不可完全涂黑，保证修改前记录能辨认，并应由修改人签字，且需注明修改时间。

（5）每次实验完成后，随即记录完毕，不得事后补记、想象添加数据。

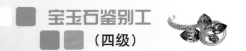
（6）实验结束后，实验人、复核人、审核人随即签名，各人负责相应责任。

（7）实验记录必须归档整理，未经允许，不得私自带出实验室。

第3节　宝玉石检验报告、鉴定证书知识

【学习目标】

了解宝玉石检验报告编写要求及宝玉石鉴定证书的基本知识

【知识要求】

一、宝玉石检验报告的编写

宝玉石业界对编写宝玉石检验报告没有统一格式要求，根据实验报告编写原则，宝玉石检验报告应具备基本的报告框架。

1．宝玉石检验报告的基本内容

宝玉石检验报告基本内容，涵盖如下九个方面：

（1）检验报告名称。如钻石检验报告、宝石检验报告、玉石检验报告等。

（2）检验单位信息。名称、地址、电话、网址及资格证书徽标、文号。

（3）送检人信息。检验报告上应列有送检人信息，如单位名称、送检人姓名或代号、联系信息等。

（4）送检样品信息。样品编号、质量［克（g）］、外观特征及要求检测项目。

（5）检验结果。检验测试参数、样品定名等。

（6）检验条件。实验室环境温度、湿度、所用检测仪器、检验采用的国家或行业标准文号等。

（7）签名盖章。检验人、复核人及审核人签名，检验机构印章。

（8）检验日期。检验日期：年、月、日。

（9）其他。需注明的其他事项，如本检测仅反映现代技术水平等。

2．宝玉石检验测试

（1）核对检测样品及编号。

（2）仔细记录检测条件。

（3）如实记录检测中每个定量数据及定性现象。

（4）对定量数据，按数值修约规则取舍。

（5）对数据按要求进行统计分析。

（6）对样品照相。

（7）对照国家、行业标准，对样品进行定名。

3．报告填写注意要点

（1）检验报告中每一栏内容必须真实填写，检测参数必须实测，不得杜撰、想象，甚至伪造。

（2）检验报告中不得留有空栏，无内容栏需用文字注明。如"不可测""未测试"等。

（3）数据单位，采用我国法定计量单位及导出单位。

（4）文字描述内容、科学术语遵循国家标准与行业标准。

（5）检验人、复核人、审核人签名，各负其责。

（6）加盖检验机构公章。

（7）检验报告需留副本，并保留一定时限。

（8）无纸化珠宝鉴定管理系统，全部过程在计算机中实施，鉴定证书需保留副本在硬盘中。

二、宝玉石鉴定证书知识

1．宝玉石鉴定证书内涵及类别

（1）内涵。宝玉石鉴定证书是应宝玉石商品交易需要而推出的证明宝玉石品质的鉴定证书，就其内涵而言，是宝玉石商品的品质保证书，由于这类证书由技术监督局计量认证资格认定的鉴定机构开具，而不是商家自行开具，因而，有一定的法律地位和鉴定权威性。

目前，宝玉石业界没有对宝玉石鉴定证书设置统一格式，因而，市场上出现的各鉴定机构的宝玉石鉴定证书形式、内容各有千秋，虽然样式多变，但其基本内容都是相同的。

（2）类别。当前市场上使用的宝玉石鉴定证书有两个类别：

1）鉴定证书。此类证书，只证明宝玉石的真伪，通常商家只要求开具宝玉石真品鉴定证书。

鉴定证书依据国家标准《珠宝玉石　名称》（GB／T 16552—2010）和《珠宝玉石　鉴定》（GB／T 16553—2010）开具。

此类证书有宝石鉴定证书、钻石鉴定证书。

①宝石鉴定证书内容

样品鉴定名称；

样品编号；

样品规格（长 × 宽 × 高）；

样品总质量［克拉（ct）或克（g）］

样品颜色、光泽、透明度、光学性质、折射率值、相对密度、多色性、紫外荧光（LW、SW）及放大检查；

其他。

②钻石鉴定证书内容

样品鉴定名称；

样品编号；

样品规格（直径 × 全高）；

样品总质量［克拉（ct）或克（g）］；

样品颜色；

紫外荧光［长波（LW）、短波（SW）］；

热导仪测试；

莫桑仪测试；

其他。

2）品质分级证书。此类证书，既证明宝玉石的真伪，又对其品质分级进行划分。

目前仅钻石开具钻石分级证书。

钻石分级证书依据国家标准《钻石分级》（GB/T 16554—2010）和《钻石色级目视评价方法》（GB/T 18303—2008）。

2008 年、2013 年国家相继推出了《珍珠分级》《翡翠分级》国家标准，目前尚未全面执行。

钻石品质分级证书内容有：

鉴定名称；

样品编号；

样品规格；

样品质量；

样品 4C 分级：颜色、净度、切工、其他仪器观察。

2．增强宝玉石鉴定证书与实物确认性的重要性

（1）确保宝玉石鉴定证书权威性，促进珠宝市场健康发展。经计量认证

资格认定的检测机构开具宝玉石鉴定证书，遵循职业道德，针对一件商品，开一张证书，不开人情证书，不凭照片开证书。

但在市场经济环境下，在利润刺激下，有些不法商人，以次充好，用劣质商品调包优质商品的证书，蒙骗消费者。

因而，增强宝玉石鉴定证书与实物确认性显得十分重要，既维护消费者权益，又净化珠宝销售市场。

（2）合理采集检验证据，保证物证一致。针对市场上出现混乱现象，鉴定机构采用一些措施，以保证物证对照一致性。

美国宝石学院 GIA，开具钻石证书，在钻石腰棱上用激光刻印 GIA 及证书编号，购买者只需核对钻石腰棱上印记是否与鉴定证书一致，以确保钻石与证书一致性。

我国一些检测机构，记录样品规格、质量［克（g）或克拉（ct）］，以及内含物特征来界定宝石与所具证书一致性。

随着科学技术的发展，越来越多的先进技术应用到宝玉石检验领域中，界定鉴定证书与实物一致性技术日益成熟。

参考文献

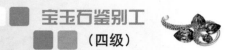
【1】美国珠宝学院．GIA宝石实验室鉴定手册［M］．武汉：中国地质大学出版社，2005．

【2】邹继兴等．宝石基本知识与宝石鉴赏［M］．北京：冶金工业出版社，1997．

【3】王娟鹃，刘瑞，任东辉．宝石鉴定［M］．北京：地质出版社，2007．

【4】赵建刚．宝石鉴定仪器与鉴定方法［M］．武汉：中国地质大学出版社，2007．

【5】柳志青．宝石学和玉石学［M］．杭州：浙江大学出版社，1999．

【6】刘瑞，张金英，秦宏宇．宝石学基础［M］．北京：地质出版社，2007．

【7】李娅莉，薛秦芳．宝石学基础教程［M］．北京：地质出版社，2002．

【8】英国宝石协会．宝石学教程：初级教程　证书教程［M］．武汉：中国地质大学出版社，1992．

【9】李娅莉等．宝石学教程［M］．武汉：中国地质大学出版社，2006．

【10】赵建刚．结晶学与矿物学基础［M］．武汉：中国地质大学出版社，2009．

【11】王雅玫．钻石（第一版）［M］．武汉：中国地质大学出版社，1997．

【12】李胜荣，许虹，申俊峰等．结晶学与矿物学［M］．北京：地质出版社，2008．

【13】于万里．宝石学简明教程［M］．沈阳：东北大学出版社，2006．

【14】周树礼．玉雕造型设计与加工［M］．武汉：中国地质大学出版社，2009．

【15】王雅玫，张艳等．钻石宝石学［M］．北京：地质出版社，2004．

【16】张林．珠宝玉石鉴定实训［M］．武汉：中国地质大学出版社，2009．

【17】张蓓莉．系统宝石学（第二版）［M］．北京：地质出版社，2006．